高等职业教育机电类专业规划教材

机械制造技术

主　编　刘振昌　金红基
副主编　钱婷婷　韩天判
参　编　尹辉彦　范开欣　姚　娟
主　审　张　毅

机 械 工 业 出 版 社

本书是在总结国家示范高职院校教学改革经验的基础上，为适应当前高职院校机械类专业教学改革的形势，以满足学生需要为目的而编写的理实一体化教材。以“实用、够用、活用”为原则，以“项目导向、任务驱动”为教学模式，以零件实训项目为载体，从应用型人才培养特点出发，以机械制造过程为主线，将制造过程中的金属切削理论、设备、夹具、工艺等基本知识和操作技能进行优化设计，注重培养学生的工程素质和技术应用能力、创新能力、分析问题和解决问题的能力，以适应实际工作需要。

本书图文并茂、内容精、重点突出、层次分明，内容包括机械制造技术概论、零件的车削加工、零件的铣削加工、零件的其他机床加工、拓展训练5个教学模块，并配有创新训练工作页。

本书可作为高等职业院校机械类专业教材，也可作为相关工程技术人员的参考用书。

本书配有电子课件，凡使用本书作为教材的教师可登录机械工业出版社教育服务网 www.cmpedu.com 注册后下载。咨询电话：010-88379375。

图书在版编目（CIP）数据

机械制造技术/刘振昌，金红基主编. —北京：机械工业出版社，2018.8

高等职业教育机电类专业规划教材

ISBN 978-7-111-60263-7

Ⅰ.①机… Ⅱ.①刘… ②金… Ⅲ.①机械制造工艺-高等职业教育-教材 Ⅳ.①TH16

中国版本图书馆 CIP 数据核字（2018）第 192716 号

机械工业出版社（北京市百万庄大街 22 号 邮政编码 100037）

策划编辑：刘良超 责任编辑：刘良超 责任校对：肖 琳

封面设计：鞠 杨 责任印制：孙 炜

北京中兴印刷有限公司印刷

2018 年 10 月第 1 版第 1 次印刷

184mm×260mm · 16 印张 · 388 千字

0001—1900 册

标准书号：ISBN 978-7-111-60263-7

定价：39.00 元

前 言

本书是在借鉴国家示范高职院校教学改革经验的基础上，为适应当前高职院校机械类专业教学改革的形势，以满足学生需要为目的而编写的理实一体化教材。以“实用、够用、活用”为原则，以“项目导向、任务驱动”为教学模式，以零件实训项目为载体，从应用型人才培养特点出发，以机械制造过程为主线，将制造过程中的金属切削理论、设备、夹具、工艺等基本知识和操作技能进行优化设计，注重培养学生的工程素质和技术应用能力、创新能力、分析问题和解决问题的能力，以适应实际工作需要。

本书由刘振昌、金红基任主编，钱婷婷、韩天判任副主编。具体编写分工为甘肃畜牧工程职业技术学院刘振昌编写项目一～三、项目七，并负责统稿，甘肃畜牧工程职业技术学院金红基编写项目四～六及创新训练6、7，甘肃畜牧工程职业技术学院韩天判编写项目九及创新训练1～3，甘肃畜牧工程职业技术学院尹辉彦编写项目十、十一及创新训练15、16，甘肃畜牧工程职业技术学院范开欣编写拓展训练及创新训练10～14，苏州工业园区工业技术学校钱婷婷编写项目八及创新训练8、9，金肯职业技术学院姚娟编写创新训练4、5。甘肃畜牧工程职业技术学院张毅教授审阅了本书并提出许多宝贵的修改意见，在此表示诚挚的感谢！

本书在编写过程中得到了甘肃畜牧工程职业技术学院、苏州工业园区工业技术学校和金肯职业技术学院的领导和同仁的大力支持，同时书中引用了很多著作和资料，在此对相关的作者表示衷心感谢！

由于编者水平有限，书中不足之处在所难免，恳求广大读者提出宝贵意见。

编　者

目 录

模块一

机械制造技术概论

项目一　机械制造概述

电视、电脑、汽车、手机等各种机械电子产品不仅把我们从繁重的生产活动中解放出来，而且给我们的生活带来了无限乐趣，那什么是机械制造呢？机械制造是指从事各种动力机械、起重运输机械、农业机械、冶金矿山机械、化工机械、纺织机械、机床、工具、仪器、仪表及其他机械设备等生产的工业部门。机械制造业为整个国民经济提供技术装备，其发展水平是国家工业化程度的主要标志之一。现代制造业是国民经济持续发展的基础。

【能力目标】

1）了解机械制造技术的发展历程及未来的发展方向。

2）掌握机械制造系统的构成。

3）掌握机械加工工艺的组成及定义。

4）掌握生产纲领及生产类型的分类。

1.1　项目分析

机械产品是指机械厂家向用户或市场所提供的成品或附件，如汽车、发动机、机床等都称为机械产品。任何机械产品都可以看作由若干部件组成，部件又可分为不同层次的子部件（也称分部件或组件）直至最基本的零件单元。图 1-1 所示的齿轮轴是我们机械加工中常见的基本单元。

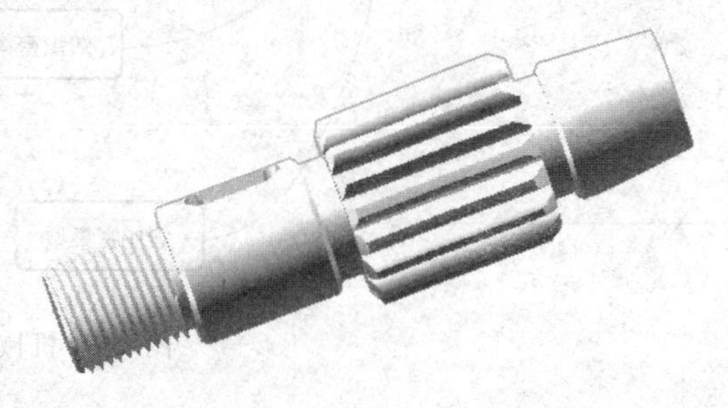

图 1-1　齿轮轴

齿轮轴由外圆柱面、外螺纹锥度、键槽和齿轮等组成，并有尺寸精度和表面粗糙度要求。怎样才能获得这些表面？需要哪些运动？需要用什么机床、刀具、夹具和量具？毛坯怎么选择？怎样把毛坯装夹在机床上？精度怎样？工艺路线怎么安排？所有这些都是机械制造技术课程所要解决的内容。

1.2 知识储备

课题1 机械制造技术发展的历程

制造业是国民经济的主体，是立国之本、兴国之器、强国之基。自第一次工业革命以来，世界各国的兴衰史和中华民族的奋斗史一再证明，没有强大的制造业，就没有国家和民族的强盛。打造具有国际竞争力的制造业，是我国提升综合国力、保障国家安全、建设世界强国的必由之路。

自新中国成立尤其是改革开放以来，我国制造业持续快速发展，建成了门类齐全、独立完整的产业体系，有力推动了工业化和现代化进程，显著增强了综合国力，奠定了我国的大国地位。然而，与世界先进水平相比，我国制造业仍然大而不强，在自主创新能力、资源利用效率、产业结构水平、信息化程度、质量效益等方面还有一定差距。

1. 机械制造技术的发展

我国是世界上机械发展最早的国家之一。我国的机械工程技术不但历史悠久，而且成就十分辉煌，不仅对中国的物质文化和社会经济的发展起到了重要促进作用，而且对世界技术文明的进步做出了重大贡献。机械制造技术的不断创新则是机械工业发展的技术基础和动力。

机械制造业发展至今，其生产方式的变化如图1-2所示。

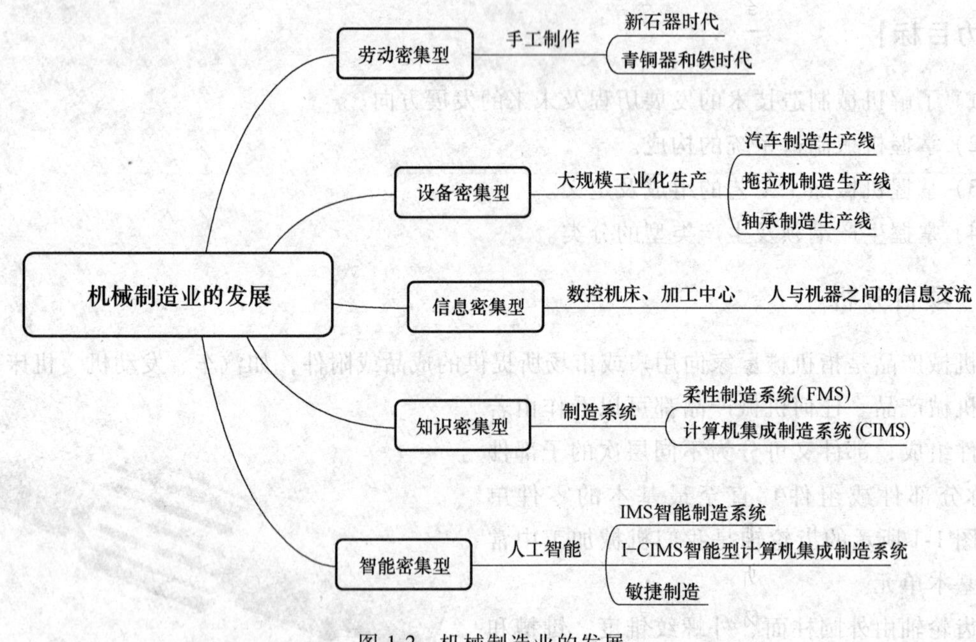

图1-2 机械制造业的发展

2. 机械制造技术的现状

(1) 国外情况　在制造业自动化发展方面，发达国家机械制造技术已经达到相当水平，实现了机械制造系统自动化。产品设计普遍采用计算机辅助设计（CAD）、计算机辅助产品工程（CAE）和计算机仿真等手段，企业管理采用了科学的规范化管理方法和手段，在加工技术方面也已实现了底层的自动化，包括广泛地采用加工中心（或数控技术）、自动引导小

车（AGV）等。

(2) 国内情况　我国机械制造技术水平与发达国家相比还有一定差距。我国大力推广应用计算机集成制造系统（CIMS）技术，部署了CIMS的若干研究项目，如CIMS软件工程与标准化、开放式系统结构与发展战略、CIMS总体与集成技术、产品设计自动化、工艺设计自动化、柔性制造技术、管理与决策信息系统、质量保证技术、网络与数据库技术以及系统理论和方法等专题。各项研究均取得了丰硕成果，获得不同程度的进展。

3. 机械制造业的未来发展方向

现代机械制造技术的发展主要表现在两个方向上：一是精密工程技术，以超精密加工的前沿部分、微细加工、纳米技术为代表；二是机械制造的高度自动化，以CIMS和敏捷制造等的进一步发展为代表。

超精密加工的加工精度在2000年已达到0.001μm（1nm），在21世纪初开发的分子束生长技术、离子注入技术和材料合成、扫描隧道工程（STE）可使加工精度达到0.0003~0.0001μm（0.3~0.1nm），现在精密工程正向原子级精度的加工逼近。加工设备正向着高精、高速、多能、复合、控制智能化、安全环保等方向发展，在结构布局上也已突破了传统机床原有的模式。

随着技术、经济、信息、营销的全球化发展，未来制造业的发展方向如图1-3所示。

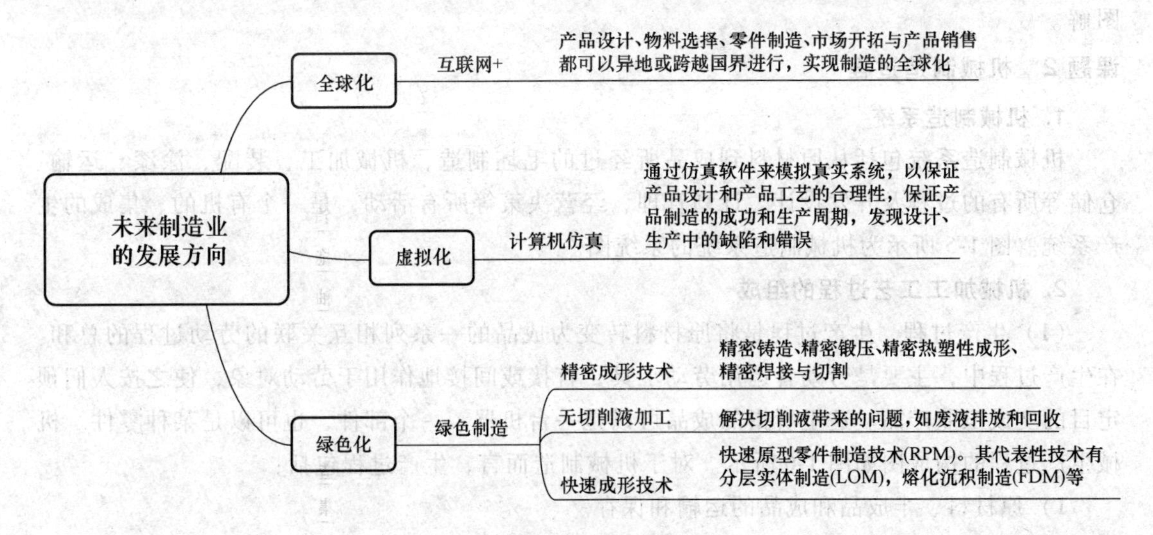

图1-3　未来制造业的发展方向

4. 机械制造技术在国民经济中的地位及作用

制造是指人类按照所需目的，运用主观掌握的知识和技能，应用可利用的设备和工具，采用有效的方法，将原材料转化为有使用价值的物质产品并投放市场的全过程。它是人类最主要的生产活动之一。

制造业是指对原材料进行加工或再加工，以及对零部件装配的工业的总称。它是国民经济的支柱产业之一。据统计，工业化国家中以各种形式从事制造活动的人员约占全国从业人数的1/4。我国的制造业在工业总产值中占比约为40%。

目前，机械制造业肩负着双重任务：一是直接为最终用户提供消费品；二是为国民经济各行业提供生产技术装备。因此，机械制造业是国民经济的重要组成部分和国家工业体系的重要基础，机械制造技术水平是衡量一个国家科技水平的重要标志之一，在综合国力竞争中具有重要的地位，机械制造技术水平的提高与进步将对整个国民经济的发展和科技、国防实力产生直接的作用和影响。据国外有关资料统计，在经济发展阶段，机械工业的发展速度要高出整个国民经济发展速度的20%~25%。因此，国民经济的发展速度在很大程度上取决于机械制造业的技术水平和发展速度。

5. “中国制造2025”

“中国制造2025”是我国实施制造强国战略第一个十年的行动纲领。“中国制造2025”提出，坚持“创新驱动、质量为先、绿色发展、结构优化、人才为本”的基本方针，坚持“市场主导、政府引导，立足当前、着眼长远，整体推进、重点突破，自主发展、开放合作”的基本原则，通过“三步走”实现制造强国的战略目标：第一步，到2025年迈入制造强国行列；第二步，到2035年我国制造业整体达到世界制造强国阵营中等水平；第三步，到新中国成立一百年时，综合实力进入世界制造强国前列。

“中国制造2025”是在新的国际国内环境下，我国立足于国际产业变革大势，做出的全面提升中国制造业发展质量和水平的重大战略部署。其根本目标在于改变中国制造业“大而不强”的局面，通过10年的努力，使我国迈入制造强国行列，为将我国建成具有全球引领和影响力的制造强国奠定坚实基础。图1-4所示为“中国制造2025”图解。

课题2 机械制造过程

1. 机械制造系统

机械制造系统包括从原材料到成品所经过的毛坯制造、机械加工、装配、涂漆、运输、仓储等所有的过程及开发设计、计划管理、经营决策等所有活动，是一个有机的、集成的生产系统。图1-5所示为机械制造系统的系统图。

2. 机械加工工艺过程的组成

（1）生产过程　生产过程是将原材料转变为成品的一系列相互关联的劳动过程的总和。在生产过程中，主要是劳动者运用劳动工具，直接或间接地作用于劳动对象，使之按人们预定目的变成工业产品。这里所指的成品可以是一台机器、一个部件，也可以是某种零件。机械生产过程的构成图如图1-6所示。对于机械制造而言，生产过程包括：

1）原材料、半成品和成品的运输和保存。

2）生产和技术准备工作，如产品的开发和设计、工艺及工艺装备的设计与制造、各种生产资料的准备以及生产组织。

3）毛坯制造和处理。

4）零件的机械加工、热处理及其他表面处理。

5）部件或产品的装配、检验、调试、油漆和包装等。

由上可知，机械产品的生产过程是相当复杂的，它通过的整个路线称为工艺路线。

（2）工艺过程　生产过程中，按一定顺序逐渐改变生产对象的形状（铸造、锻造等）、尺寸（机械加工）、位置（装配）和性质（热处理）使其成为半成品或成品的主要过程称为工艺过程。工艺过程是生产过程的一部分，它可分为毛坯制造、机械加工、热处理和装配等工艺过程。

战略目标

立足国情，立足现实，力争通过"三步走"实现制造强国的战略目标

第一步　力争用十年时间，迈入制造强国行列。

到2020年，基本实现工业化，制造业大国地位进一步巩固，制造业信息化水平大幅提升。

到2025年，制造业整体素质大幅提升，创新能力显著增强，全员劳动生产率明显提高，两化(工业化和信息化)融合迈上新台阶。

第二步　到2035年，我国制造业整体达到世界制造强国阵营中等水平。

第三步　新中国成立一百年时，制造业大国地位更加巩固，综合实力进入世界制造强国前列。

战略任务和重点

1. 提高国家制造业创新能力。
2. 推进信息化与工业化深度融合。
3. 强化工业基础能力。
4. 加强质量品牌建设。
5. 全面推行绿色制造。
6. 大力推动重点领域突破发展。
7. 深入推进制造业结构调整。
8. 积极发展服务型制造和生产性服务业。
9. 提高制造业国际化发展水平。

战略支撑与保障

1. 深化体制机制改革。
2. 营造公平竞争市场环境。
3. 完善金融扶持政策。
4. 加大财税政策支持力度。
5. 健全多层次人才培养体系。
6. 完善中小微企业政策。
7. 进一步扩大制造业对外开放。
8. 健全组织实施机制。

明确五大重点工程

制造业创新中心建设工程　智能制造工程　工业强基工程　绿色制造工程　高端装备创新工程

图 1-4　"中国制造 2025"图解

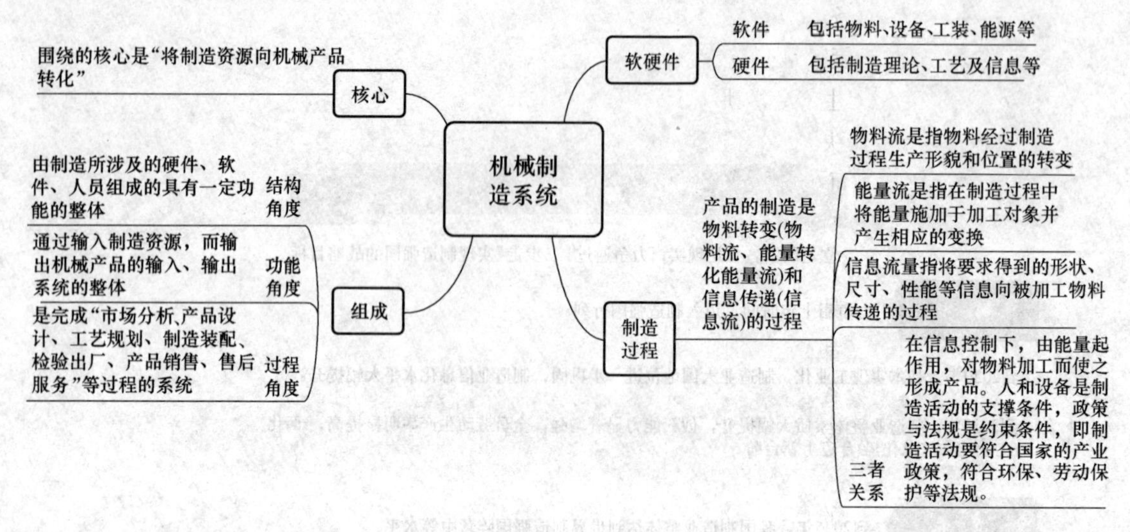

图 1-5　机械制造系统的系统图

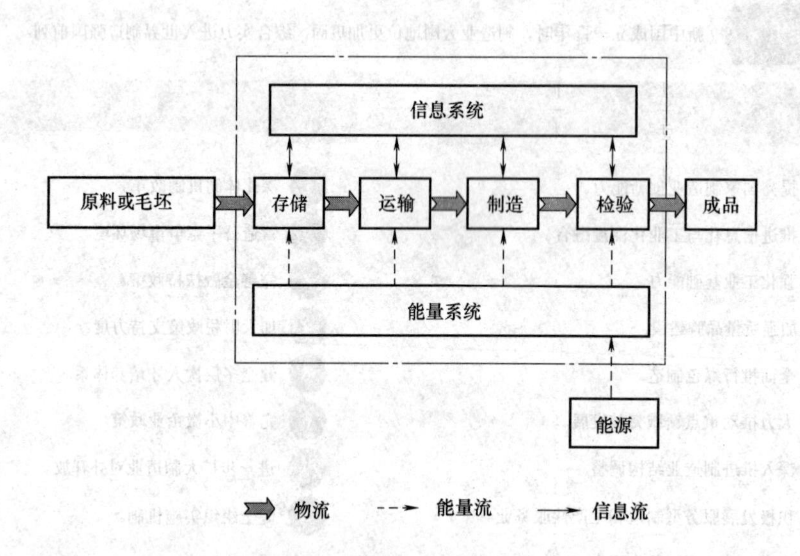

图 1-6　机械生产过程的构成图

课题 3　机械制造生产组织

1. 生产纲领

企业在计划期内应当生产产品的品种、规格及产量和进度计划称为生产纲领。计划期通常为 1 年，所以生产纲领常称为年产量。

对于零件而言，产品的产量除了制造机器所需要的数量之外，还要包括一定量的备品和废品，因此零件的生产纲领应按下式计算：

$$N=Qn(1+a\%)(1+b\%)$$

式中　N——零件的年产量（件/年）；

Q——产品的年产量（台/年）；

n——每台产品中该零件的数量（件/台）；

$a\%$——该零件的备品率；

$b\%$——该零件的废品率。

生产纲领的大小对生产组织形式和零件加工过程起着重要的作用，它决定了各工序所需专业化和自动化程度，决定了所选用的工艺方法和工艺装备。生产纲领的大小决定了产品（零件）的生产类型，而各种生产类型又具有不同的工艺特征，因此生产纲领是制订和修改工艺规程的重要依据。

2. 生产类型

各个工业企业在产品结构、生产方法、设备条件、生产规模、专业化程度、工人技术水平以及其他各个方面，都具有各自不同的生产特点。这些特点反映在生产工艺、设备、生产组织形式、计划工作等各个方面，对企业的技术经济指标有很大影响。因此，各个企业应根据自身特点，从实际出发，建立相应的生产管理体制。这样，就有必要对企业进行生产类型的划分。

工业企业按照不同的划分标准，可以划分为不同的生产类型，见表 1-1。

表 1-1 工业企业生产类型的划分标准

划分标准	名称	定义
按生产方式	合成型	将不同的成分(零件)合成或装配成一种产品,如机械制造厂、纺织厂等
	分解型	原材料经加工处理后分解成多种产品,如炼油厂、焦化厂等
	调解型	通过改变加工对象的形状或性能而制成产品的生产,如钢铁厂、橡胶厂等
	提取型	从地下、海洋中提取产品的生产,如煤矿、油田等
按生产计划的来源	订单生产方式	它是在用户提出具体订货要求后,才开始组织生产,进行设计、供应、制造、出厂等工作。生产出来的成品在品种、规格、数量、质量和交货期等方面是各不相同的,并按合同规定按时向用户交货,成品库存甚少。因此,生产管理的重点是抓"交货期",按"期"组织生产过程各环节的衔接平衡,保证如期实现
	存货生产方式	它是在对市场需求量进行预测的基础上,有计划地进行生产,产品有一定的库存。为防止库存积压和脱销,生产管理的重点是抓供、产、销之间的衔接,按"量"组织生产过程各环节之间的平衡,保证全面完成计划任务
按生产的连续程度	连续生产	它是长时间连续不断地生产一种或很少几种产品。生产的产品、工艺流程和使用的生产设备都是固定的、标准化的,工序之间没有在制品储存。例如油田的采油作业等
	间断生产	输入生产过程的各种要素是间断性地投入。生产设备和运输装置必须适合各种产品加工的需要,工序之间要求有一定的成品库存。例如机床制造厂、机车制造厂、轻工机械厂等
按生产数量	单件生产	单个生产不同结构和尺寸的产品,很少重复甚至不重复,这种生产称为单件生产。如新产品试制、维修车间的配件制造和重型机械制造等都属此种生产类型 特点:生产的产品种类较多,而同一产品的产量很小,工作地点的加工对象经常改变
	大量生产	同一产品的生产数量很大,大多数工作地点经常按一定节奏重复进行某一零件的某一工序的加工,这种生产称为大量生产。如自行车制造厂和一些链条厂、轴承厂等 特点:同一产品的产量大,工作地点较少改变,加工过程重复
	批量生产	一年中分批轮流制造几种不同的产品,每种产品均有一定的数量,工作地点的加工对象周期性地重复,这种生产称为成批生产。如一些通用机械厂、某些农业机械厂、陶瓷机械厂、造纸机械厂、烟草机械厂等 特点:产品的种类较少,有一定的生产数量,加工对象周期性地改变,加工过程周期性地重复

根据前面公式计算的零件生产纲领，参考表 1-2 即可确定生产类型。不同生产类型的制造工艺有不同特征，各种生产类型的工艺特点见表 1-3。

表 1-2　生产类型和生产纲领的关系

生产类型		生产纲领（件/年或台/年）		
		重型（30kg 以上）	中型（4~30kg）	轻型（4kg 以下）
单件生产		1~5	1~10	1~100
批量生产	小批量生产	5~100	10~200	100~500
	中批量生产	100~300	200~500	500~5000
	大批量生产	300~1000	500~5000	5000~50000
大量生产		1000 以上	5000 以上	50000 以上

表 1-3　各种生产类型的工艺特点

工艺特点	单件生产	批量生产	大量生产
毛坯的制造方法	铸件用木模手工造型，锻件用自由锻	铸件用金属型造型，部分锻件用模锻	铸件广泛用金属型机器造型，锻件用模锻
零件互换性	无需互换、互配零件可成对制造，广泛用修配法装配	大部分零件有互换性，少数用修配法装配	全部零件有互换性，某些要求精度高的配合，采用分组装配
机床设备及其布置	采用通用机床；按机床类别和规格采用“机群式”排列	部分采用通用机床，部分采用专用机床；按零件加工分“工段”排列	广泛采用生产率高的专用机床和自动机床；按流水线形式排列
夹具	很少采用专用夹具，由划线法和试切法达到设计要求	广泛采用专用夹具，部分用划线法进行加工	广泛采用专用夹具，用调整法达到精度要求
刀具和量具	采用通用刀具和万能量具	较多采用专用刀具和专用量具	广泛采用高生产率的刀具和量具
对技术工人的要求	需要技术熟练的工人	各工种需要一定熟练程度的技术工人	对机床调整工人技术要求高，对机床操作工人技术要求低
对工艺文件的要求	只有简单的工艺过程卡	有详细的工艺过程卡或工艺卡，零件的关键工序有详细的工序卡	有工艺过程卡、工艺卡和工序卡等详细的工艺文件

项目二　金属切削加工概述

刀具从毛坯上切除多余金属，从而获得形状、尺寸精度和表面质量都合乎预定要求的加工，称为金属切削加工。在切削加工过程中，刀具与工件相互接触且存在着相互运动，这种相互运动的过程称为金属切削过程。本项目重点研究金属切削机床、金属切削原理及金属切削刀具的材料等内容。

【能力目标】

1）了解金属切削机床的分类。

2）掌握金属切削机床的型号编制。

3）掌握切削运动与切削加工表面。

4）掌握切削三要素及切削用量的选择原则。

5）掌握刀具材料应具备的基本性能。

2.1　项目分析

上一项目中介绍的齿轮轴属于回转类零件，主要由外圆柱面、外螺纹、锥度、键槽和齿轮等构成。加工的过程中，除键槽和齿轮需要在铣床、滚齿机等设备上加工外，其他结构都可以在车床上完成。加工所需的设备、刀具、切削用量的选择、刀具磨损后怎么处理等，都是本项目要解决的问题。图 2-1 所示为加工齿轮轴需要用到的主要机床及刀具。

图 2-1　加工齿轮轴需要用到的机床及刀具

2.2　知识储备

课题 4　金属切削机床

狭义的机床仅指金属切削机床类产品。金属切削机床是采用切削的方法把金属毛坯加工成机器零件的机器，它是制造机器的机器，所以又称为“工作母机”或“工具机”，习惯上简称机床。

金属切削机床是用切削、磨削或特种加工方法加工各种金属工件，使之获得符合要求的几何形状、尺寸精度和表面质量的机床（手携式的除外）。金属切削机床是使用最广泛、数量最多的机床类别。

1. 金属切削机床的分类

金属切削机床主要是按加工方法和所用刀具进行分类，根据 GB/T 15375—2008《金属切削机床　型号编制方法》，金属切削机床分为 11 大类：车床、钻床、镗床、磨床、齿轮加工机床、螺纹加工机床、铣床、刨插床、拉床、锯床和其他机床。在每一类机床中，又按工艺范围、布局形式和结构性能分为若干组，每一组又分为若干个系（系列）。除了上述基本分类方法外，还有其他分类方法，如图 2-2 所示。

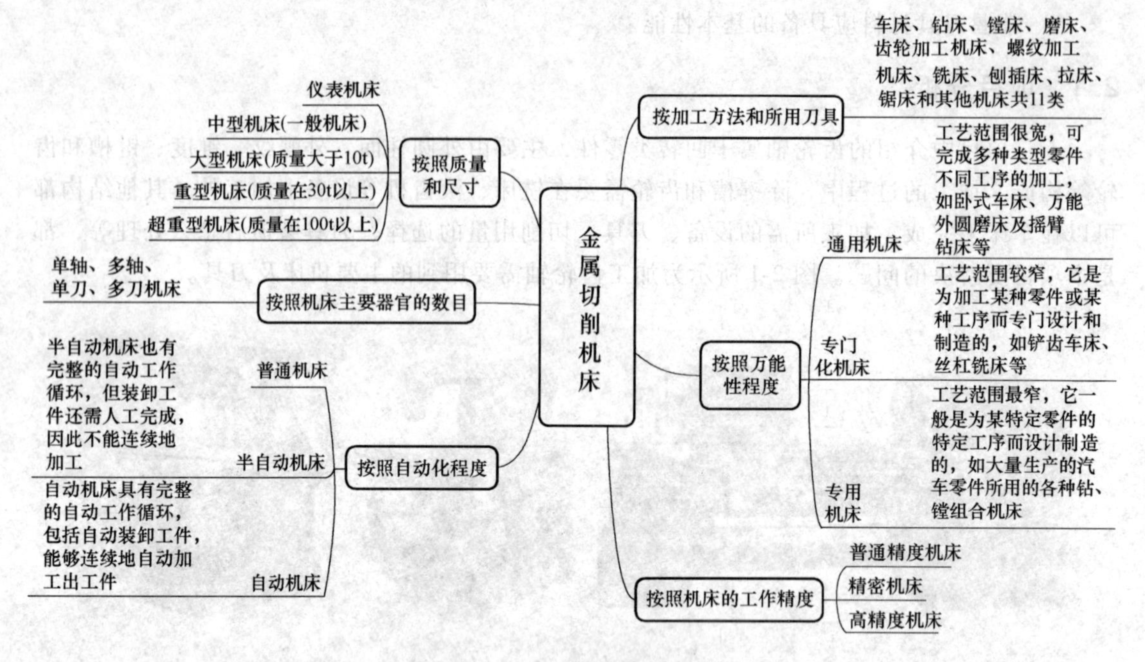

图 2-2　金属切削机床的分类

2. 金属切削机床的型号编制

机床的型号是机床产品的代号，用以表明机床的类型、通用特性、结构特性和主要技术参数等。GB/T 15375—2008《金属切削机床　型号编制方法》规定，我国的机床型号由汉语拼音字母和阿拉伯数字按一定规律组合而成。

（1）通用机床的型号编制　通用机床型号的表示方法为：

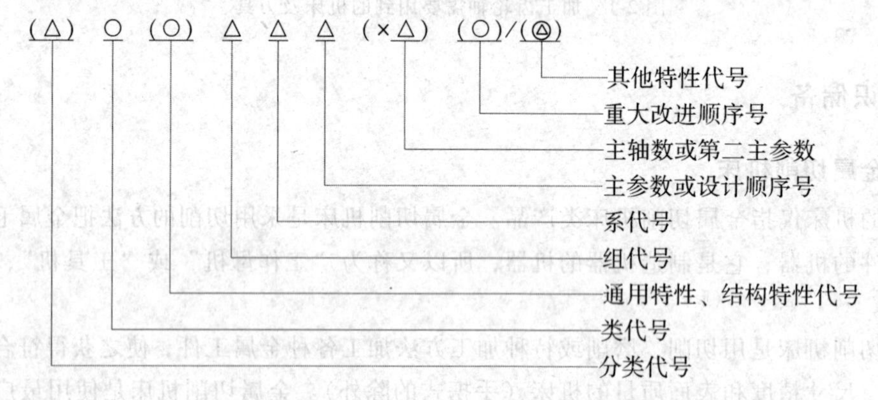

注：1. 有“（　）”的代号或数字，当无内容时，则不表示。若有内容则不带括号。

2. 有“○”符号的，为大写的汉语拼音字母。

3. 有“△”符号的，为阿拉伯数字。

4. 有“◎”符号的，为大写的汉语拼音字母，或阿拉伯数字，或两者兼有之。

1）机床的分类和代号。机床的分类和代号见表 2-1。

表 2-1　机床的分类和代号

类别	车床	钻床	镗床	磨床			齿轮加工机床	螺纹加工机床	铣床	刨插床	拉床	锯床	其他机床
代号	C	Z	T	M	2M	3M	Y	S	X	B	L	G	Q
读音	车	钻	镗	磨	二磨	三磨	牙	丝	铣	刨	拉	割	其

2）机床的通用特性代号。机床的通用特性代号见表 2-2。

表 2-2　机床的通用特性代号

通用特性	高精度	精密	自动	半自动	数控	加工中心（自动换刀）	仿形	轻型	加重型	柔性加工单元	数显	高速
代号	G	M	Z	B	K	H	F	Q	C	R	X	S
读音	高	密	自	半	控	换	仿	轻	重	柔	显	速

3）结构特性代号。为了区别主参数相同而结构不同的机床，在型号中用汉语拼音字母区分。例如，CA6140 型普通车床型号中的“A”，可理解为：CA6140 型普通车床在结构上区别于 C6140 型普通车床。

4）机床的组代号、系代号。用两位阿拉伯数字表示，前者表示组，后者表示系。每类机床划分为 10 个组，每个组又划分为 10 个系。在同一类机床中，凡主要布局或使用范围基本相同的机床，即为同一组。在同一组机床中，凡主参数相同、主要结构及布局形式相同的机床，即为同一系。

机床的组代号、系代号见表 2-3。

表 2-3　机床的组代号、系代号

类别组别		0	1	2	3	4	5	6	7	8	9
车床 C		仪表车床	单轴自动、半自动车床	多轴自动、半自动车床	回轮、转塔车床	曲轴及凸轮轴车床	立式车床	落地及卧式车床	仿形及多刀车床	轮、轴、辊、锭及铲齿车床	其他车床
钻床 Z			坐标镗钻床	深孔钻床	摇臂钻床	台式钻床	立式钻床	卧式钻床	铣钻床	中心孔钻床	
镗床 T				深孔镗床		坐标镗床	立式镗床	卧式铣镗床	精镗床	汽车、拖拉机修理用镗床	
磨床	M	仪表磨床	外圆磨床	内圆磨床	砂轮机	坐标磨床	导轨磨床	刀具刃磨床	平面及端面磨床	曲轴、凸轮轴、外花键及轧辊磨床	工具磨床
	2M		超精机	内圆研磨机	外圆及其他研磨机	抛光机	砂带抛光及磨削机床	刀具刃磨及研磨机床	可转位刀片磨削机床	研磨机	其他磨床
	3M		球轴承套圈沟磨床	滚子轴承套圈滚道磨床	轴承套圈超精机床		叶片磨削机床	滚子加工机床	钢球加工机床	气门、活塞及活塞环磨削机床	汽车、拖拉机修磨机床

（续）

类别组别	0	1	2	3	4	5	6	7	8	9
齿轮加工机床 Y	仪表齿轮加工机		锥齿轮加工机	滚齿及铣齿机	剃齿及研齿机	插齿机	外花键铣床	齿轮磨齿机	其他齿轮加工机	齿轮倒角及检查机
螺纹加工机床 S				套丝机	攻丝机		螺纹铣床	螺纹磨床	螺纹车床	
铣床 X	仪表铣床	悬臂及滑枕铣床	龙门铣床	平面铣床	仿形铣床	立式升降台铣床	卧式升降台铣床	床身铣床	工具铣床	其他铣床
刨插床 B		悬臂刨床	龙门刨床			插床	牛头刨床		边缘及模具刨床	其他刨床
拉床 L			侧拉床	卧式外拉床	连续拉床	立式内拉床	卧式内拉床	立式外拉床	键槽及螺纹拉床	其他拉床
锯床 G			砂轮片锯床		卧式带锯床	立式带锯床	圆锯床	弓锯床	锉锯床	
其他机床 Q	其他仪表机床	管子加工机床	木螺钉加工机		刻线机	切断机				

5）机床主参数、设计顺序号和第二参数。

机床主参数：代表机床规格的大小。在机床型号中，用数字给出主参数的折算数值（1/10或1/150）。

设计顺序号：当无法用一个主参数表示时，在型号中用设计顺序号表示。

第二参数：一般是主轴数、大跨距、大工作长度、工作台工作面长度等，也用折算值表示。

机床主参数及折算系数见表2-4。

表2-4 机床主参数及折算系数

机床	主参数名称	主参数折算系数	第二主参数
卧式车床	床身上最大回转直径	1/10	最大工件长度
立式车床	最大车削直径	1/100	最大工件高度
摇臂钻床	最大钻孔直径	1/1	最大跨距
外圆磨床	最大磨削直径	1/10	最大磨削长度
内圆磨床	最大磨削孔径	1/10	最大磨削深度
矩台平面磨床	工作台面宽度	1/10	工作台面长度
齿轮加工机床	最大工件直径	1/10	最大模数
龙门铣床	工作台面宽度	1/100	工作台面长度
升降台铣床	工作台面宽度	1/10	工作台面长度
龙门刨床	最大刨削宽度	1/100	最大刨削长度
插床及牛头刨床	最大插削及刨削长度	1/10	—
拉床	额定拉力(单位为t)	1/1	最大行程

6）机床的重大改进顺序号。当机床的结构、性能有重大改进和提高时，按其设计改进的次序分别用汉语拼音A、B、C、D、…表示，附在机床型号的末尾，以示区别。如

C6140A 是 C6140 型车床经过第一次重大改进的车床。

7）其他特性代号与企业代号。其他特性代号用以反映各类机床的特性，如对于数控机床，可用来反映不同的数控系统；对于一般机床，可用来反映同一型号机床的变型等。其他特性代号可用汉语拼音字母或阿拉伯数字或二者的组合来表示。

企业代号与其他特性代号表示方法相同，位于机床型号尾部，用“—”与其他特性代号分开，读作“至”。若机床型号中无其他特性代号，仅有企业代号时，则不加“—”，企业代号直接写在“/”后面。

通用机床的型号编制举例：

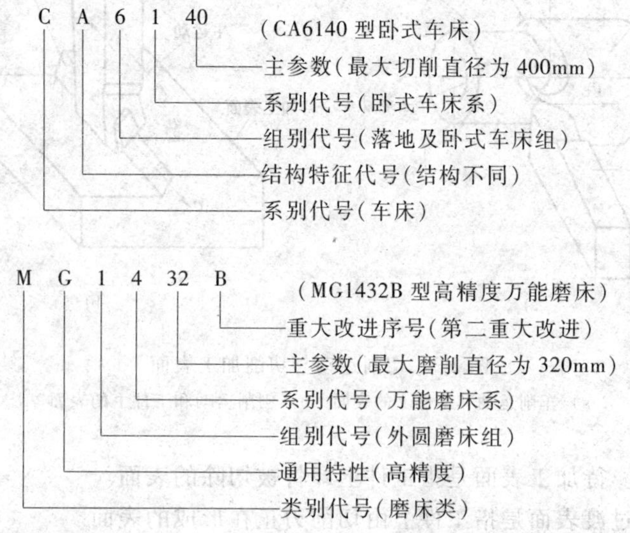

（2）专用机床的型号编制

1）专用机床型号表示方法。专用机床的型号一般由设计单位代号和设计顺序号组成，其表示方法为：

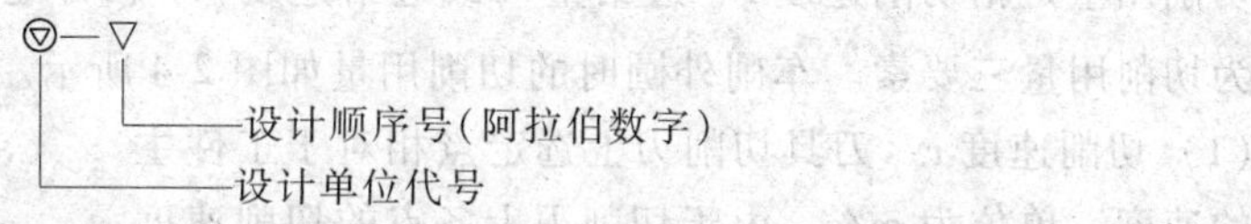

2）设计单位代号。设计单位代号包括机床生产厂和机床研究单位代号（位于型号之首）。

3）专用机床的设计顺序号。专用机床的设计顺序号按该单位的设计顺序号排列，由 001 起始于设计单位代号之后，并用“—”（读“至”）隔开。

例如，北京第一机床厂设计制造的第 100 种专用机床为专用铣床，其型号为 B1—100。

课题 5　金属切削原理

1. 切削运动与切削加工表面

（1）切削运动　为了切除工件上多余的金属，以获得形状、尺寸、位置精度和表面质量都符合要求的工件，除必须使用切削刀具外，刀具与工件间还必须做相对运动，即切削运动。

切削加工时，按工件与刀具的相对运动所起的作用来分，切削运动可分为主运动和进给运动。图 2-3a 所示为车削运动和工件上的表面，图 2-3b 所示为刨削运动和工件上的表面。

1）主运动。主运动是指进行切削时最主要的、消耗动力最多的运动，它使刀具与工件之间产生相对运动。车削的主运动是机床主轴的旋转运动。

2）进给运动。进给运动是刀具与工件之间产生的附加相对运动，以保持切削连续地进行。图 2-3 中 v_f 是车外圆时的纵向进给运动速度，它是连续的，而横向进给运动则是间断的。

（2）切削加工表面　在切削过程中，工件上有以下三个变化着的表面，如图 2-3 所示。

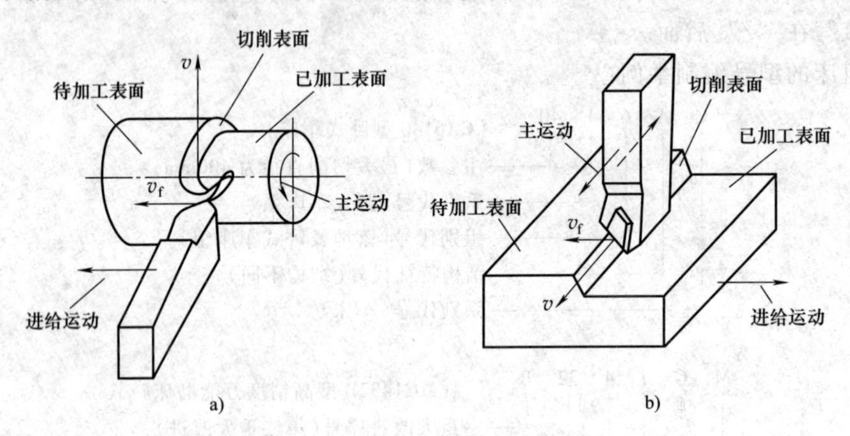

图 2-3　切削运动与切削加工表面

a）车削运动和工件上的表面　b）刨削运动和工件上的表面

1）待加工表面。待加工表面是指工件上即将被切除的表面。

2）过渡表面。过渡表面是指工件上由切削刃正在形成的表面。

3）已加工表面。已加工表面是指工件上切削后形成的表面。

2. 切削用量

切削用量是指切削速度 v、进给量（或进给速度）f 和背吃刀量（切削深度）a_p，三者又称为切削用量三要素。车削外圆时的切削用量如图 2-4 所示。

（1）切削速度 v　刀具切削刃上选定点相对于工件主运动的速度，单位为 m/s。由于切削刃上各点的切削速度可能是不同的，计算时常用最大切削速度代表刀具的切削速度。外圆车刀车削外圆时的切削速度计算式为

$$v=\frac{\pi d_w n}{1000}$$

式中　d_w——工件待加工表面的直径（mm）；

n——工件的转速（r/s）。

（2）进给量 f　在主运动每转一转或每一行程时，刀具在进给运动方向上相对于工件的位移量，单位为 mm/r（用于车削、镗削等）或 mm/行程（用于刨削、磨削等）。进给量表示进给运动的速度。进给运动速度还可以用进给速度 v_f（单位为 mm/s）或每齿进给量 f_z（用于铣刀、铰刀等多刃刀具，单位为 mm/齿）表示，它们之间

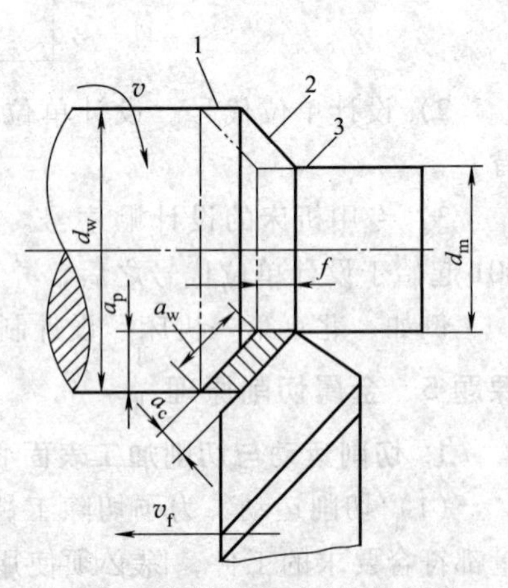

图 2-4　车削外圆时的切削用量

1—待加工表面　2—过渡表面　3—已加工表面

的关系为

$$v_f = nf = nzf_z$$

式中　n——主运动的转速（m/s）；

z——刀具齿数。

（3）背吃刀量（切削深度）a_p　在垂直于主运动方向和进给运动方向的工作平面内测量的刀具切削刃与工件切削表面的接触长度。对于外圆车削，背吃刀量为工件上已加工表面和待加工表面间的垂直距离，单位为 mm。即

$$a_p = \frac{d_w - d_m}{2}$$

式中　d_w——工件待加工表面的直径（mm）；

d_m——工件已加工表面的直径（mm）。

3. 切削层参数

在切削过程中，刀具的切削刃在一次进给中从工件待加工表面切下的金属层，称为切削层。外圆车削时的切削层，就是工件每转一圈，主切削刃所切除的金属层，如图 2-5 中的阴影四边形所示。切削层参数有三个，它们通常都在垂直于切削速度 v 的平面内度量。

（1）切削层公称厚度 a_c　切削层公称厚度是指在过渡表面法线方向测量的切削层尺寸，即相邻两过渡表面之间的距离。a_c反映了切削刃单位长度上的切削负荷。由图 2-5 得

$$a_c = f\sin\kappa_r$$

式中　a_c——切削层公称厚度（mm）；

f——进给量（mm/r）；

κ_r——车刀主偏角（°）。

（2）切削层公称宽度 a_w　切削层公称宽度是指沿过渡表面测量的切削层尺寸。a_w反映了切削刃参加切削的工件长度。由图 2-5 得

$$a_w = \frac{a_p}{\sin\kappa_r}$$

式中　a_w——切削层公称宽度（mm）。

（3）切削层公称横截面积 A_c　切削层公称横截面积是切削层公称厚度与切削层公称宽度的乘积。由图 2-5 得

$$A_c = a_c a_w = f\sin\kappa_r \frac{a_p}{\sin\kappa_r} = fa_p$$

式中　A_c——切削层公称横截面积（mm^2）。

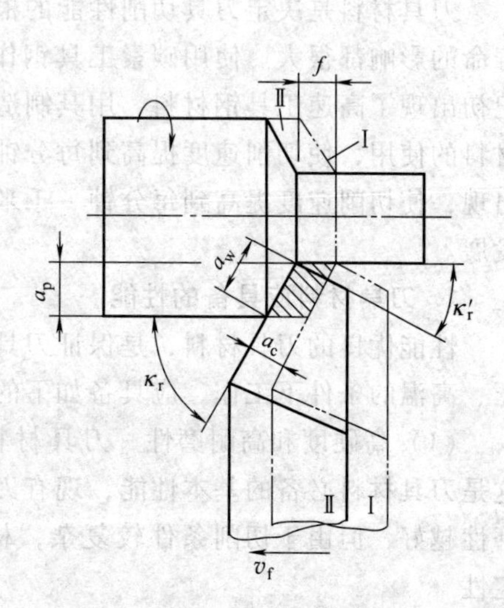

图 2-5　切削层参数

4. 切削用量的选择原则

（1）切削速度的选择　切削速度的选择要根据工件和刀具的材料选择。例如用高速钢刀具切出的切屑如果呈白色或微黄色，表明切削速度是适合的；如果切屑发紫，则表明切削速度太高。

用硬质合金刀具切出的切屑呈紫色或蓝紫色表明切削速度合适；出现火花表明切削速度已过高，超过

合理范围。如果切出黄色甚至白色的切屑，表明没有充分发挥出硬质合金刀片的切削性能。

切削速度一般选取原则为：

1）被切材料硬度高、切削力大，刀具易磨损，这时的切削速度应选低些。

2）当工件表面质量要求高时，切削速度应避开积屑瘤生成速度范围（15～30m/min），硬质合金刀具应选高一些的切削速度，高速钢刀具应选低一些的切削速度。

3）断续切削、冲击力大应选较低的切削速度。

4）工件、刀具强度差应选较低的切削速度。

（2）进给量的选择　粗加工时选择进给量应考虑以下几个方面。

1）机床-刀具-工件系统的刚度和强度。包括机床进给机构强度、刀杆尺寸、刀片厚度、工件直径和长度之比等，在强度允许的情况下，可选大一些的进给量，反之则小一些。

2）考虑排屑卷屑和断屑、情况。

3）断续切削时刀片的强度。

4）进给抗力不超过进给机构允许值。

精加工时的进给量要考虑表面粗糙度要求，*Ra* 值小，应选较小进给量。但过小的进给量反而会使表面粗糙度值增大，这是因为接近副切削刃处的切削厚度比刃口圆弧半径小，导致有部分金属被切除后挤在副切削刃与加工表面之间，使副切削刃磨损加剧成沟槽，甚至出现间距等于进给量的沟槽，使加工表面质量下降。

（3）切削深度的选择　切削深度应根据工件的加工余量和机床-刀具-工作系统的刚度来确定，粗加工时除给精加工留下合理的余量外，应尽可能以一次或较少的进给次数把粗加工余量切除。

切削锻件毛坯表层时，一定要使切削深度超越硬皮或冷硬层深度。

精加工时，切削深度根据粗加工留下的余量确定，通常采用逐渐减少深度的方法。逐渐提高加工精度和表层质量。但如果精加工时，刀具、机床等因素良好，也可一次到位，即可获得高的加工精度和表面质量。

课题 6　金属切削刀具

刀具材料是决定刀具切削性能的根本因素，对加工效率、加工质量、加工成本以及刀具寿命的影响都很大。使用碳素工具钢作为刀具材料时，切削速度只有 10m/min 左右；20 世纪初出现了高速工具钢材料，用其制造的刀具切削速度提高到每分钟几十米；硬质合金刀具材料的使用，使切削速度提高到每分钟一百多米至几百米；目前陶瓷刀具和超硬材料刀具的出现，使切削速度提高到每分钟一千米以上；被加工材料的发展也大大地推动了刀具材料的发展。

1. 刀具材料应具备的性能

性能优良的刀具材料，是保证刀具高效工作的基本条件。刀具切削部分在强烈摩擦、高压、高温的条件下工作，应具备如下的性能。

（1）高硬度和高耐磨性　刀具材料的硬度必须高于被加工材料的硬度才能切下金属，这是刀具材料必备的基本性能，现有刀具材料硬度都在 60HRC 以上。刀具材料越硬，其耐磨性越好，但由于切削条件较复杂，材料的耐磨性还决定于它的化学成分和金相组织的稳定性。

（2）足够的强度与冲击韧性　强度是指刀具材料抵抗切削力的作用而不使切削刃崩碎

与刀杆折断所应具备的性能。一般用抗弯强度来表示。

冲击韧性是指刀具材料在间断切削或有冲击的工作条件下保证不崩刃的能力。一般地，硬度越高，冲击韧性越低，材料越脆。硬度和韧性是矛盾的两个方面，也是刀具材料应克服的一个关键。

（3）热硬性　热硬性是衡量刀具材料性能的主要指标。它综合反映了刀具材料在高温下保持硬度、耐磨性、强度、抗氧化、抗粘结和抗扩散的能力。

（4）良好的工艺性和经济性　为了便于制造，刀具材料应有良好的工艺性，如锻造、热处理及磨削加工性能。当然在制造和选用时应综合考虑经济性。当前超硬材料及涂层刀具材料费用都较贵，但其使用寿命很长，在成批大量生产中，分摊到每个零件中的费用反而有所降低。因此在选用时一定要综合考虑。

选择刀具材料时，很难找到各方面的性能都是最佳的，因为材料性能之间是相互制约的。只能根据工艺需要保证主要需求的性能。如粗加工锻件毛坯，需保持有较高的强度与韧性，而加工硬材料需有较高的硬度等。

2. 常用刀具材料

当前使用的刀具材料分四大类：工具钢（包括碳素工具钢、合金工具钢、高速工具钢）、硬质合金、陶瓷、超硬刀具材料。一般机加工使用最多的是高速工具钢与硬质合金。

工具钢耐热性差，但抗弯强度高，价格便宜，焊接与刃磨性能好，故广泛用于中、低速切削的成形刀具，不宜用于高速切削。硬质合金耐热性好，切削率高，但刀片强度、韧性不及工具钢，焊接刃磨工艺性也比工具钢差，故多用于制作车刀、铣刀及各种高效切削刀具。常用刀具材料如图 2-6 所示。

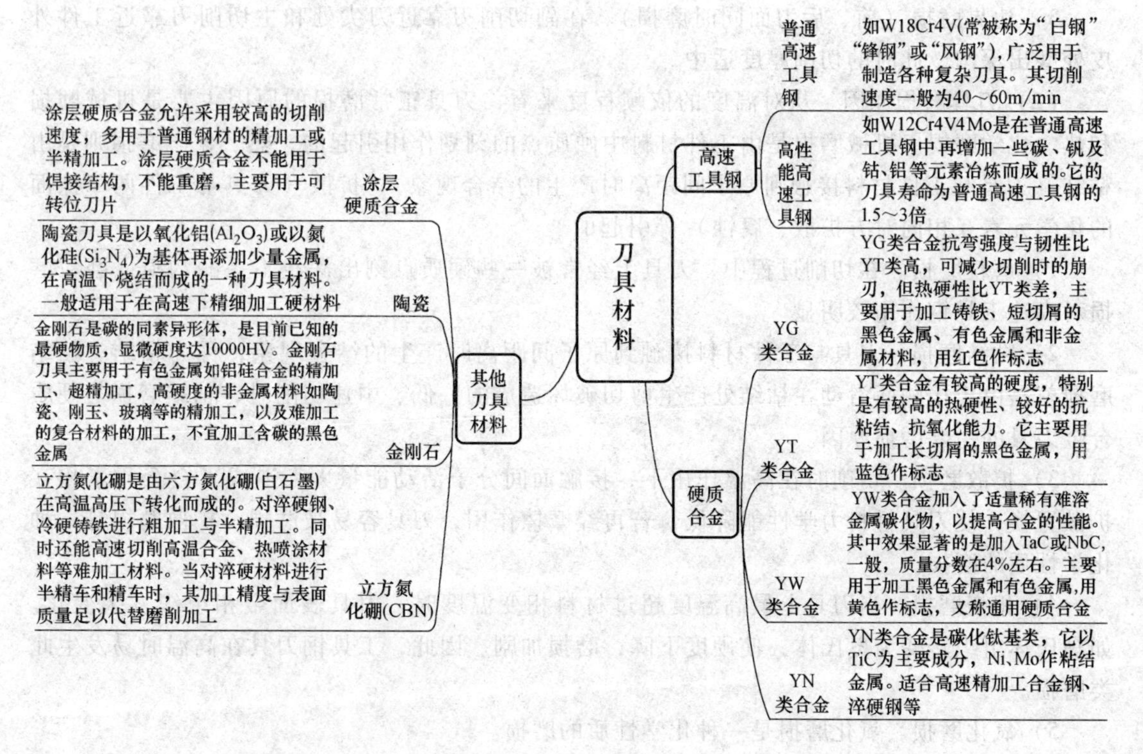

图 2-6　刀具材料

3. 刀具磨损

切削时刀具在高温条件下，受到工件、切屑的摩擦作用，刀具材料逐渐被磨耗或出现其他形式的损坏称为刀具磨损。刀具损坏的形式主要有磨损和破损两类。磨损是连续的逐渐磨损，属于正常磨损；破损包括脆性破损（如崩刃、碎断、剥落、裂纹破损等）和塑性破损两种，属于非正常磨损。

（1）磨损的形态及其原因　刀具磨损后，使工件加工精度降低，表面粗糙度增大，并导致切削力加大、切削温度升高，甚至产生振动，不能继续正常切削。因此，刀具磨损直接影响加工效率、质量和成本。

刀具正常磨损的形式有以下几种，如图 2-7 所示。

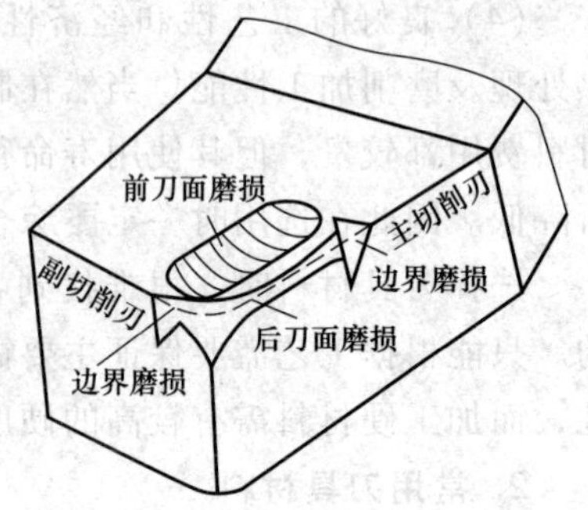

图 2-7　刀具正常磨损形式

1）前刀面磨损（月牙洼磨损）。前刀面磨损主要由于切屑和工件材料接触摩擦以及发热区域扩散引起前刀面变形，导致前刀面靠近主切削刃处磨出一段月牙形的凹坑，会使切削刃强度降低。另外刀具材料过软，加工过程切削速度太高，进给量太大，也是前刀面磨损产生的原因。前刀面磨损会使刀具产生变形、干扰排屑、降低切削刃强度。降低切削速度和进给速度，同时选择涂层硬质合金材料，可以减少前刀面磨损。

2）后刀面磨损。在切削加工中，刀具与工件相互摩擦，在后刀面靠近切削刃处磨出一段小棱面，后角接近 0°。用较低的切削速度、较小的切削厚度切削塑性材料时，易发生后刀面磨损。

3）边界磨损（前、后刀面同时磨损）。在副切削刃靠近刀尖处和主切削刃靠近工件外皮处磨出深沟，此时的切削厚度适中。

（2）刀具磨损原因　从对温度的依赖程度来看，刀具正常磨损的原因主要是机械磨损和热、化学磨损。机械磨损是由工件材料中硬质点的刻划作用引起的，热、化学磨损则是由粘结（刀具与工件材料接触到原子间距离时产生的结合现象）、扩散（刀具与工件两摩擦面的化学元素互相向对方扩散、腐蚀）等引起的。

1）磨粒磨损。在切削过程中，刀具上经常被一些硬质点刻出深浅不一的沟痕。磨粒磨损对高速工具钢作用较明显。

2）粘结磨损。刀具与工件材料接触到原子间距离时产生的结合现象，称为粘结。粘结磨损就是由于接触面滑动在粘结处产生剪切破坏造成的。低、中速切削时，粘结磨损是硬质合金刀具的主要磨损原因。

3）扩散磨损。切削时在高温作用下，接触面间分子活动能量大，造成了合金元素相互扩散置换，使刀具材料力学性能降低，若再经摩擦作用，刀具容易被磨损。扩散磨损是一种化学性质的磨损。

4）相变磨损。当刀具上最高温度超过材料相变温度时，刀具表面金相组织发生变化。如马氏体组织转变为奥氏体，使硬度下降，磨损加剧。因此，工具钢刀具在高温时易发生此类磨损。

5）氧化磨损。氧化磨损是一种化学性质的磨损。

（3）刀具磨损过程　随着切削时间的延长，刀具磨损增加。根据切削实验，可得图 2-8

所示的刀具正常磨损过程的典型磨损曲线。该图分别以切削时间和后刀面磨损量 *VB*（或前刀面月牙洼磨损深度 *KT*）为横坐标与纵坐标。从图 2-8 可知，刀具磨损过程可分为三个阶段：

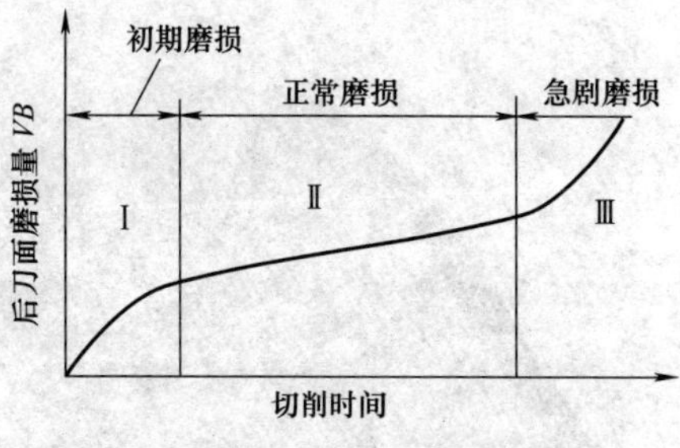

图 2-8　刀具磨损过程

1）初期磨损阶段（Ⅰ）是开始磨损时将刀面上存在着的凹凸不平刃磨痕迹很快磨去。

2）正常磨损阶段（Ⅱ）是磨损量 *VB* 随着切削时间增加而逐渐加大。

3）急剧磨损阶段（Ⅲ）是在温度升高、刀具性能下降的情况下，磨损量 *VB* 急剧增大。如果继续使用，则刀具切削刃产生破坏。

（4）刀具磨钝标准　刀具磨损到一定限度就不能继续使用。这个磨损限度称为磨钝标准。规定后刀面上均匀磨损区的高度 *VB* 值作为刀具的磨钝标准。刀具磨损后切屑的颜色、形状和加工声音都会发生改变，我们可以从以下八方面来判断刀具是否磨损和是否需要刃磨。

1）刀具寿命表（以加工工件数量为依据）。一些高端装备制造业或者单品批量生产企业用它来指导生产，此方法适合加工昂贵的精密零部件，如发动机等。

2）看加工。如果加工过程中，冒断续的无规则火星，说明刀具已经磨损，可根据刀具平均寿命及时换刀。

3）看切屑颜色。切屑颜色改变，说明加工温度已经改变，可能发生刀具磨损。

4）看切屑形状。切屑两侧出现锯齿状，切屑不正常卷曲，切屑变得更细碎，这些现象都是刀具磨损的判断依据。

5）看工件表面。出现光亮痕迹，但表面粗糙度和尺寸并没有大的变化，这其实也是刀具已经磨损的特征。

6）听声音。加工振动加剧，刀具不快时候会产生异响。要时刻留意避免“扎刀”，造成工件报废。

7）观察机床负载。如有明显增量变化，说明刀具已经磨损，但并不能作为唯一换刀依据。

8）刀具切出时工件产生毛边严重、表面粗糙度值增大、工件尺寸变化等明显现象也是刀具磨损的判定标准。

4. 刀具的破损

刀具破损和刀具磨损一样，也是刀具失效的一种形式。刀具在一定的切削条件下使用时，如果它经受不住强大的应力（切削力或热应力），就可能发生突然损坏，使刀具提前失去切削能力，这种情况就称为刀具破损。破损是相对于磨损而言的，从某种意义上讲，破损可认为是一种非正常的磨损。刀具的破损有早期和后期（加工到一定时间后的破损）两种。刀具破损的形式分为脆性破损和塑性破损两种。硬质合金刀具和陶瓷刀具在切削时，在机械冲击和热冲击作用下，经常发生脆性破损。脆性破损又分为崩刃、碎断、剥落和裂纹破损四种。

（1）崩刃　在切削刃上产生小的缺口，如图 2-9 所示。一般缺口尺寸与进给量相当或稍大一点，切削刃还能继续切削。如果继续切削加工，刃区崩损部分将迅速扩大，最终使刀具完全失效。陶瓷刀具切削时，常发生这种崩刃。硬质合金刀具断续切削时，也常出现这种崩刃。

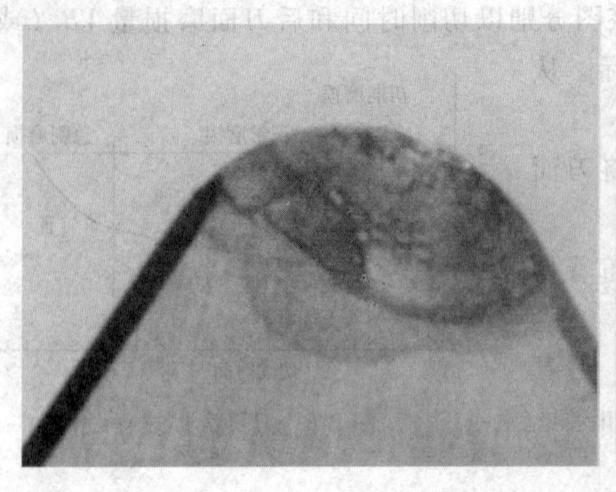
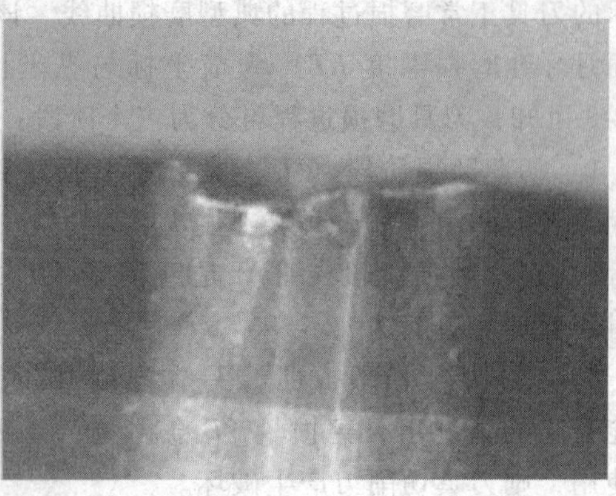

图 2-9 崩刃

（2）碎断　在切削刃上发生小块碎裂或大块断裂，不能继续正常切削。硬质合金刀具和陶瓷刀具断续切削时常出现这种碎断。

（3）剥落　在前、后刀面上几乎平行于切削刃而剥下一层碎片，经常连切削刃一起剥落，有时也在离切削刃一小段距离处剥落。陶瓷刀具端铣时常发生这种破损。

（4）裂纹破损　在较长时间断续切削后，由于疲劳而引起裂纹的一种破损。有因热冲击而发生的热裂纹，也有因机械冲击而发生的机械疲劳裂纹。当这些裂纹不断扩展合并，就会引起切削刃的碎裂或断裂。

5. 刀具寿命

一把新刀（或重新刃磨过的刀具）从开始切削至磨损量达到磨钝标准为止所经历的实际切削时间称为刀具寿命，用 T（单位为 min）表示。

（1）刀具寿命的选择原则　切削用量与刀具寿命有密切关系。在制订切削用量时，应首先选择合理的刀具寿命，而合理的刀具寿命则应根据优化的目标而定。一般最高生产率刀具寿命根据单件工时最少的目标确定，最低成本刀具寿命根据工序成本最低的目标确定。

比较最高生产率刀具寿命（T_p）与最低生产成本刀具寿命（T_c）可知：$T_c>T_p$。生产中常根据最低成本来确定刀具寿命，但有时需完成紧急任务或提高生产率且对成本影响不大的情况下，也选用最高生产率刀具寿命。刀具寿命的具体数值，可参考有关资料或手册选用。

选择刀具寿命时可考虑如下几点：

1）根据刀具复杂程度、制造成本和磨刀成本来选择。复杂和精度高的刀具寿命应选得比单刃刀具高些。

2）对于机夹可转位刀具，由于换刀时间短，为了充分发挥其切削性能，提高生产率，刀具寿命可选得低些，一般取 15~30min。

3）对于装刀、换刀和调刀比较复杂的多刀机床、组合机床与自动化加工刀具，刀具寿命应选得高些，尤其应保证刀具可靠性。

4）车间内某一工序的生产率限制了整个车间的生产率的提高时，该工序的刀具寿命要选得低些；当某工序单位时间内所分担的全厂开支较大时，刀具寿命也应选得低些。

5）大件精加工时，为保证至少完成一次进给，避免切削时中途换刀，刀具寿命应按零件精度和表面粗糙度来确定。

（2）影响刀具寿命 T 的因素

1）切削用量。切削用量对刀具寿命 T 的影响规律为：切削速度、背吃刀量（切削深度）、进给量增大，使切削温度提高，刀具寿命 T 下降。切削用量对刀具寿命 T 的影响从大到小依次为切削速度、进给量、背吃刀量。

根据刀具寿命合理数值 T 计算的切削速度称为刀具寿命允许的切削速度，用 v_T 表示其计算式为

$$v_T = \frac{C_v}{T^m a_p^{x_v} \cdot f^{y_v}} \cdot K_v$$

式中　C_v——与刀具后面实验条件有关的系数；

m、x_v、y_v——对 T、a_p 和 f 影响程度的指数；

K_v——切削条件与实验条件不同的修正系数。

上述系数 C_v 和指数 m、x_v、y_v 可参考有关手册资料。

显然低成本刀具寿命允许的切削速度低于高生产率刀具寿命允许的切削速度。

2）工件材料。

① 硬度或强度提高，使切削温度提高，刀具磨损加大，刀具寿命 T 下降。

② 工件材料的延伸率越大或热导率越小，切削温度越高，刀具寿命 T 下降。

3）刀具几何角度。

① 前角对刀具寿命的影响呈“驼峰形”。

② 主偏角减小时，使切削宽度增大，散热条件改善，故切削温度下降，刀具寿命 T 提高。

4）刀具材料。刀具材料的热硬性越好、越耐磨，刀具寿命 T 越高。

（3）刀具寿命方程式　综合切削用量 v_c、f、a_p 对刀具寿命 T 的影响，并经整理后得到下列刀具寿命方程式

$$T^m = \frac{C_T}{v_c \; a_p^{x_T} f^{y_T}} K_T$$

式中　x_T、y_T——背吃刀量 a_p 和进给量 f 对刀具寿命 T 的影响程度指数；

C_T——切削用量 v_c、a_p、f 对刀具寿命的影响系数；

K_T——其他因素对刀具寿命影响的修正系数。

项目三　机械制造工艺概述

机械加工工艺规程是生产管理的重要技术文件，直接影响零件加工质量、成本及生产率。在一定的生产条件下，对同样一个零件，可能会有多个不同的工艺过程。合理的工艺设计方案应立足于生产实际，全面考虑，体现各方面要求的协调和统一。

【能力目标】

1）掌握制订工艺规程的原则。

2）掌握制订工艺规程的步骤方法。

3）能正确填写工艺文件。

3.1 项目分析

图 1-1 所示的齿轮轴是机械加工中常见的零件。在齿轮轴的机械加工中，零件设计及图样的绘制由设计部门完成，工艺部门按照零件图的技术要求编制相关的工艺文件（如机械加工过程卡、工艺卡等），然后下发至车间去指导工人实施零件的加工，为操作工人提供可靠的工艺参数。图 3-1 所示为机械生产组织结构图。

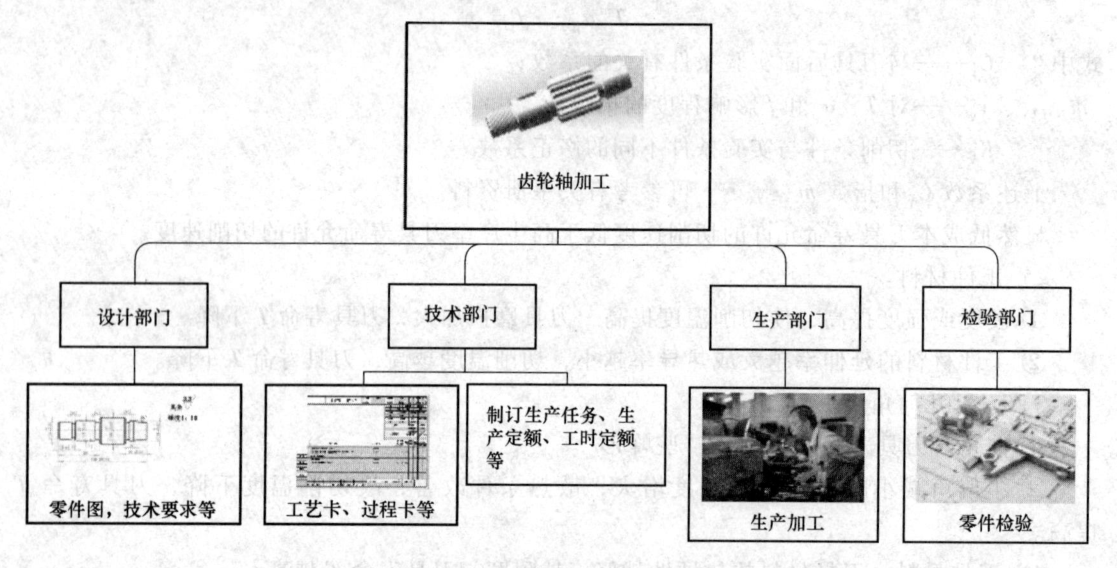

图 3-1　机械生产组织结构图

本项目主要研究技术部门如何去制订相关的工艺步骤、工序内容以及相关工艺文件等。

3.2 知识储备

课题 7　机械加工工艺过程

采用机械加工的方法，直接改变毛坯的形状、尺寸和表面质量，使之成为合格零件的过程称为机械加工工艺过程。它是由一系列的工序组合而成的，毛坯依次通过这些工序而变为成品。加工工艺是工人进行零部件加工的依据。机械加工工艺主要包括工序、工步、工位、安装、走刀五部分内容。

1. 工序

一个或一组工人在同一工作地对同一个或同时对几个工件所连续完成的那一部分工艺过程称为工序，它是生产过程中最基本的组成单位。

工人、场地（或设备）、工件、连续作业是构成工序的四个要素，其中任何一个要素变更即构成新的工序。

一个工艺过程需要包括哪些工序，是由被加工零件结构的复杂程度、加工要求和生产类型决定的。合理划分工序，有利于建立生产劳动组织，加强劳动分工与协作，制订劳动定额。表 3-1 为阶梯轴不同生产类型的工艺过程。

表 3-1　阶梯轴不同生产类型的工艺过程

零件图

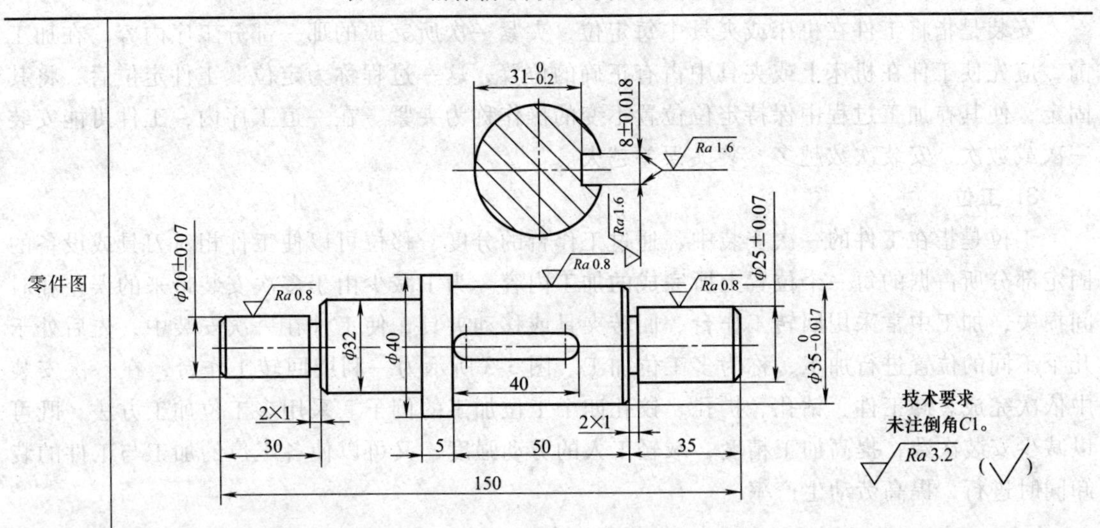

小批量生产工艺过程			大批、大量生产工艺过程		
工序号	工序内容	设备	工序号	工序内容	设备
1	车端面、钻中心孔（两头）	车床	1	两边同时铣端面、钻中心孔	组合机床
2	粗、精车外圆，切槽、倒角	车床	2	粗车外圆	车床
3	铣键槽、去毛刺	铣床	3	精车外圆、倒角、切退刀槽	车床
4	磨外圆	磨床	4	铣键槽	铣床
			5	去毛刺	钳工台
			6	磨外圆	磨床

工序是完成产品加工的基本单元，其分类如图 3-2 所示。

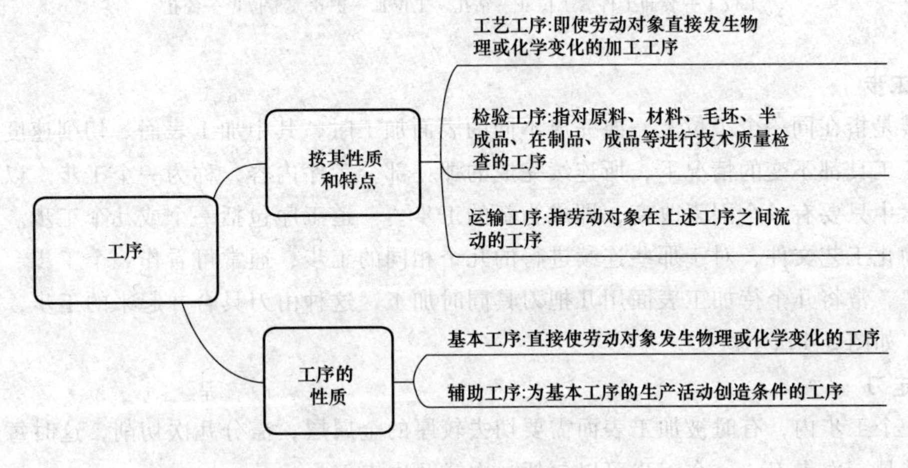

图 3-2　工序的分类

2. 安装

安装是指将工件在机床或夹具中每定位、夹紧一次所完成的那一部分工序内容。在加工前，应先使工件在机床上或夹具中占有正确的位置，这一过程称为定位。工件定位后，将其固定，使其在加工过程中保持定位位置不变的操作称为夹紧。在一道工序内，工件可能安装一次或数次，安装次数越多，装夹误差越大。

3. 工位

工位是指在工件的一次安装中，通过工作台的分度、移位可以使工件相对刀具或设备的固定部分所占据的每一个位置上所完成的加工内容。为了减少由于多次安装带来的误差和时间损失，加工中常采用回转工作台、回转夹具或移动夹具，使工件在一次安装中，先后处于几个不同的位置进行加工，称为多工位加工。图 3-3 所示为一利用回转工作台，在一次安装中依次完成装卸工件、钻孔、扩孔、铰孔四个工位加工的例子。采用多工位加工方法，既可以减少安装次数，提高加工精度，减轻工人的劳动强度，又可以使各工位的加工与工件的装卸同时进行，提高劳动生产率。

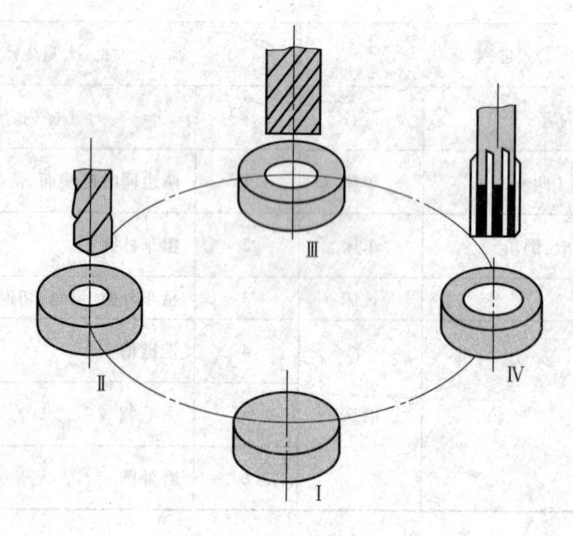

图 3-3　多工位加工

工位Ⅰ—装卸工件　工位Ⅱ—钻孔　工位Ⅲ—扩孔　工位Ⅳ—铰孔

4. 工步

工步是指在同一个工位上，要完成不同的表面加工时，其中加工表面、切削速度、进给量和加工工具都不变的情况下，所连续完成的那一部分工序内容，称为一个工步。以上三个不变因素中只要有一个因素改变，即成为新的工步。一道工序包括一个或几个工步。

为简化工艺文件，对于那些连续进行的几个相同的工步，通常可看作一个工步。为了提高生产率，常将几个待加工表面用几把刀具同时加工，这种由刀具合并起来的工步，称为复合工步，如图 3-4 所示。

5. 走刀

在一个工步内，有时被加工表面需要切去较厚的金属层，需分几次切削，这时每进行一个切削就是一次走刀。一个工步可以包括一次或几次走刀。

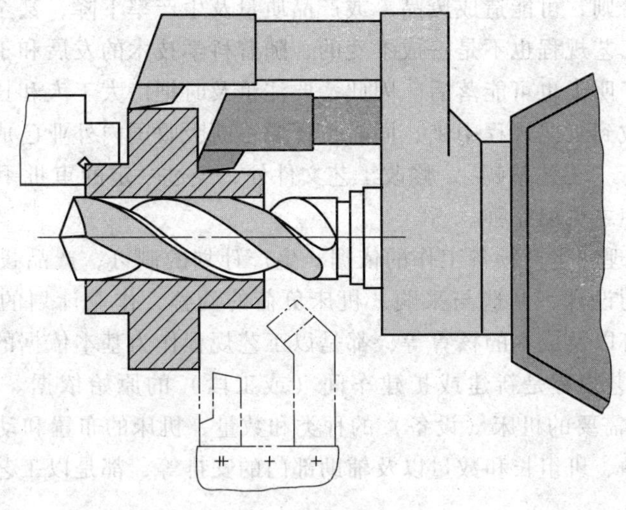

图 3-4 复合工步

工序、安装、工位、工步与走刀的关系如图 3-5 所示。

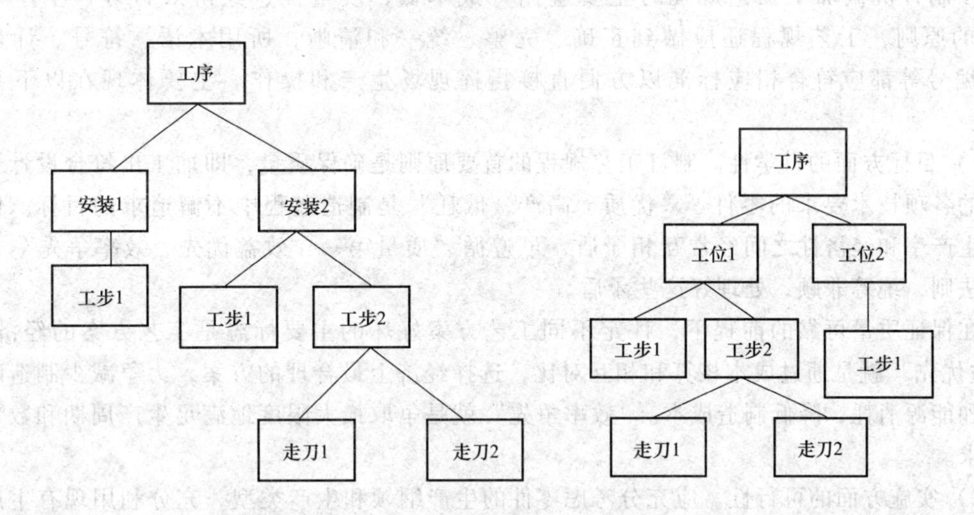

图 3-5 工序、安装、工位、工步与走刀的关系

课题 8 工艺规程概述

机械加工工艺规程是规定零件加工工艺过程和操作方法等的工艺文件。它一般包括工件加工的工艺路线及所经过的车间和工段、各工序的具体加工内容及所用的机床和工艺装备、工件的检验项目及检验方法、切削用量、工时定额等。

1. 工艺规程的作用

经审定批准的工艺规程是工厂生产活动中重要的指导文件，它的主要作用有以下几方面：

1）指导生产的主要技术文件。机械加工工艺规程是生产的计划、调度，工人的操作、质量检查等活动的依据。生产工人必须严格按照工艺规程进行生产，检验人员必须按照工艺规程的要求进行检验，一切有关的生产人员都必须严格执行工艺规程，不得擅自更改，这是严厉的工艺纪律。否则，可能造成废品，或产品质量及生产率下降，甚至会引起整个生产过程的混乱。但是，工艺规程也不是一成不变的，随着科学技术的发展和工艺水平的提高，今天合理的工艺规程，明天也可能落后。因此，要注重及时把广大工人和技术人员的创造发明和技术革新成果吸收到工艺规程中来，同时，还要不断吸收国内外业已成熟的先进技术。为此，工厂除定期进行“工艺整顿”，修改工艺文件外，经过一定的审批手续，也可临时对工艺文件进行修改，使之更加完善。

2）生产组织治理和生产预备工作的依据。生产计划的制订，产品投产前原材料和毛坯的供给，工艺装备的设计、制造与采购，机床负荷的调整，作业计划的编排，劳动力的组织，工时定额的制订以及成本的核算等，都是以工艺规程作为基本依据的。

3）机械加工工艺规程是新建或扩建车间（或工段）的原始依据。新设计和扩建工厂（车间）时，生产所需要的机床（设备）的种类和数量、机床的布置和动力配置、车间的面积、生产工人的工种、班组长和数量以及辅助部门的安排等，都是以工艺规程为基础，根据生产类型来确定的。

2. 机械加工工艺规程的制订原则

在制订机械加工工艺规程时主要遵循“成本低、质量优、经济效益好、生产效率高”的原则，工艺规程还应做到正确、完整、统一和清晰，所用术语、符号、计量单位和编号等都应符合相应标准以方便直接指挥现场生产和操作。主要体现在以下几个方面：

1）目标方面的科学性。制订工艺规程的首要原则是确保质量，即加工出符合设计图样规定的各项技术要求的零件。“优质、高产、低耗”是制造过程中不懈追求的目标。但质量、生产率和经济性之间经常互相矛盾，可遵循“质量第一、效益优先、效率争先”这一基本法则，统筹兼顾，处理好这些矛盾。

在保证质量可靠的前提下，评定不同工艺方案好坏的主要标志是工艺方案的经济性。“效益优先”就是通过成本核算和相互对比，选择经济上最合理的方案，力争减少制造时的材料和能源消耗，降低制造成本。“效率争先”就是争取最大限度地满足生产周期和数量上的要求。

2）实施方面的可行性。应充分考虑零件的生产纲领和生产类型，充分利用现有生产技术条件，使制订的工艺切实可行，尤其注意不能与国家环境保护明令禁止的工艺手段等要求相抵触，并尽可能做到平衡生产。

3）技术方面的先进性。要用可持续发展的观点指导工艺方案的制订，既应符合生产实际，又不能墨守成规，在通过必要的工艺试验的基础上，积极采用国内外适用的先进技术和工艺。

4）劳动方面的安全性。树立保障工人实际操作时的人身安全和创造良好文明的劳动条件的思想，在工艺方案上注意采取机械化或自动化等措施，并体现在工艺规程中，减轻工人的劳动强度。

3. 制订机械加工工艺规程的步骤方法

(1) 制订工艺规程的原始资料　在编制零件机械加工工艺规程之前，要进行调查研究，了解国内外同类产品的有关工艺状况，收集必要的技术资料，作为编制时的依据和条件。

1）技术图样与说明性技术文件，包括零件的工作图样和必要的产品装配图样，针对技术设计中的产品结构、工作原理、技术性能等方面做出描述的技术设计说明书，产品的验收质量标准等。

2）产品的生产纲领及其所确定的生产类型。

3）毛坯资料，包括各种毛坯制造方法的特点，各种钢材和型材的品种与规格，毛坯图等，并从机械加工工艺角度对毛坯生产提出要求。在无毛坯图的情况下，需实地了解毛坯的形状、尺寸及力学性能等。

4）现场的生产条件，主要包括毛坯的生产能力、技术水平或协作关系，现有加工设备及工艺装备的规格、性能、新旧程度及现有精度等级，操作工人的技术水平，辅助车间制造专用设备、专用工艺装备及改造设备的能力等。

5）国内外同类产品的有关工艺资料，如工艺手册、图册、各种标准及指导性文件。

（2）工艺规程编制的步骤及内容

1）产品装配图和零件图的工艺性分析，主要包括零件的加工工艺性、装配工艺性、主要加工表面及技术要求，了解零件在产品中的功用。

2）确定毛坯的类型、结构形状、制造方法等。

3）拟定工艺路线。

4）确定各工序的加工余量，计算工序尺寸及公差。

5）选择设备和工艺装备。

6）确定各主要工序的技术要求及检验方法。

7）确定切削用量及计算时间定额。

8）工艺方案的技术经济分析。

9）填写工艺文件。

4. 工艺规程的类型与格式

零件机械加工工艺规程确定后，应按《工艺规程格式》（JB/T 9165.2—1988），将有关内容填入各种不同的卡片，以便贯彻执行。这些卡片总称为工艺文件。经常使用的工艺文件有下列几种：

（1）机械加工工艺过程卡片　机械加工工艺过程卡片是简要说明零件整个工艺过程的一种卡片，又称过程卡，格式见表3-2。其内容包括工艺过程的工序名称和序号、实施车间和工段及各工序的时间定额等内容。它概述了加工过程的全貌，是制订其他工艺文件的基础，可以作为生产管理使用。在单件小批量生产中，通常不再编制更详细的工艺文件，而以过程卡直接指导生产。

（2）机械加工工序卡片　机械加工工序卡片又称工序卡，格式见表3-3。它用来具体指导工人的操作，为零件工艺过程中的每一工序而制订，详细说明各工序的工艺资料并附有工序简图。工序卡多用于大批大量生产和重要零件的成批生产。

（3）机械加工工艺卡片　机械加工工艺卡片又称工艺卡，格式见表3-4。工艺卡以工序为单位说明工艺过程，详细规定了每一工序及其工位和工步的工作内容。复杂工序绘有工序简图，注明工序尺寸及公差。工艺卡的详细程度介于工艺过程卡和工序卡之间。工艺卡用来指导生产和管理加工过程，广泛用于成批生产或重要零件的小批生产。

表 3-2　机械加工工艺过程卡片

机械加工工艺过程卡片		产品型号		零(部件)图号				
		产品名称		零(部件)名称			共　页	第　页
材料牌号		毛坯种类		毛坯外形尺寸		每毛坯可制件数		备注
工序号	工序名称	工序内容	车间	工段	设备	工艺设备	工时/h 准终	工时/h 单件

									设计(日期)	审核(日期)	标准化(日期)	会签(日期)		
标记	处数	更改文件号	签字	日期	标记	处数	更改文件号	签字	日期					

表 3-3　机械加工工序卡片

	机械加工工序卡片	产品型号		零件图号		共　页
		产品名称		零件名称		第　页

	车间	工序号	工序名称	材料牌号
	毛坯种类	毛坯外形尺寸	每台毛坯可制件数	每台件数
	设备名称	设备型号	设备编号	同时加工件数

	夹具名称	夹具编号	切削液

工步号	工步内容	工艺装备	主轴转速 $/r \cdot min^{-1}$	切削速度 $/m \cdot min^{-1}$	进给量 $/mm \cdot r^{-1}$	背吃刀量 /mm	进给次数	工步工时	
								机动	辅助

								设计(日期)	校对(日期)	审核(日期)
处数	更改文件号	签字	日期	处数	更改文件号	签字	日期			

表 3-4　机械加工工艺卡片

机械加工工艺卡片	产品型号		零件图号			
	产品名称		零件名称		共　页	第　页

车间	工序号	工序名称	材料牌号
毛坯种类	毛坯外形尺寸	每台毛坯可制件数	每台件数
设备名称	设备型号	设备编号	同时加工件数

夹具名称	夹具编号	切削液	
工位器具编号	工位器具名称	工序工时	
		准终	单件

	工步号	工步内容	工艺装备	主轴转速/r·min^{-1}	切削速度/m·min^{-1}	进给量/mm·r^{-1}	背吃刀量/mm	进给次数	工步工时	
描图									机动	辅助
描校										
底图号										

											设计（日期）	审核（日期）	标准化（日期）	会签（日期）	
装订号															
	标记	处数	更改文件号	签字	日期	标记	处数	更改文件号	签字	日期					

模块二

零件的车削加工

车削是机械加工中最基本、应用最广泛的一种加工方法，主要用于加工各种回转表面，如内外圆柱表面、内外圆锥表面、成形回转面和回转体的端面等。通常，车削的主运动由工件随主轴旋转来实现，进给运动由刀架的纵（横）向移动来完成。车床使用的刀具为各种车刀，也可用钻头、扩孔钻、铰刀进行孔加工，用丝锥、板牙加工内（外）螺纹表面。由于大多数机器零件都具有回转表面，车床的工艺范围又较广，因此，车削加工的应用极为广泛。

项目四　销轴零件的加工

【能力目标】

1）了解 CS6140 型卧式车床的结构与传动原理。
2）掌握刀具切削部分的构成及作用。
3）掌握刀具切削部分的几何角度及选用原则。
4）掌握车削加工常用量具类型、特点、使用要求和方法。
5）掌握 CS6140 型卧式车床各部分的调整及操作方法。
6）掌握普通车床上工件及刀具的安装方法和基本要求。
7）掌握车刀的刃磨方法和刃磨要求。
8）掌握外圆、端面的车削方法。

4.1　项目分析

给定尺寸为 ϕ45mm×132mm 的 45 钢毛坯件，按图 4-1 所示的图样要求加工出合格的零件。

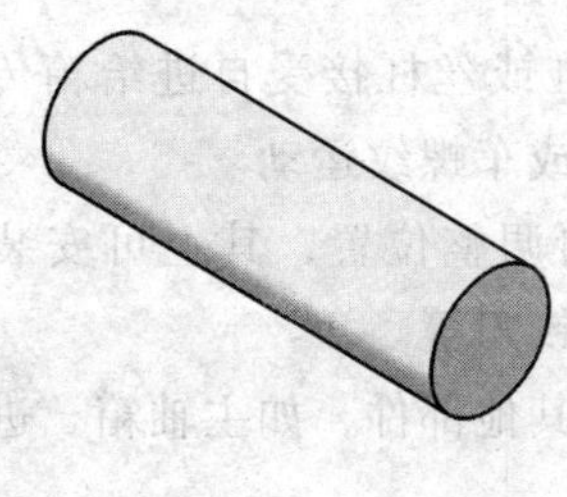
a)

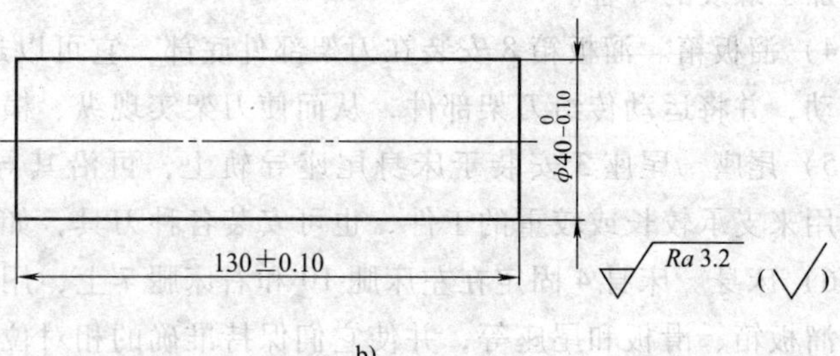

b)

图 4-1　销轴
a）外形图　b）零件图

从毛坯尺寸及图 4-1 可知，该零件需要在车床上进行相应的车端面及车外圆的加工。图中外圆直径 $\phi 40_{-0.10}^{0}$ mm 处公差为 0.10mm，表面粗糙度 Ra 值为 3.2μm；长度 130mm 处公差为 0.2mm，表面粗糙度 Ra 值为 3.2μm。

4.2 知识储备

课题 9 CS6140 型卧式车床的结构与传动原理

1. CS6140 型卧式车床的组成结构

CS6140 型卧式车床主要用来加工轴类零件和直径不大的盘类零件。图 4-2 所示为 CS6140 型卧式车床的外形图，其主要组成部件及其功能如下。

图 4-2 CS6140 型卧式车床的外形图

1—主轴箱 2—刀架与滑板 3—尾座 4—床身 5—丝杠 6—光杠 7—右床腿 8—溜板箱 9—进给箱 10—左床腿

1）主轴箱。主轴箱 1 由箱体、主轴、传动轴、轴上传动件和变速操纵机构等组成，其功能是支承主轴部件，并使主轴与工件以所需速度和方向旋转。

2）刀架与滑板。四方刀架用于装夹刀具；滑板由上、中、下 3 层组成；床鞍（即下滑板）用于实现纵向进给运动；中滑板用于车外圆（或孔）时控制吃刀量及车端面时实现横向进给运动；上滑板用来纵向调节刀具位置和实现手动纵向进给运动，上滑板还可相对中滑板偏转一定角度，用于手动加工圆锥面。

3）进给箱。进给箱 9 内装有进给运动的传动及操纵装置，用于改变机动进给的进给量或被加工螺纹的导程。

4）溜板箱。溜板箱 8 安装在刀架部件底部，它可以通过光杠或丝杠接受自进给箱传来的运动，并将运动传给刀架部件，从而使刀架实现纵、横向进给或车螺纹运动。

5）尾座。尾座 3 安装于床身尾座导轨上，可沿其导轨纵向调整位置，其上可安装顶尖，用来支承较长或较重的工件，也可安装各种刀具，如钻头和铰刀等。

6）床身。床身 4 固定在左床腿 10 和右床腿 7 上，用以支承其他部件，如主轴箱、进给箱、溜板箱、滑板和尾座等，并使它们保持准确的相对位置。

2. CS6140 型卧式车床的机床传动原理

（1）机床传动的基本组成部分　机床的传动必须具备以下三个基本部分：

1）运动源。为执行件提供动力和运动的装置，通常为电动机，如交流异步电动机、直流电动机、步进电动机、交流变频调速电动机等。

2）传动件。传递动力和运动的零部件。如齿轮、链轮、带轮、丝杠、螺母等，除机械传动外，还有液压传动和电气传动元件等。

3）执行件。夹持刀具或工件执行运动的零部件。常用执行件有主轴、刀架、工作台等，是传递运动的末端件。

（2）机床传动原理图　在机床的运动分析中，为了便于分析机床运动和传动联系，常用一些简明的符号来表示运动源与执行件、执行件与执行件之间的传动联系，这就是传动原理图。图 4-3 所示为传动原理图常用的部分符号。

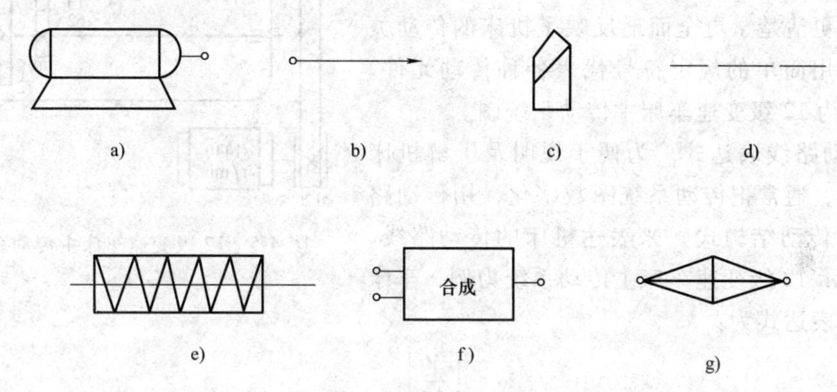

图 4-3　传动原理图常用的部分符号

a）电动机　b）主轴　c）车刀　d）定比传动机构　e）滚刀　f）合成机构　g）换置机构

（3）机床的传动链　为了在机床上得到所需要的运动，必须通过一系列的传动件把运动源和执行件，或把执行件和执行件联系起来，以构成传动联系。构成一个传动联系的一系列传动件，称为传动链。根据传动链的性质，可将其分为两类。

1）外联系传动链。联系运动源与执行件的传动链，称为外联系传动链。它的作用是使执行件得到预定速度的运动，并传递一定的动力。此外，还可以控制执行件变速、换向等。外联系传动链传动比的变化，只影响生产率或表面粗糙度，不影响加工表面的形状。因此，外联系传动链不要求两执行件之间有严格的传动关系。

2）内联系传动链。联系两个执行件，以形成复合成形运动的传动链，称为内联系传动链。它的作用是保证两个执行件之间的相对速度或相对位移保持严格的比例关系，以保证被加工表面的性质。

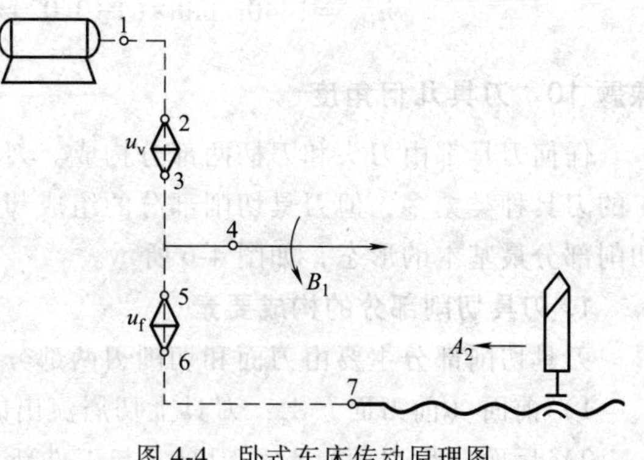

图 4-4　卧式车床传动原理图

如图 4-4 所示，从电动机至主轴之间的传动属于外联系传动链，它是为主轴提供运动和动力的。即从电动机→1→2→u_v→3→4→主轴，这条传动链也称为主运动传动链，其中 1→2 和 3→4 段为传动比固定不变的定比传动结构，2→3 段是传动比可变的换置机构 u_v，调整 u_v 值用以改变主轴的转速。从主轴→4→5→u_f→6→7→丝杠→刀具，得到刀具和工件间的复合成形运动

（螺旋运动），这是一条内联系传动链，其中 4→5 和 6→7 段为定比传动机构，5→6 段是换置机构 u_f，调整 u_f 值可得到不同的螺纹导程。在车削外圆柱面或端面时，主轴和刀具之间的传动联系无严格的传动比要求，两者的运动是两个独立的简单成形运动，因此，除了从电动机到主轴的主传动链外，另一条传动链可视为由电动机→1→2→u_v→3→5→u_f→6→7→刀具（通过光杠），此时这条传动链是一条外联系传动链。

（4）机床的传动系统与运动计算

1）机床传动系统图。机床的传动系统图是表示机床全部运动传动关系的示意图。它比传动原理图更准确、更清楚、更全面地反映了机床的传动关系。在图中用简单的规定符号代表各种传动元件。图 4-5 所示为 12 级变速车床主传动系统图。

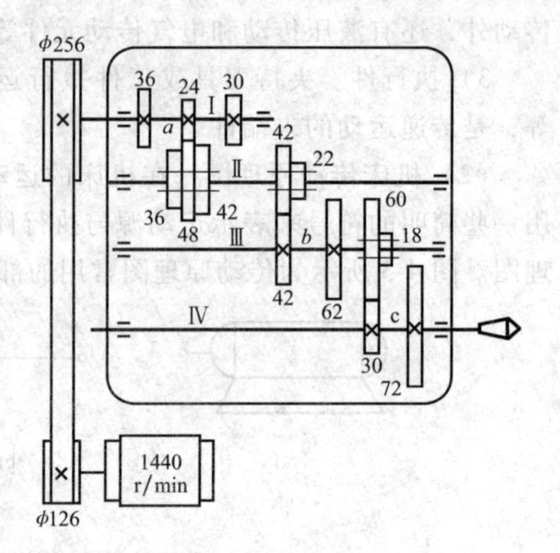

图 4-5　12 级变速车床主传动系统图

2）传动路线表达式。为便于说明及了解机床的传动路线，通常把传动系统图数字化，用传动路线表达式（传动结构式）来表达机床的传动路线。以图 4-5 所示 12 级变速车床主传动系统为例，车床主传动路线表达式为：

$$\text{电动机}(1440\text{r/min})-\frac{\phi126}{\phi256}-\text{I}-\begin{bmatrix}\frac{36}{36}\\\frac{24}{48}\\\frac{30}{42}\end{bmatrix}-\text{II}-\begin{bmatrix}\frac{42}{42}\\\frac{22}{62}\end{bmatrix}-\text{III}-\begin{bmatrix}\frac{60}{30}\\\frac{18}{72}\end{bmatrix}-\text{IV}(\text{主轴})$$

3）主轴转速级数计算。根据前述主传动路线表达式可知，主轴正转时，利用各滑移齿轮组齿轮轴向位置的各种不同组合，主轴可得 3×2×2＝12 级正转转速。同理，当电动机反转时主轴可得 12 级反转转速。

4）极值计算。

$$n_{\max}=1440\text{r/min}\times(1-0.02)\times\frac{\phi126}{\phi256}\times\frac{36}{36}\times\frac{42}{42}\times\frac{60}{30}\approx1389\text{r/min}$$

$$n_{\min}=1440\text{r/min}\times(1-0.02)\times\frac{\phi126}{\phi256}\times\frac{24}{48}\times\frac{22}{62}\times\frac{18}{72}\approx31\text{r/min}$$

课题 10　刀具几何角度

任何刀具都由刀头和刀柄两部分构成。刀头用于切削，刀柄用于装夹。虽然用于切削加工的刀具种类繁多，但刀具切削部分的组成却有共同点。车刀的切削部分可看作是各种刀具切削部分最基本的形态，如图 4-6 所示。

1. 刀具切削部分的构成要素

刀具切削部分主要由刀面和切削刃两部分构成，即“一尖二刃三刀面”。

1）前面（前刀面）A_γ：刀具上切屑流出的表面。

2）后面（后刀面）A_α：刀具上与工件新形成的过渡表面相对的刀面。

3）副后面（副后刀面）A'_{α}：刀具上与工件已加工表面相对的刀面。

4）主切削刃 S：前面与后面形成的交线，在切削中承担主要的切削任务。

5）副切削刃 S'：前面与副后面形成的交线，它参与部分的切削任务。

6）刀尖：主切削刃与副切削刃汇交的交点或一小段切削刃。

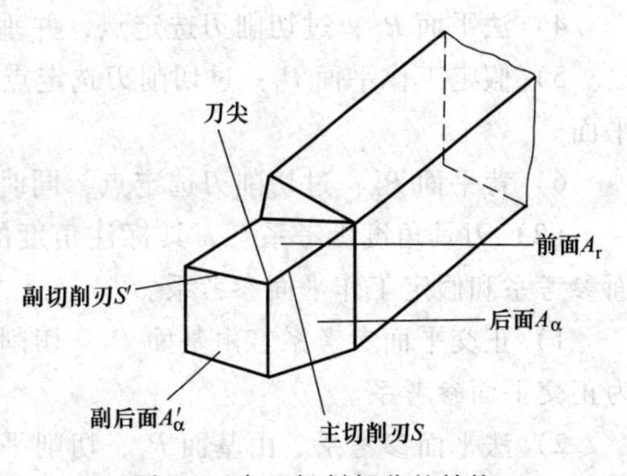

图 4-6　车刀切削部分的结构

2. 刀具角度参考平面与刀具角度参考系

为了保证切削加工的顺利进行，获得合格的加工表面，刀具的切削部分必须具有合理的几何形状。刀具角度是用来确定刀具切削部分几何形状的重要参数。

为了描述刀具几何角度的大小及其空间的相对位置，可以利用正投影原理，采用多面投影的方法来表示。用来确定刀具角度的投影体系，称为刀具角度参考系，参考系中的投影面称为刀具角度参考平面。

用来确定刀具角度的参考系有两类：一类为刀具角度静止参考系，它是刀具设计时标注、刃磨和测量的基准，用此定义的刀具角度称为刀具标注角度；另一类为刀具角度工作参考系，它是确定刀具切削工作时角度的基准，用此定义的刀具角度称为刀具的工作角度。

（1）刀具角度参考平面　用于构成刀具角度的参考平面主要有基面、切削平面、正交平面、法平面、假定工作平面和背平面，如图 4-7 所示。

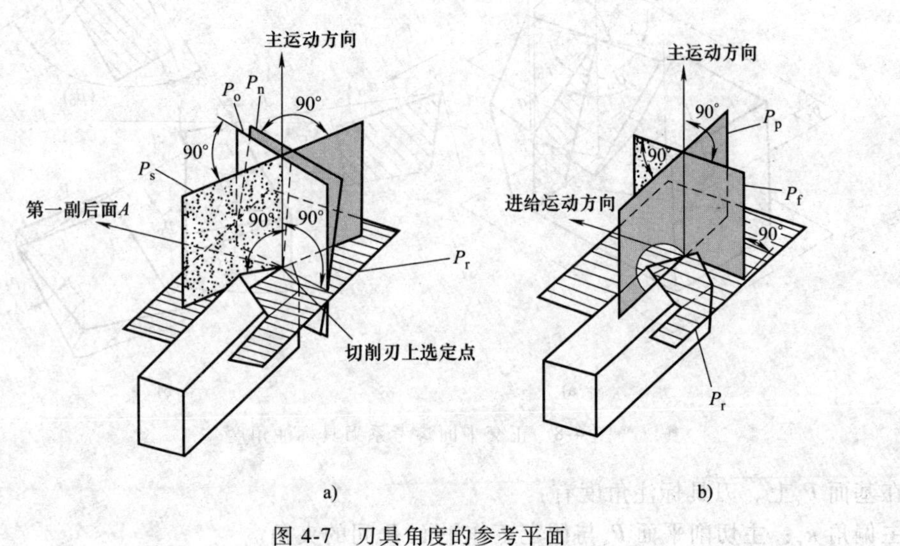

图 4-7　刀具角度的参考平面

1）基面 P_r：过切削刃选定点，垂直于主运动方向的平面。通常，它是平行（或垂直）于刀具上的安装面（或轴线）的平面。

2）切削平面 P_s：过切削刃选定点，与切削刃相切，并垂直于基面 P_r 的平面。它也是切削刃与切削速度方向构成的平面。

3）正交平面 P_o：过切削刃选定点，同时垂直于基面 P_r 与切削平面 P_s 的平面。

4）法平面 P_n：过切削刃选定点，并垂直于切削刃的平面。

5）假定工作平面 P_f：过切削刃选定点，平行于假定进给运动方向，并垂直于基面 P_r 的平面。

6）背平面 P_p：过切削刃选定点，同时垂直于假定工作平面 P_f 与基面 P_r 的平面。

（2）刀具角度参考系　刀具标注角度的参考系主要有三种：即正交平面参考系、法平面参考系和假定工作平面参考系。

1）正交平面参考系。由基面 P_r、切削平面 P_s 和正平面 P_o 构成的空间三面投影体系称为正交平面参考系。

2）法平面参考系。由基面 P_r、切削平面 P_s 和法平面 P_n 构成的空间三面投影体系称为法平面参考系。

3）假定工作平面参考系。由基面 P_r、假定工作平面 P_f 和背平面 P_p 构成的空间三面投影体系称为假定工作平面参考系。

3. 刀具的标注角度

描述刀具的几何形状除必要的尺寸外，主要使用的是刀具角度。刀具标注角度主要有四种类型，即前角、后角、偏角和倾角。

正交平面参考系中的刀具标注角度如图 4-8 所示，在正交平面参考系中，刀具标注角度分别标注在构成参考系的三个切削平面上。

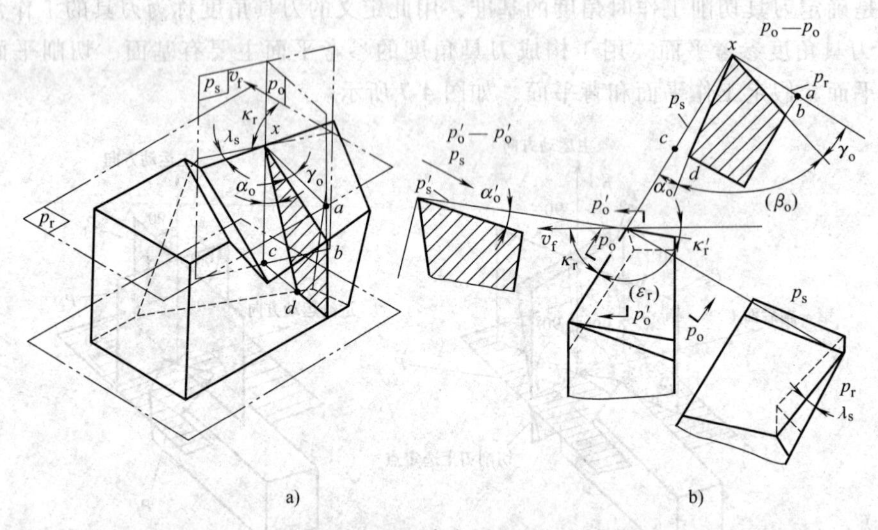

图 4-8　正交平面参考系刀具标注角度

在基面 P_r 上，刀具标注角度有：

主偏角 κ_r：主切削平面 P_s 与假定工作平面 P_f 间的夹角。

副偏角 κ_r'：副切削平面 P_s' 与假定工作平面 P_f 间的夹角。

在切削平面 P_s 上，刀具标注角度有：

刃倾角 λ_s：主切削刃 S 与基面 P_r 间的夹角。刃倾角 λ_s 有正负之分，当刀尖处于切削刃最高点时为正，反之为负。

在正平面 P_o 上，刀具标注角度有：

前角 γ_0：前面 A_r 与基面 P_r 间的夹角。前角 γ_0 有正负之分，当前面 A_r 与切削平面 P_s 间的

夹角小于 90°时，取正号；大于 90°时，则取负号。

后角 α_0：后面 A_α 与切削平面 P_s 间的夹角。

以上五个角度 κ_r、κ_r'、λ_s、γ_0、α_0 为车刀的基本标注角度。在此，κ_r、λ_s 确定了主切削刃 S 的空间位置，κ_r'、λ_s' 确定了副切削刃 S' 的空间位置；γ_0、α_0 确定了前面 A_r 和后面 A_α 的空间位置，γ_0'、α_0' 确定了副前面 A_r' 和副后面 A_α' 的空间位置。

此外，还有以下派生角度：

刀尖角 ε_r：在基面 P_r 内测量的主切削平面 P_s 与副切削平面 P_s' 间的夹角。

$$\varepsilon_r = 180° - (\kappa_r + \kappa_r')$$

余偏角 ψ_r：在基面 P_r 内测量的主切削平面 P_s 与背平面 P_p 间的夹角。

$$\psi_r = 90° - \kappa_r$$

楔角 β_0：在正平面 P_o 内测量的前面 A_r 与后面 A_α 间的夹角。

$$\beta_0 = 90° - (\gamma_0 + \alpha_0)$$

4. 刀具几何参数的合理选择

刀具的几何参数除包括刀具的切削角度外，还包括刀面的形式、切削刃的形状、刃区形式（切削刃区的剖面形式）等。刀具几何参数对切削时金属的变形、切削力、切削温度和刀具磨损都有显著影响，从而影响生产率、刀具寿命、已加工表面质量和加工成本。为充分发挥刀具的切削性能，除应正确选用刀具材料外，还应合理选择刀具几何参数。

（1）前角的选择　前角的大小决定切削刃的锋利程度和强固程度。增大前角可使切削刃锋利，使切削变形减小，切削力和切削温度减小，可提高刀具寿命，较大的前角还有利于排除切屑，使工件表面粗糙度减小。但是，增大前角会使刃口楔角减小，削弱切削刃的强度，同时，散热条件恶化，使切削区温度升高，导致刀具寿命降低，甚至造成崩刃。所以前角不能太小，也不能太大。

刀具合理前角通常与工件材料、刀具材料及加工要求有关。

1）当工件材料的强度、硬度大时，为增加刃口强度，降低切削温度，增加散热体积，应选择较小的前角；当材料的塑性较大时，为使变形减小，应选择较大的前角；加工脆性材料，塑性变形很小，切屑为崩碎切屑，切削力集中在刀尖和切削刃附近，为增加刃口强度，宜选用较小的前角。通常加工铸铁 $\gamma_0 = 5° \sim 15°$；加工钢材 $\gamma_0 = 10° \sim 12°$；加工纯铜 $\gamma_0 = 25° \sim 35°$；加工铝 $\gamma_0 = 30° \sim 40°$。

2）刀具材料的强度和韧性较高时可选择较大的前角。如高速工具钢强度高，韧性好；硬质合金脆性大，怕冲击；而陶瓷刀具应比硬质合金刀具的合理前角还要小些。

3）工件表面的加工要求不同，刀具所选择的前角大小也不相同。粗加工时，为增加切削刃的强度，宜选用较小的前角；加工高强度钢断续切削时，为防止脆性材料的破损，常采用负前角；精加工时，为增加刀具的锋利性，宜选择较大前角；工艺系统刚度较差和机床功率不足时，为使切削力减小，减小振动、变形，故选择较大的前角。

（2）后角的选择　刀具后角的作用是减小切削过程中刀具后刀面与工件切削表面之间的摩擦。后角增大，可减小后刀面的摩擦与磨损，刀具楔角减小，刀具变得锋利，可切下很薄的切削层；在相同的磨损标准 VB 时，所磨去的金属体积减小，使刀具寿命提高；但是后角太大，楔角减小，刃口强度减小，散热体积减小，α_0 将使刀具寿命降低，故后角不能太大。

刀具的合理后角的选择主要依据切削厚度 a_c（或进给量 f）的大小。a_c 增大，前刀面上的磨损量加大，为使楔角增大以增加散热体积，提高刀具寿命，后角应小些；a_c 减小，磨损主要在后刀面上，为减小后刀面的磨损和增加切削刃的锋利程度，应使后角增大。一般车刀合理后角 α_0 与进给量 f 的关系为：$f>0.25\text{mm/r}$，$\alpha_0=50°\sim80°$；$f\leqslant0.25\text{mm/r}$，$\alpha_0=100°\sim120°$。刀具合理后角 α_0 还取决于切削条件。一般原则是：

1）材料较软、塑性较大时，已加工表面易产生硬化，后刀面摩擦对刀具磨损和工件表面质量影响较大，应取较大的后角；当工件材料的强度或硬度较高时，为加强切削刃的强度，应选取较小的后角。

2）切削工艺系统刚度较差时，易出现振动，应使后角减小。

3）对于尺寸精度要求较高的精加工刀具，为减少重磨后刀具尺寸的变化，应取较小的后角。

4）精加工时，因背吃刀量 a_p 及进给量 f 较小，使得切削厚度较小，刀具磨损主要发生在后面，此时宜取较大的后角。粗加工或刀具承受冲击载荷时，为使刃口强固，应取较小后角。

5）刀具的材料对后角的影响与前角相似。一般高速钢刀具可比同类型的硬质合金刀具的后角大 2°~3°。

6）车刀的副后角一般与主后角数值相等，而有些刀具（如切断刀）由于结构的限制，只能取得很小。

（3）主偏角的选择　主偏角 κ_r 的大小影响着切削力、切削热和刀具寿命。当切削面积 A_c 不变时，主偏角减小，使切削宽度 a_w 增大、切削厚度 a_c 减小，会使单位长度上切削刃的负荷减小，使刀具寿命增加；主偏角减小，刀尖角 ε_r 增大，使刀尖强度增加，散热体积增大，使刀具寿命提高；主偏角减小，可减少因切入冲击而造成的刀尖损坏；减小主偏角可使工件表面残留面积高度减小，使已加工表面的表面粗糙度减小。但是，另一方面，减小主偏角，将使径向分力 F_p 增大，引起振动及增加工件挠度，这会使刀具寿命下降，使已加工表面的表面粗糙度增大及降低加工精度。主偏角还影响断屑效果和排屑方向。增大主偏角，会使切屑窄而厚，易折断。对钻头而言，增大主偏角，有利于切屑沿轴向顺利排出。因此，主偏角可根据不同加工条件和要求选择使用，一般原则是：

1）粗加工、半精加工和工艺系统刚度较差时，为减小振动，提高刀具寿命，宜选择较大的主偏角。

2）加工很硬的材料时，为提高刀具寿命，宜选择较小的主偏角。

3）据工件已加工表面形状选择主偏角。如加工阶梯轴时，选 $\kappa_r=90°$；需 45°倒角时，选 $\kappa_r=45°$ 等。

4）有时考虑一刀多用，常选通用性较好的车刀，如 $\kappa_r=45°$ 或 $\kappa_r=90°$ 等。

（4）副偏角的选择　副偏角 κ_r' 的作用是减小副切削刃和副后面与工件已加工表面间的摩擦。车刀副切削刃的作用是形成已加工表面，因此副偏角对刀具寿命和已加工表面的表面粗糙度都有影响。副偏角减小，会使残留面积高度减小，已加工表面的表面粗糙度减小；同时，副偏角减小，使副后面与已加工表面间摩擦增加，径向力增加，易出现振动。但是，副偏角太大，会使刀尖强度下降，散热体积减小，刀具寿命降低。

一般精加工时，$\kappa_r'=5°\sim10°$；粗加工时，$\kappa_r'=10°\sim15°$。有些刀具因受强度及结构限制

（如切断车刀），取 $\kappa_r' = 1° \sim 2°$。

（5）刃倾角的选择　刃倾角 λ_s 的作用是控制切屑流出的方向、影响刀头强度和切削刃的锋利程度。当刃倾角 $\lambda_s > 0°$ 时，切屑流向待加工表面；$\lambda_s = 0°$ 时，切屑沿垂直于主切削刃方向流出；$\lambda_s < 0°$ 时，切屑流向已加工表面，如图 4-9 所示。粗加工时宜选负刃倾角，以增加刀具的强度；在断续切削时，负刃倾角有保护刀尖的作用。当 $\lambda_s = 0°$ 时，切削刃全长与工件同时接触，因而冲击较大；当 $\lambda_s > 0°$ 时，刀尖首先接触工件，易崩刀尖；当 $\lambda_s < 0°$ 时，离刀尖较远处的切削刃先接触工件，保护刀尖。当工件刚度较差时，不宜采用负刃倾角，因为负刃倾角将使径向切削力 F_p 增大。精加工时宜选用正刃倾角，可避免切屑流向已加工表面，保证已加工表面不被切屑碰伤。大刃倾角刀具可使排屑平面的实际前角增大，刃口圆弧半径减小，使切削刃锋利，能切下极薄的切削层（微量切削）。

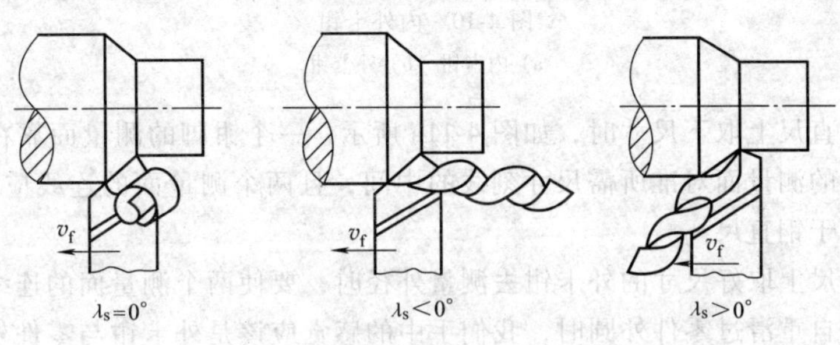

图 4-9　刃倾角对排屑方向的影响

刃倾角主要由切削刃强度与流屑方向确定。一般加工钢材和铸铁时，粗车取 $\lambda_s = 0° \sim -5°$，精车取 $\lambda_s = 0° \sim 5°$，有冲击负荷时取 $\lambda_s = -5° \sim -15°$。

刀具各角度间是互相联系、互相影响的，任何一个刀具的合理几何参数，都应在多因素的互相联系中确定。

课题 11　常用量具

在机械加工过程中，技术测量主要是针对零件几何参数的测量和检验，是影响零件精度的关键。量具的正确应用直接关系到零件的加工质量、产品性能，因此，如何正确处理测量参数及使用量具显得尤为重要。

1. 钢直尺

钢直尺是最简单的长度量具，它的长度有 150mm、300mm、500mm 和 1000mm 四种规格。钢直尺用于测量零件的长度尺寸，它的测量结果精确度不高。这是由于钢直尺的刻线间距为 1mm，而刻线本身的宽度就有 0.1～0.2mm，所以测量时读数误差比较大，只能读出毫米数，即它的最小分度值为 1mm，比 1mm 小的数值，只能估计而得。

如果用钢直尺直接去测量零件的直径尺寸（轴径或孔径），则测量精度更差。除了钢直尺本身的读数误差比较大以外，还因为钢直尺无法正好放在零件直径的正确位置。所以，零件直径尺寸的测量需要利用钢直尺和内、外卡钳配合起来进行。

2. 内、外卡钳

卡钳是一种简单的量具，由于它具有结构简单、制造方便、价格低廉、维护和使用方便等特点，广泛应用于要求不高的零件尺寸的测量和检验，尤其是对锻铸件毛坯尺寸的测量和检验，卡钳是最合适的测量工具。图 4-10 所示为常见的两种内、外卡钳。内、外卡钳是最简单的比较量具。外卡钳是用来测量外径和平面的，内卡钳是用来测量内径和凹槽的。它们本身都不能直接读出测量结果，而是把测量得的长度尺寸（直径也属于长度尺寸），在钢直尺上进行读数，或在钢直尺上先取下所需尺寸，再去检验零件的直径是否符合。

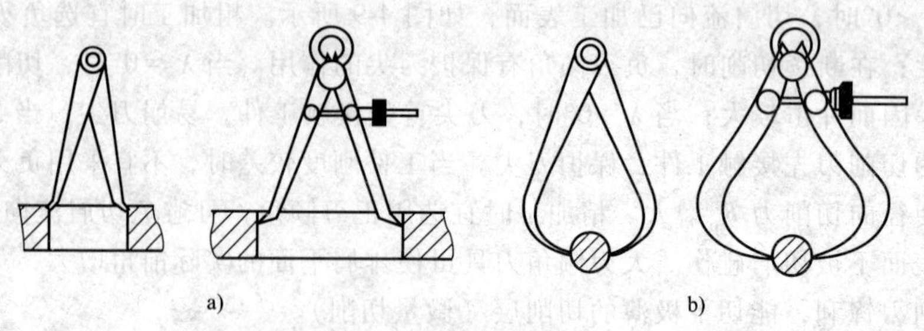

图 4-10　内外卡钳

a）内卡钳　b）外卡钳

外卡钳在钢直尺上取下尺寸时，如图 4-11a 所示，一个钳脚的测量面靠在钢直尺的端面上，另一个钳脚的测量面对准所需尺寸刻线的中间，且两个测量面的连线应与钢直尺平行，人的视线要垂直于钢直尺。

用已在钢直尺上取好尺寸的外卡钳去测量外径时，要使两个测量面的连线垂直零件的轴线，靠外卡钳的自重滑过零件外圆时，我们手中的感觉应该是外卡钳与零件外圆正好是点接触，此时外卡钳两个测量面之间的距离，就是被测零件的外径。所以，用外卡钳测量外径，就是比较外卡钳与零件外圆接触的松紧程度，如图 4-11b 所示，以卡钳的自重能刚好滑下为合适。如当卡钳滑过外圆时，我们手中没有接触感觉，就说明外卡钳比零件外径尺寸大，如靠外卡钳的自重不能滑过零件外圆，就说明外卡钳比零件外径尺寸小。切不可将卡钳歪斜地放上工件测量，这样有较大误差，如图 4-11c 所示。由于卡钳有弹性，把外卡钳用力压过外圆是错误的，更不能把卡钳横着卡上去，如图 4-11d 所示。对于大尺寸的外卡钳，靠它的自重滑过零件外圆的测量压力已经过大了，此时应托住卡钳进行测量，如图 4-11e 所示。

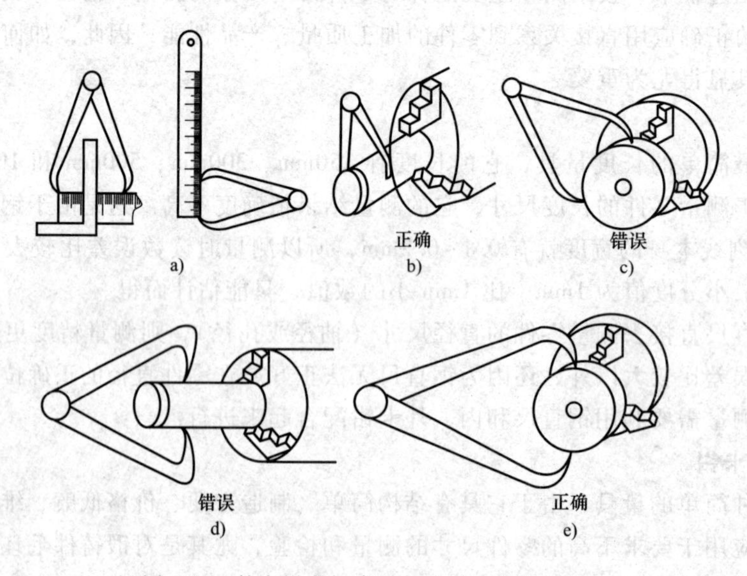

图 4-11　外卡钳在钢直尺上取尺寸和测量方法

用内卡钳测量内径时，应使两个钳脚的测量面的连线正好垂直相交于内孔的轴线，即钳脚的两个测量面应是内孔直径的两端点。因此，测量时应将下面的钳脚的测量面停在孔壁上作为支点，如图 4-12a 所示，上面的钳脚由孔口略往里面一些逐渐向外试探，并沿孔壁圆周方向摆动，当沿孔壁圆周方向能摆动的距离为最小时，则表示内卡钳脚的两个测量面已处于内孔直径的两端点了，再将卡钳由外至里慢慢移动，可检验孔的圆度公差，如图 4-12b 所示。

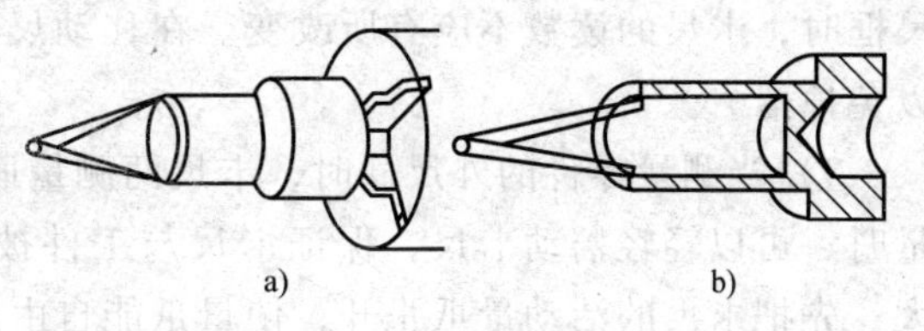

图 4-12　内卡钳测量方法

3. 游标卡尺

游标类测量工具是根据游标读数原理制成的一种常用测量工具，主要在机械加工中用于测量工件的内外尺寸、宽度、高度、厚度、深度、孔距等数据。它具有结构简单、使用方便、测量范围大等特点，故被广泛使用。

游标卡尺是一种测量精度较高、使用方便、应用广泛的量具，可直接测量工件的外径、内径、宽度、长度、深度尺寸等，其分度值有 0.1mm、0.05mm 和 0.02mm 三种。下面以图 4-13 所示分度值为 0.02mm 游标卡尺为例，说明其刻线原理、读数方法、测量方法及注意事项。

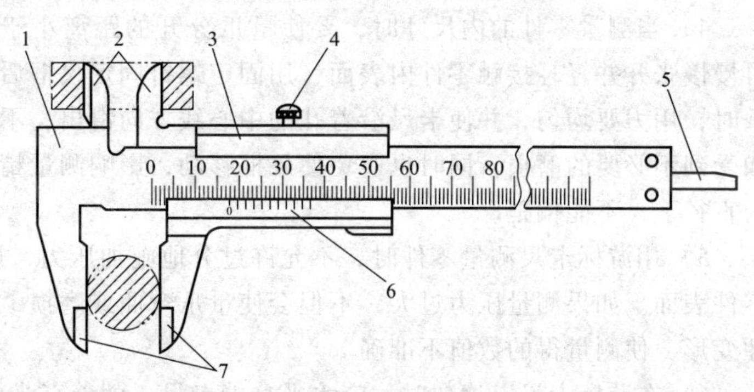

图 4-13　游标卡尺

1—尺身　2—上量爪　3—尺框　4—紧固螺钉
5—深度尺　6—游标　7—下量爪

游标卡尺的读数机构由主尺和游标两部分组成。当活动量爪与固定量爪贴合时，游标上的“0”刻线对准主尺上的“0”刻线，此时量爪间的距离为“0”，当尺框向右移动到某一位置时，固定量爪与活动量爪之间的距离，就是零件的测量尺寸，此时零件尺寸的整数部分，可在游标零线左边的主尺刻线上读出来，而比 1mm 小的小数部分，可借助游标读数机构来读出，例如，游标零线在 123mm 与 124mm 之间，游标上的第 11 格刻线与主尺刻线对准。所以，被测尺寸的整数部分为 123mm，小数部分为 11×0.02mm＝0.22mm，被测尺寸为 123mm+0.22mm＝123.22mm。

测量或检验零件尺寸时，要按照零件尺寸的精度要求，选用相适应的量具。游标卡尺是一种中等精度的量具，它只适用于中等精度尺寸的测量和检验。用游标卡尺去测量锻铸件毛坯或精度要求很高的尺寸，都是不合理的。前者容易损坏量具，后者测量精度达不到要求，因为量具都有一定的示值误差。

使用游标卡尺测量零件尺寸时，必须注意下列几点：

1）测量前应把卡尺擦拭干净，检查卡尺的两个测量面和测量刃口是否平直无损，把两个量爪紧密贴合时，应无明显的间隙，同时游标和主尺的零位刻线要相互对准。这个过程称为校对游标卡尺的零位。

2）移动尺框时，活动要自如，不应过松或过紧，更不能有晃动现象。用固定螺钉固定尺框时，卡尺的读数不应有所改变。在移动尺框时，不要忘记松开固定螺钉，也不宜过松，以免掉落。

3）当测量零件的外尺寸时，卡尺两测量面的连线应垂直于被测量表面，不能歪斜。测量时，可以轻轻摇动卡尺，保证卡尺与工件被测位置垂直，否则将使测量结果比实际尺寸大；先把卡尺的活动量爪张开，使量爪能自由地卡进工件，把零件贴靠在固定量爪上，然后移动尺框，用轻微的压力使活动量爪接触零件。决不可把卡尺的两个量爪调节到接近甚至小于所测尺寸，把卡尺强制卡到零件上去，这样做会使量爪变形或使测量面磨损，使卡尺失去应有的精度。

测量沟槽时，应当用量爪的平面测量刃进行测量，尽量避免用端部测量刃和刀口形量爪去测量外尺寸。而对于圆弧形沟槽尺寸，则应当用刃口形量爪进行测量，不应当用平面形测量刃进行测量。

测量沟槽宽度时，也要放正游标卡尺的位置，应使卡尺两测量刃的连线垂直于沟槽，不能歪斜，否则，量爪也将使测量结果不准确（可能大也可能小）。

4）当测量零件的内尺寸时，要使量爪分开的距离小于所测内尺寸，进入零件内孔后，再慢慢张开并轻轻接触零件内表面，用固定螺钉固定尺框后，轻轻取出卡尺来读数。取出量爪时，用力要均匀，并使卡尺沿着孔的中心线方向滑出，不可歪斜，以免使量爪扭伤、变形和受到不必要的磨损，同时也避免使尺框移动，影响测量精度。另外，卡尺两测量刃应在孔的直径上，不能偏歪。

5）用游标卡尺测量零件时，不允许过分地施加压力，所用压力应使两个量爪刚好接触零件表面。如果测量压力过大，不但会使量爪弯曲或磨损，还会使量爪在压力作用下产生弹性变形，使测量得的数值不准确。

6）在游标卡尺上读数时，应水平拿着卡尺，朝着亮光的方向，使人的视线尽可能和卡尺的刻线表面相垂直，以免由于视线的歪斜造成读数误差。

7）为了获得正确的测量结果，可以多测量几次。即在零件的同一截面上的不同方向进行测量。对于较长的零件，则应当在全长的各个部位进行测量，以获得一个比较准确的测量结果。

4. 外径千分尺

外径千分尺由尺架、微分筒、固定套筒、测力装置、测量面、锁紧机构等组成，如图 4-14所示。

测微装置由固定套筒用螺钉固定在螺纹轴套上，并与尺架紧密结合成一体。微测螺杆的一端为测量杆，它的中部外螺纹与螺纹轴套上的内螺纹精密配合，并可通过调节螺母调节配合间隙；另一端的外圆锥与接头的内圆锥配合，并通过顶端的内螺纹与测力装置连接。当此螺纹旋紧时，测力装置通过垫片紧压接头，而接头上开有轴向槽，能沿着测微螺杆上的外圆锥胀大，使微分筒与测微螺杆和测力装置结合在一起。当旋转测力装置时，就带动测微螺杆和微分筒一起旋转，并沿着紧密螺纹的轴线方向移动，使两个测量面之间的距离发生变化。

外径千分尺使用方便、读数准确，其测量精度比游标卡尺高，在生产中使用广泛。但千分尺的螺纹传动间隙和传动副的磨损会影响测量精度，因此主要用于测量中等精度的零件。常用的外径千分尺的测量范围有 1 ~ 25mm，25 ~ 50mm，50 ~ 75mm 等，最大的可达

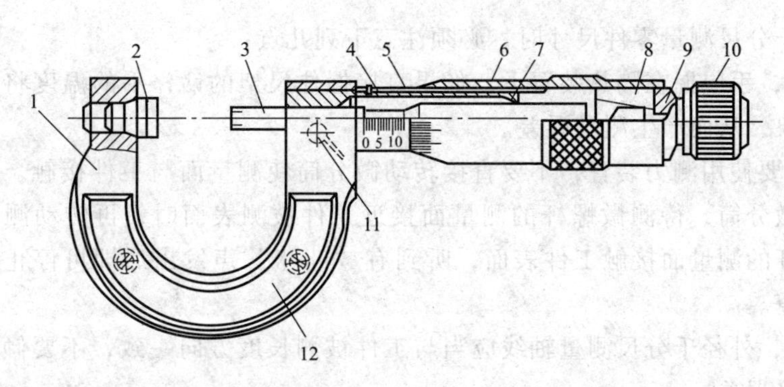

图 4-14 外径千分尺

1—尺架 2—固定测砧 3—测微螺杆 4—螺纹轴套 5—固定套筒 6—微分筒
7—调节螺母 8—接头 9—垫片 10—测力装置 11—锁紧螺钉 12—绝热板

2500~3000mm。

在外径千分尺的固定套筒上刻有轴向中线，作为微分筒读数的基准线。在中线的两侧，刻有两排刻线，每排刻线间距为 1mm，上下两排相互错开 0.5mm。测微螺杆的螺距为 0.5mm，微分筒的外圆周上刻有 50 等分的刻度。当微分筒转一周时，螺杆轴向移动 0.5mm，则微分筒只转动一格时，螺杆的轴向移动为 0.5mm/50=0.01mm，因而 0.01mm 就是外径千分尺的分度值。

读数时，从微分筒的边缘向左看固定套筒上距微分筒边缘最近的刻线，从固定套筒中线上侧的刻度读出整数，从中线下侧的刻度读出 0.05mm 的小数，再从微分筒上找到与固定套筒中线对齐的刻线，将此刻线数乘以 0.01mm 就是小于 0.5mm 的小数部分的读数，最后把以上几部分相加即为测量值。

使用外径千分尺之前必须校对零位，零位的误差如果不能校对消除，将会引入到测量值中。对于测量范围在 0~25mm 的外径千分尺，校对零位时应当使两测量面相互接触；对于测量范围大于 25mm 的外径千分尺，应当在两测量面之间安放测量下限校对量杆后，进行校零。

如图 4-15a 所示，距微分筒最近的刻线为中线下侧的刻线，表示 0.5mm 的小数；中线上侧距微分筒最近的为 7mm 的刻线，表示整数；微分筒上数值为 35 的刻线对准中线，所以外径千分尺的读数=7mm+0.5mm+0.01mm×35=7.85mm。由图 4-15b 中可以看出，距微分筒最近的刻线为 5mm 的刻线，而微分筒上数值为 27 的刻线对准中线，所以外径千分尺的读数=5mm+0.01mm×27=5.27mm。

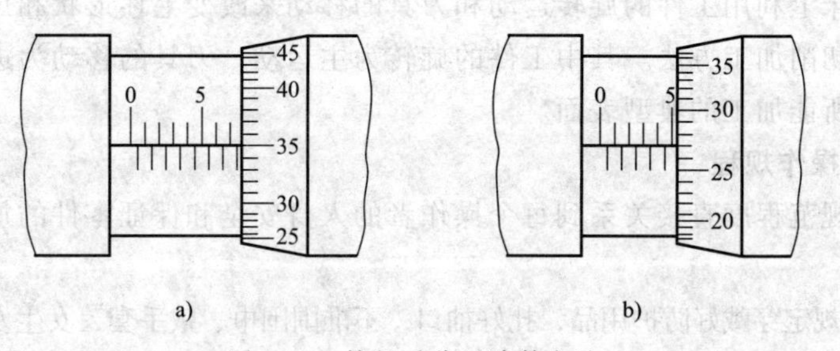

图 4-15 外径千分尺读数方法

使用外径千分尺测量零件尺寸时，必须注意下列几点：

1）使用时，手应握在隔热装置上。如果直接握住尺架的话，手的温度将会导致尺架产生热胀冷缩现象，从而产生测量误差。

2）测量时要使用测力装置，不要直接转动微分筒使测量面与工件接触。应先用手转动外径千分尺的微分筒，待测微螺杆的测量面接近工件被测表面时，再转动测力装置上的棘轮，使测微螺杆的测量面接触工件表面，听到有“咔咔”声发出后即可停止转动，此时可以直接读取数值。

3）测量时，外径千分尺测量轴线应当与工件被测长度方向一致，不要倾斜着测量，以免产生视觉测量误差。

4）外径千分尺测量面与被测工件接触时，要考虑工件表面几何形状，减少因测量表面特殊形状而引起的测量误差。

5）加工过程中测量工件，应当在静止状态下进行，不能在工件转动或处于加工的过程中进行，以免刮伤、磨损外径千分尺。

5. 内径千分尺

内径千分尺用于内尺寸的精密测量，根据结构可以分为单体式和接杆式。

内径千分尺如图 4-16 所示，主要用于测量小尺寸内径和内侧面槽的宽度。其特点是容易找正内孔直径，测量方便。内径千分尺的读数方法与外径千分尺相同，只是套筒上的刻线尺寸与外径千分尺相反，另外它的测量方向和读数方向也都与外径千分尺相反。内径千分尺的使用方法和注意事项和外径千分尺相同。

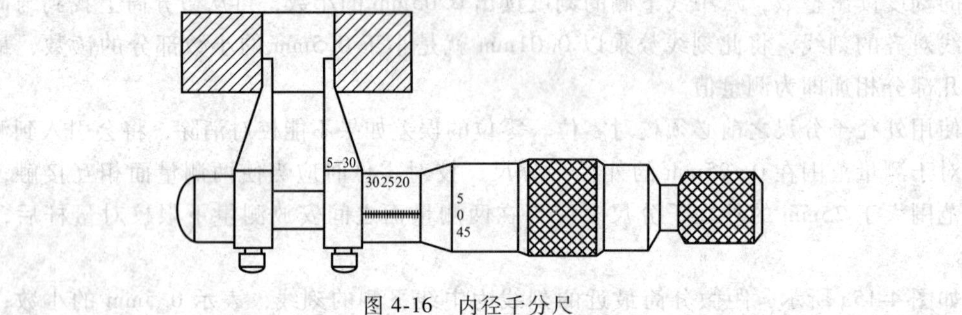

图 4-16　内径千分尺

4.3 技能训练

技能 1　CS6140 型车床的调整与操作

车削是在车床上利用工件的旋转运动和刀具的移动来改变毛坯形状和尺寸，将其加工成所需零件的一种切削加工方法。其中工件的旋转为主运动，刀具的移动为进给运动，图 4-17 所示为普通车床所能加工的典型表面。

1. 车床安全操作规程

机床的操作规范程度直接关系到每个操作者的人身安全和保证零件的加工精度，车床安全操作规程如下。

1）工作前按规定穿戴好防护用品，扎好袖口，不准围围巾、戴手套，女生发辫应挽在帽子里。

2）工具、夹具、刀具及工件必须装夹牢固。

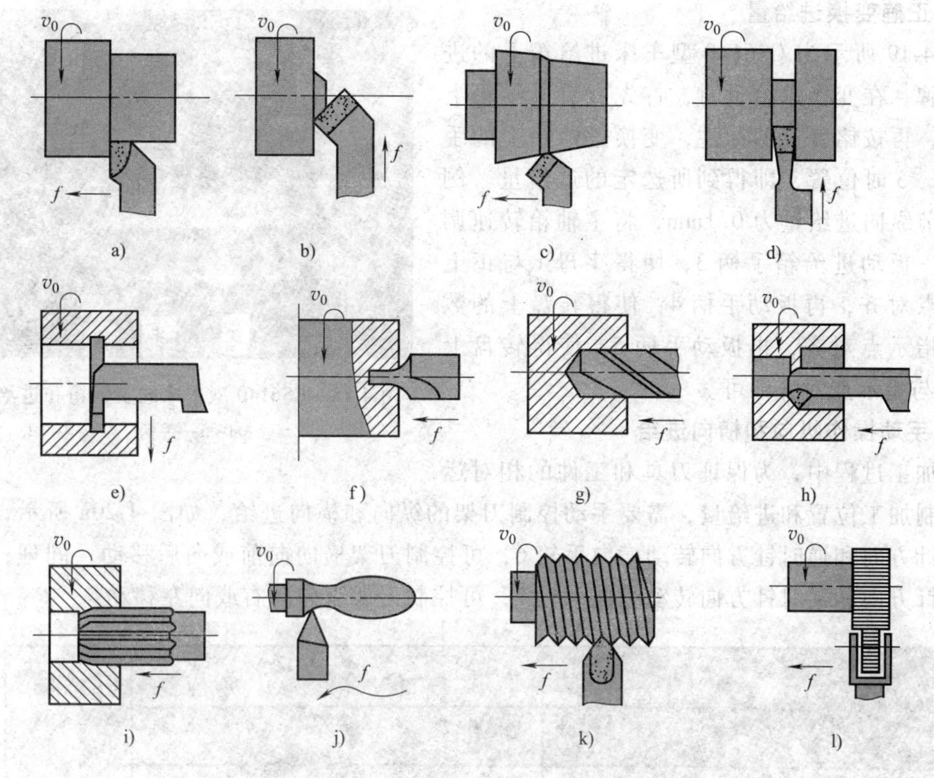

图 4-17　普通车床所能加工的典型表面
a）车外圆　b）车端面　c）车锥面　d）切槽、切断　e）切内槽　f）钻中心孔
g）钻孔　h）镗孔　i）铰孔　j）车成形面　k）车外螺纹　l）滚花

3）机床轨道面上、工作台上禁止摆放工具或其他东西。

4）机床开动前要对机床注油部位进行加油，并要观察周围的动态，机床开动后要站在安全位置上，避开机床运动部位和飞溅的切屑。

5）机床开动后，不准接触运动中的工件、刀具和传动部分，禁止隔着机床传动部分传递或拿取工具等物品。

6）调整机床速度、行程、装夹工件和刀具时必须停车。

7）不准用手直接清除切屑，应使用专门化工具清扫。

8）凡两人或两人以上在同一机床上实训时，必须有一专人负责安全，统一指挥，防止事故发生。

9）若设备发生异常，应立即停车，报请有关人员进行检查。

10）不准在机床运转时离开工作岗位。因故要离开时必须停车，并切断电源。

2. 正确变换主轴转速

图 4-18 所示为 CS6140 型车床的主轴箱和进给箱，在变换主轴转速时，首先让主轴停止工作，然后扳动主轴箱外面的变速手柄 1、2，使得与手柄外圈上的颜色点及转盘上的转速数值对正主轴箱上的指示点，即可得到相对应的主轴转速。当手柄拨动不顺利时，用手稍转动卡盘即可。例如要调节主轴转速为 400r/min，先转动手柄 1，让外圈上的红点与主轴箱上的指示点对正，然后转动手柄 2，让转盘上的 400 与主轴箱上的指示点对正即可。

3. 正确变换进给量

图 4-19 所示为 CS6140 型车床进给箱上的进给量铭牌，在变换进给量时，首先查看进给箱上的铭牌，再按铭牌上的标注，变换进给箱上的手柄 3、4、5 时位置，即得到所选定的进给量。例如要调节纵向进给量为 0.1mm，将主轴箱转速调节好后，扳动进给箱手柄 3，使得字母 t 与正上方指示点对齐，再扳动手柄 4，使得转盘上的数值 2 与指示点对齐，再扳动手柄 5，使得转盘上字母 A 与指示点对齐即可。

图 4-18 CS6140 型车床的主轴箱和进给箱
1~5—手柄

4. 手动操作纵向和横向进给

在加工过程中，为保证刀具和工件的相对运动，控制加工位置和进给量，需要手动控制刀架的纵向和横向进给，如图 4-20a 所示，操作者顺时针方向和逆时针方向转动横向手轮 6，可控制刀架横向向前或向后移动，同理，操作者顺时针方向和逆时针方向转动纵向手轮 7，可控制刀架纵向向右或向左移动。

n		t				m	t	n		t				m	t	
A	A	A	B	C	D	D	B	A	A	A	B	C	D	D	B	
0.028	0.063	0.09	0.18	0.36	0.71		2.86	0.012	0.027	0.040	0.076	0.15	0.30		1.21	1
0.031	0.071	0.10	0.20	0.40	0.80		3.21	0.013	0.030	0.043	0.085	0.17	0.34		1.36	2
0.033	0.073		0.21	0.42	0.83		3.33	0.014	0.031		0.089	0.18	0.35		1.42	3
0.035	0.079	0.11	0.22	0.44	0.89		3.57	0.015	0.033	0.047	0.095	0.19	0.38		1.52	4
	0.081		0.23	0.46	0.92		3.67		0.034				0.39		1.56	5
0.037	0.084	0.12	0.24	0.48	0.95		3.80	0.016	0.036	0.050	0.101	0.20	0.40		1.62	6
0.038	0.087		0.25	0.49	0.98		3.92	0.017	0.037	0.052	0.104	0.21	0.42		1.67	7
0.042		0.13	0.27	0.53	1.07	1.68	4.28	0.018		0.057	0.114	0.23	0.46	0.72	1.82	8
0.046		0.14	0.29	0.58	1.17	1.84	4.67	0.019		0.062	0.124	0.24	0.49	0.78	1.99	9
0.047		0.15	0.30	0.60	1.21	1.89	4.82	0.020		0.064	0.128	0.25	0.51	0.80	2.05	10
0.049			0.31	0.62	1.25	1.96	5.00			0.066	0.133	0.26	0.53	0.83	2.12	11
0.050		0.16	0.32	0.64	1.29	2.02	5.16	0.021		0.068	0.137	0.27	0.55	0.86	2.19	12
0.054		0.17	0.34	0.68	1.38	2.16	5.51	0.023		0.073	0.146	0.29	0.58	0.92	2.34	13
0.056					1.43	2.24	5.71	0.024					0.60	0.95	2.43	14
					1.61	2.52	6.43	0.026					0.68	1.07	2.73	15

图 4-19 CS6140 型车床的进给箱上的进给量

5. 机动操作纵向和横向进给

当需要刀架自动移动时，如图 4-20a 所示，首先将丝光杠转换手柄 8 转换到光杠接通位置上，扳动操纵手柄 9，即可实现机动进给，操纵手柄 9 可以向前后左右四个方向扳动，对应刀架的四个移动方向。例如，要使刀架向左移动，将操纵手柄 9 向左扳动即可。

6. 刻度盘的使用

车削时，为了正确和迅速掌握刀架的移动距离，必须熟练地使用各刻度盘。如图 4-20b 所示，在溜板箱的手轮 6、7 的前方，各有一个刻度盘，在实际操作过程中，通过扳动手柄，使得刻度盘转过相应的刻线来控制刀架的移动距离，其中横向手轮 6 前方刻度盘每转过一格，刀

架向前或向后移动 0.05mm，纵向手轮 7 前方刻度盘每转过一格，刀架向左或向右移动 1mm。

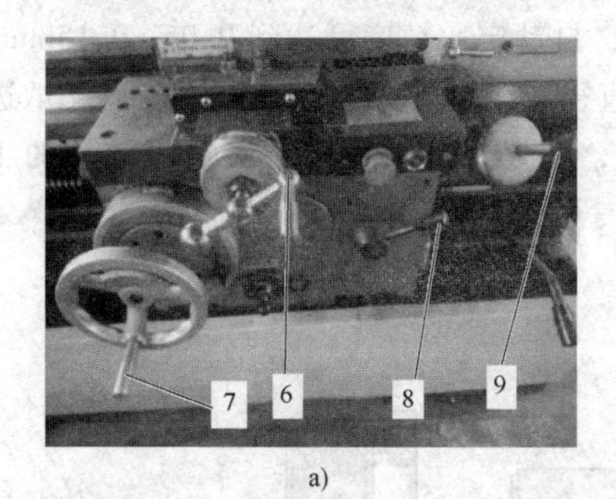

a）

b）

图 4-20　CS6140 型车床的溜板箱

a）溜板箱上的手柄　b）与手柄相连的刻度盘

6—横向手轮　7—纵向手轮　8—转换手柄　9—操纵手柄

值得注意的是，如果刻度盘手柄过了头，或试切后发现尺寸不对而需将车刀退回时，由于丝杠与螺母之间有间隙存在，绝不能将刻度盘直接退回到所要的刻度，而应反转约一周后再转至所需刻度。

技能 2　工件与车刀的安装

1. 车刀的安装

车刀必须正确牢固地安装在刀架上，如图 4-21 所示。安装车刀应注意下列几点：

1）刀头不宜伸出太长，否则切削时容易产生振动，影响工件加工精度和表面粗糙度。一般刀头伸出长度不超过刀杆厚度的两倍，能看见刀尖车削即可。

2）刀尖应与车床主轴轴线等高。车刀装得太高，后角减小，则车刀的主后面会与工件产生强烈的摩擦；如果装得太低，前角减小，切削不顺利，会使刀尖崩碎。刀尖的高低，可根据尾架顶尖高低来调整。车刀的安装如图 4-21a 所示。

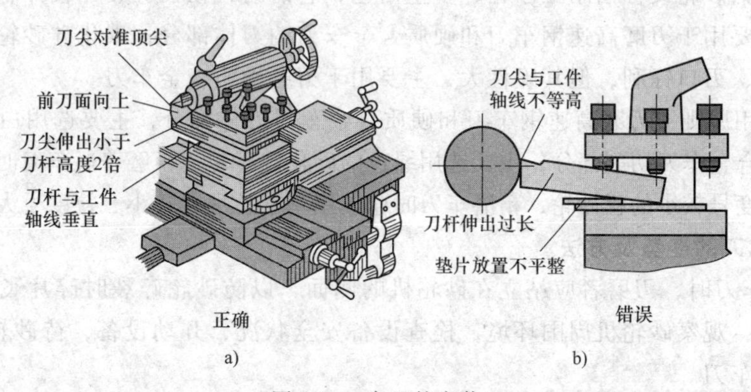

图 4-21　车刀的安装

3）车刀底面的垫片要平整，并尽可能用厚垫片，以减少垫片数量。调整好刀尖高低后，至少要用两个螺钉交替将车刀拧紧。

2. 工件的安装

（1）用自定心卡盘安装工件　自定心卡盘的结构如图 4-22a 所示，当用卡盘扳手转动小锥齿轮时，大锥齿轮也随之转动，在大锥齿轮背面平面螺纹的作用下，使三个爪同时向心移动或退出，以夹紧或松开工件。它的特点是对中性好，自动定心精度可达到 0.05~0.15mm。可以装夹直径较小的工件，如图 4-22b 所示。当装夹直径较大的外圆工件时可用三个反爪进行，如图 4-14c 所示。但自定心卡盘由于夹紧力不大，所以一般只用于装夹重量较轻的工件，当装夹重量较重的工件时，宜用单动卡盘或其他专用夹具。

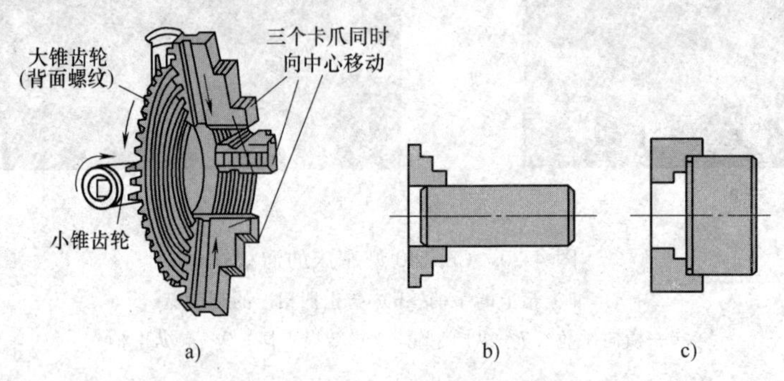

图 4-22　自定心卡盘结构和工件安装
a）结构　b）夹持棒料　c）反爪夹持大棒料

（2）用一夹一顶安装工件　对于较短的回转体类工件，适宜用自定心卡盘装夹，但对于较长的回转体类工件，用此方法则刚度较差。所以，对较长的回转体类工件，尤其是较重要的工件，不能直接用自定心卡盘装夹，而要用一端夹住，另一端用后顶尖顶住的装夹方法。

技能 3　90°外圆车刀的刃磨

车刀在车削过程中必定会出现崩刃、钝化以及其他形式的失效情况，因此车刀的刃磨方法是进行机械加工必须掌握的技巧之一。

1. 砂轮的选择

砂轮的种类很多，通常刃磨普通车刀选用平形砂轮，常用的有氧化铝砂轮和碳化硅砂轮两大类。氧化铝砂轮又称白刚玉砂轮，多呈白色，它的磨粒韧性好、比较锋利，硬度低，其自锐性好，主要用于刃磨高速钢车刀和硬质合金车刀的刀体部分；碳化硅砂轮多呈绿色，其磨粒的硬度高、刃口锋利，但其脆性大，主要用于刃磨硬质合金车刀。

砂轮的选用原则：刃磨高速钢车刀和硬质合金车刀刀体部分，主要选用白色的氧化铝砂轮；刃磨硬质合金车刀切削部分，主要选用绿色的碳化硅砂轮；粗磨普通车刀时应选用基本粒尺寸较大、粒度号较小的粗砂轮，精磨车刀时应选用基本粒尺寸较小、粒度号大的细砂轮。

2. 刃磨车刀的姿势及方法

1）刃磨车刀时，刃磨者应站立在砂轮机的侧面，以防砂轮碎裂时碎片飞出伤人；同时在刃磨车刀时，观察砂轮机周围环境，检查设备安全状况，开动设备，待砂轮转速平稳后，方可开始刃磨车刀。

2）刃磨时两手握刀，右手靠近刀体的切削部分，右手靠近刀体的尾部，同时两肘夹紧腰部，刃磨过程要平稳，以减小磨刀时的抖动。

3）刃磨时车刀的切削部分要放在砂轮的水平中心，刀尖略向上翘约 3°~8°，车刀接触砂轮后应沿砂轮水平方向左右或上下移动。当车刀离开砂轮时，车刀切削部分要向上抬起，防止刃磨好的切削刃被砂轮碰伤。

4）刃磨主后刀面时，刀杆尾部向左偏转一个主偏角的角度；刃磨副后刀面时，刀杆尾部向右偏转一个副偏角的角度。

5）修磨刀尖圆弧时，通常以左手握车刀前端为支点，用右手转动车刀的尾部，让刀尖圆弧自然形成。

3. 车刀刃磨步骤

以90°外圆车刀为例，车刀的刃磨分为刀体刃磨和切削部分刃磨两部分，刀体在白色的氧化铝砂轮上刃磨，刃磨以不干涉切削加工为原则；切削部分在绿色的碳化硅砂轮上刃磨，粗磨、精磨要分开，主要刃磨主后面、副后面、前面，保证正确的刀具几何角度。图4-23所示为刃磨外圆车刀的一般步骤。

1）先磨去车刀前面、后面上的焊渣。可采用24#~36#氧化铝砂轮。

2）粗磨主后面和副后面的刀柄部分。刃磨时，在略高于砂轮轴线的水平位置处将车刀翘起一个比刀体上的后角大2°~3°的角度，以便后面刃磨刀体上的主后角和副后角。可采用24#~36#氧化铝砂轮。

3）粗磨刀体上的主后面。磨主后面时，刀柄应与砂轮轴线保持平行，同时将刀体底平面向砂轮方向倾斜一个比主后角大2°的角度。刃磨时，先把车刀已磨好的后隙面靠在砂轮的外圆上，以接近砂轮轴线的水平位置为刃磨的起始位置，然后使刃磨位置继续向砂轮靠近，并做左右缓慢移动。当砂轮磨至切削刃处既可结束。这样可同时磨出$\kappa_r=90°$的主偏角和主后角。可选用36#~60#碳化硅砂轮。

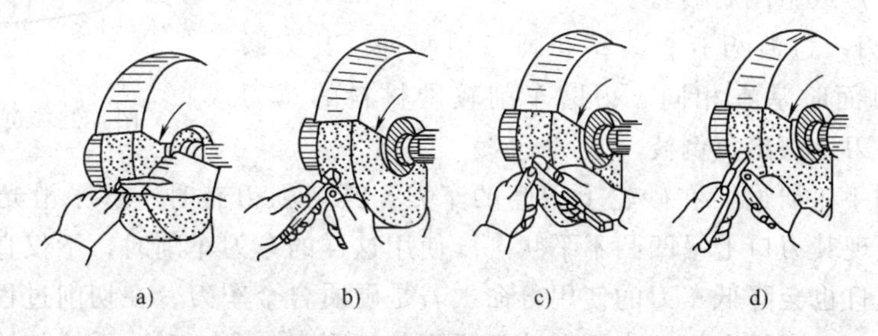

图4-23　刃磨外圆车刀的一般步骤

a）磨前刀面　b）磨主后刀面　c）磨副后刀面　d）磨刀尖圆弧

4）粗磨刀体上的副后面。磨副后面时，刀柄尾部应向右转过一个副偏角κ'_r的角度，同时车刀底平面向砂轮方向倾斜一个比副后角大2°的角度。具体刃磨方法与粗磨刀体上主后面大体相同。不同的是粗磨副后面时砂轮应磨到刀尖处为止。如此，也可同时磨出副偏角κ'_r和副后角α'_0。

5）粗磨前刀面。以砂轮的端面粗磨出车刀的前面，并在磨前面的同时磨出前角γ_0。

6）磨断屑槽。断屑是车削塑性金属时的一个突出问题。若切屑连绵不断、成带状缠绕在工件或车刀上，不仅会影响正常车削，而且会拉毛已加工表面，甚至会导致事故。在刀体上磨出断屑槽的目的就是当切屑经过断屑槽时，使切屑产生内应力而强迫它变形、折断。

常见的断屑槽有圆弧型和直线型两种，如图4-24所示。圆弧型断屑槽的前角一般较大，适于切削较软的材料；直线型断屑槽前角较小，适于切削较硬的材料。

7）精磨主后面和副后面。精磨前要修整好砂轮，使砂轮保持平稳旋转。刃磨时将车刀底平面靠在调整好角度的托架上，并使切削刃轻轻地靠在砂轮的端面上，并沿砂轮端面缓慢

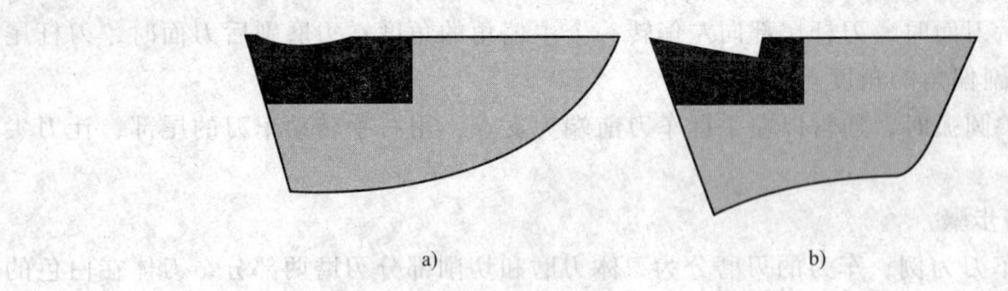

图 4-24 断屑槽的两种形式

a) 圆弧型 b) 直线型

地左右移动，使砂轮磨损均匀、车刀刃口平直。可选用绿色碳化硅砂轮（其粒度号为 180#~200#）或金刚石砂轮。

8) 磨负倒棱。刀具主切削刃担负着绝大部分的切削工作。为了提高主切削刃的强度，改善其受力和散热条件，通常在车刀的主切削刃上磨出负倒棱，如图 4-25 所示。负倒棱的倾斜角度 γ_f 一般为-5°~-10°，其宽度 b 为进给量的 0.5~0.8 倍，即 $b=(0.5\sim0.8)f$。对于采用较大前角的硬质合金车刀及用于车削强度、硬度特别低的材料的车刀，则不宜采用负倒棱。

刃磨负倒棱时，用力要轻，要使主切削刃的后端向刀尖方向摆动。刃磨时可采用直磨法或横磨法。为了保证切削刃的质量，最好采用直磨法。可选用绿色碳化硅砂轮（其粒度号为 180#~200#）或金刚石砂轮。

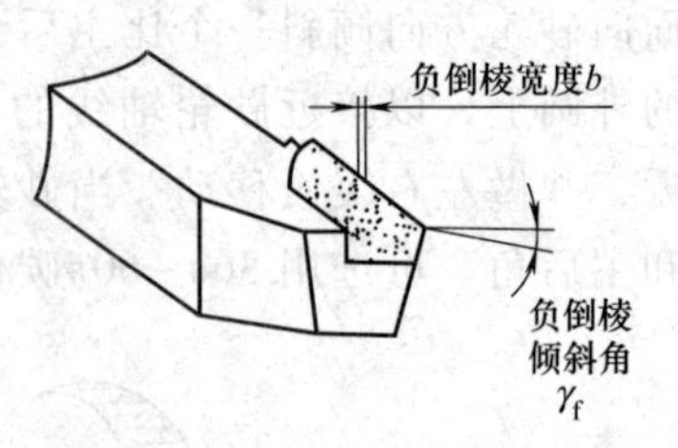

图 4-25 负倒棱参数

9) 磨过渡刃。过渡刃有直线型和圆弧型两种，其刃磨方法与精磨后刀面时基本相同。刃磨车削较硬材料的车刀时，也可在过渡刃上磨出负倒棱。

10) 车刀的手工研磨。在砂轮上刃磨的车刀，其切削刃有时不够平滑光洁。若用放大镜观察。可以发现其刃口上呈凹凸不平状态。使用这样的车刀车削时，不仅直接影响工件的表面粗糙度，而且也会降低车刀的使用寿命。若是硬质合金车刀，在切削过程中还会产生崩刃现象。所以手工刃磨的车刀还应用细油石研磨其切削刃。研磨时，手持细油石在切削刃上来回移动，要求动作平稳、用力均匀。

研磨后的车刀，应消除在砂轮上刃磨后的残留痕迹，刀面表面粗糙度 Ra 值应达到 0.4~0.2μm。

4. 刃磨车刀注意事项

1) 刃磨车刀前检查设备是否完好，先检查砂轮有无裂纹，砂轮轴螺母是否拧紧，并经试转后使用，以免砂轮碎裂或飞出伤人。

2) 刃磨车刀时不能用力过大，移动过程要平稳，移动、转动速度要均匀，否则会使手打滑而触及砂轮面，造成工伤事故。

3) 刃磨车刀时应戴防护眼镜，以免砂粒或铁屑飞入眼中，刃磨时不可戴手套。

4) 刃磨小刀头时必须把小刀头装入刀杆上。

5) 砂轮支架与砂轮的间隙不得大于 3mm，如果间隙过大，应调整砂轮间隙。

6) 刃磨车刀时，如果温度过高，应暂停磨削，高速钢车刀要及时用水冷却，防止产生退火，保持切削部分的硬度，硬质合金车刀切不可水冷，防止刀裂。长时间进行磨削时，中途应停止设备，检查运行情况以确保安全。

7）先停磨削后停机，人离开机房时关闭砂轮机，待砂轮停止后切断电源。车刀刃磨时粗磨和精磨要分开，粗磨切削部分时选用粒度号为46#~60#的绿色碳化硅砂轮，精磨时选用粒度号为80#~120#的绿色碳化硅砂轮；刃磨时力量要均匀，运动要平稳，车刀的刀面要光滑平整，切削刃要平直，同时要保证刀具角度正确，初学者在刃磨车刀时，根据指导教师的讲解示范，观察磨刀要领，最好用废旧刀杆代替车刀，在砂轮机上正确地刃磨主后面、副后面和前面，掌握了磨刀要领后，方可刃磨不同类型的车刀，同时刃磨断屑槽和负倒棱，在刃磨过程中最好用车刀角度样板角尺仔细检查，刃磨好的车刀，要在车床上试加工。只有重复练习，反复测量，才能掌握车刀的刃磨要领，在保证工件质量和生产效率的前提下，延长刀具的使用寿命。

技能 4　车削端面

1. 端面的车削方法

车削端面时，刀具的主切削刃要与端面有一定的夹角。工件伸出卡盘外的部分应尽可能短些，车削时用中滑板横向进给，进给次数根据加工余量确定，可采用自外向中心进给，也可以采用自中心向外进给。常用车削端面的方法如图 4-26 所示。

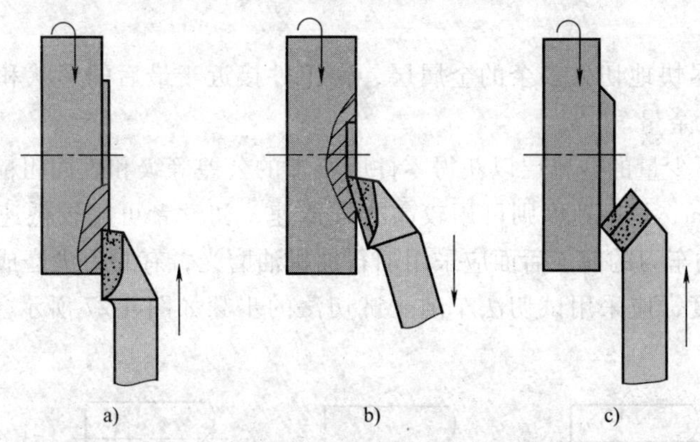

图 4-26　常用车削端面的方法

a）直角车刀车外圆　b）偏刀向外走刀车外圆　c）偏刀向中心走刀车外圆

2. 车削端面时的注意事项

1）车刀的刀尖应对准工件中心，以免车出的端面中心留有凸台。

2）偏刀车削端面，当背吃刀量较大时，容易扎刀。粗车时背吃刀量 $a_p = 0.2 \sim 1\text{mm}$；精车时背吃刀量 $a_p = 0.05 \sim 0.2\text{mm}$。

3）端面的直径从外到中心是变化的，切削速度也在改变，在计算切削速度时必须按端面的最大直径计算。

4）车削直径较大的端面时，若出现凹心或凸肚，应检查车刀和方刀架以及检查下滑板是否锁紧。

3. 车削端面的质量分析

1）端面不平，产生凸凹现象或端面中心留“小头”。原因是车刀刃磨或安装不正确，刀尖没有对准工件中心，吃刀量过大，车床有间隙导致滑板移动。

2）表面粗糙度差。原因是车刀不锋利，手动进给摇动不均匀或太快，自动进给切削用量选择不当。

技能5　车削外圆

1. 调整车床

车床的调整包括调整主轴转速和车刀的进给量。

主轴的转速是根据切削速度计算选取的，而切削速度的选择则和工件材料、刀具材料以及工件加工精度有关。用高速钢车刀车削时，v_c=0.3~1m/s，用硬质合金刀切削时，v_c=1~3m/s。车高硬度钢比车低硬度钢的转速低一些。

例如用硬质合金车刀加工直径 D=200mm 的铸铁带轮，选取的切削速度 v_c=0.9m/s，计算主轴的转速为：

$$n=\frac{1000\times60\times v}{\pi D}=\frac{1000\times60\times0.9}{3.14\times200}\text{r/min}\approx99\text{r/min}$$

进给量是根据工件加工要求确定的。粗车时，一般取 0.2~0.3mm/r；精车时，根据所需要的表面粗糙度确定。当表面粗糙度 Ra 值为 3.2μm 时，选用 0.1~0.2mm/r；Ra 值为 1.6μm 时，选用 0.06~0.12mm/r。进给量的调整可对照车床进给量表扳动手柄位置，具体方法与调整主轴转速相似。

2. 粗车和精车

粗车的目的是尽快地切去多余的金属层，使工件接近于最后的形状和尺寸。粗车后应留下 0.5~1mm 的加工余量。

精车是切去余下少量的金属层以获得零件所要求的公差等级和表面粗糙度，因此背吃刀量较小，约 0.1~0.2mm，切削速度则可用较高或较低速，初学者可用较低速。为了提高工件表面质量，用于精车的车刀的前、后面应采用油石加机油磨光，有时刀尖磨成一个小圆弧。为了保证加工的尺寸精度，应采用试切法车削。试切法的步骤如图 4-27 所示。

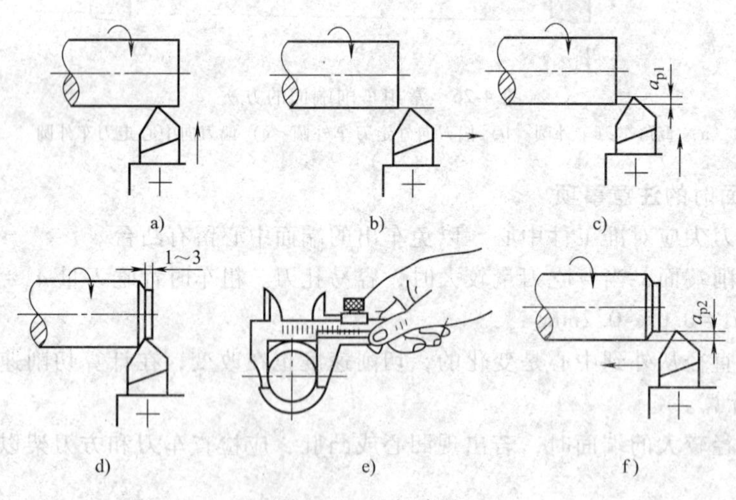

图 4-27　试切步骤

1）如图 4-27a、b 所示，开车对刀，使刀尖与零件表面轻微接触，确定刀具与零件的接触点，作为试切起点，然后向右纵向退刀，记下中滑板刻度盘上的数值。注意，对刀时必须开车，因为这样可以找到刀具与零件最高处的接触点，也不容易损坏车刀。

2）如图 4-27c、d 所示，按背吃刀量或零件直径的要求，根据中滑板刻度盘上的数值进

切深，并手动纵向切进 1~3mm，然后向右纵向退刀。

3）如图 4-27e、f 所示，进行测量。如果尺寸合格了，就按该切深将整个表面加工完；如果尺寸偏大或偏小，就重新进行试切，直到尺寸合格。试切调整过程中，为了迅速而准确地控制尺寸，背吃刀量需按中滑板丝杠上的刻度盘来调整。

以上是试切的一个循环，如果尺寸还大，则进刀仍按以上的循环进行试切，如果尺寸合格了，就按确定下来的切深将整个表面加工完毕。

3. 车削外圆时的质量分析

1）尺寸不正确。原因有车削时粗心大意，看错尺寸；刻度盘计算错误或操作失误；测量时不仔细，不准确。

2）表面粗糙度不符合要求。原因有车刀刃磨角度不对；刀具安装不正确或刀具磨损以及切削用量选择不当；车床各部分间隙过大。

3）外径有锥度。原因是吃刀量过大，刀具磨损；刀具或滑板松动；用上滑板车削时转盘下基准线没有对准“0”线；两顶尖车削时床尾“0”线不在轴线上；精车时加工余量不足。

4.4　创新训练

实训 1　CS6140 型车床的操作

1. 实训任务单

实训任务单见表 4-1。

表 4-1　CS6140 型车床的操作实训任务单

<table>
<tr><td colspan="2" rowspan="4">CS6140
1　2　3　4　5　6　7　8　9　10
1—主轴箱　2—刀架与滑板　3—尾座　4—床身
5—丝杠　6—光杠　7—右床腿　8—溜板箱
9—进给箱　10—左床腿</td><td>任务名称</td><td>CS6140 型车床的操作</td><td>任务编号</td><td>R01</td></tr>
<tr><td>姓名</td><td></td><td>学习小组</td><td></td></tr>
<tr><td>班级</td><td></td><td>实训地点</td><td></td></tr>
<tr><td>任务实施</td><td colspan="3">1. 分组，每组 4~6 人
2. 资料学习
3. 现场教学
4. 讨论 CS6140 型车床的基本操作过程及注意事项
5. 实训操练，正确操作车床
6. 完成 G01 工作页相关内容</td></tr>
<tr><td>任务描述</td><td>了解 CS6140 型车床的基本结构、调整及操作。通过实训，学生应了解机床各部分的基本结构、功能和调整方法，掌握车床的正确使用和操作方法，阅读相关的学习资料</td><td>任务实施注意事项</td><td colspan="3">1. 掌握 CS6140 型车床的基本结构、组成及各部分的功能
2. 掌握 CS6140 型车床相关参数的调节方法和要求
3. 掌握 CS6140 型车床的基本操作方法和操作要求
4. 注意安全操作
5. 培养团队协作意识，讨论解决实训中遇到的有关问题
6. 培养学生对车床日常维护保养的能力
7. 遵守 6S 相关规定</td></tr>
<tr><td colspan="2">任务下发人：</td><td colspan="2">任务实施人：</td><td colspan="2">日期：</td></tr>
</table>

2. 任务实施

CS6140 型车床的操作过程见表 4-2。

表 4-2 CS6140 型车床的操作过程

工序名称	工序内容	量具、工具
安全检查	对工作场地、机床用电、机床外观及基础结构等进行安全检查	
结构认知	熟悉车床各部分结构、功能及操作调整方法	
车床保养	明确机床保养内容,对车床进行开机前的全面保养	
手动操作	手动操作溜板箱部分,掌握刀架的前后左右移动方法	
机床调整	掌握主轴转速和进给量的调整方法	
机床起停	掌握机床起动、停止及主轴正反转控制方法	
自动进给	掌握刀架的前后左右移动控制方法	
停车维护	下班前对机床进行维护性保养	

实训 2 90°外圆车刀的刃磨

1. 实训任务单

实训任务单见表 4-3。

表 4-3 90°外圆车刀的刃磨实训任务单

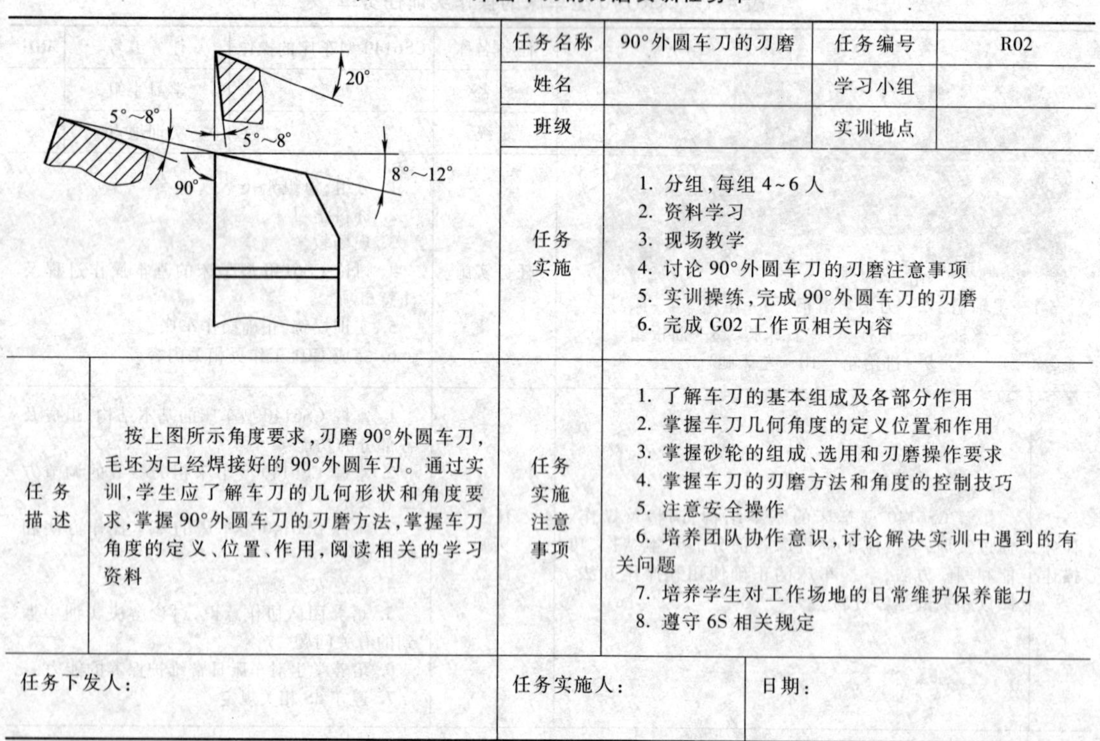

<table>
<tr><td colspan="2" rowspan="4"></td><td>任务名称</td><td>90°外圆车刀的刃磨</td><td>任务编号</td><td>R02</td></tr>
<tr><td>姓名</td><td></td><td>学习小组</td><td></td></tr>
<tr><td>班级</td><td></td><td>实训地点</td><td></td></tr>
<tr><td>任务
实施</td><td colspan="3">1. 分组,每组 4~6 人
2. 资料学习
3. 现场教学
4. 讨论 90°外圆车刀的刃磨注意事项
5. 实训操练,完成 90°外圆车刀的刃磨
6. 完成 G02 工作页相关内容</td></tr>
<tr><td>任务
描述</td><td>按上图所示角度要求,刃磨 90°外圆车刀,毛坯为已经焊接好的 90°外圆车刀。通过实训,学生应了解车刀的几何形状和角度要求,掌握 90°外圆车刀的刃磨方法,掌握车刀角度的定义、位置、作用,阅读相关的学习资料</td><td>任务
实施
注意
事项</td><td colspan="3">1. 了解车刀的基本组成及各部分作用
2. 掌握车刀几何角度的定义位置和作用
3. 掌握砂轮的组成、选用和刃磨操作要求
4. 掌握车刀的刃磨方法和角度的控制技巧
5. 注意安全操作
6. 培养团队协作意识,讨论解决实训中遇到的有关问题
7. 培养学生对工作场地的日常维护保养能力
8. 遵守 6S 相关规定</td></tr>
<tr><td colspan="2">任务下发人:</td><td colspan="2">任务实施人:</td><td colspan="2">日期:</td></tr>
</table>

2. 任务实施

90°外圆车刀的刃磨工艺见表 4-4。

表 4-4　90°外圆车刀的刃磨工艺

工序名称	工序内容	量具、工具
备料	已经焊接好的 90°外圆车刀	
粗磨主后面	磨出主偏角 90°±2°及主后角 8°±2°	刀具测角仪
粗磨副后面	磨出副偏角 8°±2°及副后角 10°±2°	刀具测角仪
粗磨前面	磨出前角 0°±2°及刃倾角 0°±2°	刀具测角仪
精磨主后面	磨出主偏角 90°±0.5°及主后角 8°±1°	刀具测角仪、万能角度尺
精磨副后面	磨出副偏角 7°±1°及副后角 9°±1°	刀具测角仪、万能角度尺
精磨前面	磨出前角 0°±0.5°及刃倾角 0°±0.5°	刀具测角仪、万能角度尺
修磨切削刃及刀尖	用油石或砂轮手工刃磨主、副切削刃及刀尖	

实训 3　销轴零件的车削

1. 实训任务单

实训任务单见表 4-5。

表 4-5　销轴零件的车削实训任务单

<table>
<tr><td colspan="2" rowspan="4">$\phi 40_{-0.10}^{0}$
130±0.10
$\sqrt{Ra\ 3.2}$ ($\sqrt{}$)</td><td>任务名称</td><td>销轴零件的车削</td><td>任务编号</td><td>R03</td></tr>
<tr><td>姓名</td><td></td><td>学习小组</td><td></td></tr>
<tr><td>班级</td><td></td><td>实训地点</td><td></td></tr>
<tr><td>任务实施</td><td colspan="3">1. 分组，每组 4~6 人
2. 资料学习
3. 现场教学
4. 讨论销轴零件的车削加工注意事项
5. 实训操练，完成销轴零件的加工
6. 完成 G03 工作页相关内容</td></tr>
<tr><td>任务描述</td><td>加工上图所示零件，数量为 1 件，毛坯为 φ45mm×135mm 的 45 钢棒料。通过实训，学生应了解外圆车刀的几何形状和角度要求，掌握外圆车刀的使用方法，掌握端面、外圆柱面的车削方法，填写加工工序卡片，阅读相关的学习资料</td><td>任务实施注意事项</td><td colspan="3">1. 了解外圆车刀的几何形状及角度要求
2. 掌握端面、外圆柱面的车削方法
3. 掌握长度和直径的测量方法
4. 注意安全操作
5. 培养团队协作意识，讨论解决实训中遇到的有关问题
6. 培养学生对车床的日常维护保养能力
7. 遵守 6S 相关规定</td></tr>
<tr><td colspan="2">任务下发人：</td><td colspan="2">任务实施人：</td><td colspan="2">日期：</td></tr>
</table>

2. 任务实施

销轴零件的车削加工工艺见表 4-6。

表 4-6　销轴零件的车削加工工艺

工序名称	工序内容	量具、工具
备料	准备 φ45mm×135mm 的 45 钢毛坯件	钢直尺
车端面	夹持一端，预留长度约为 30mm，车端面见平，调头夹持另一端，车端面见平，保证长度(130±0.10)mm	游标卡尺

（续）

工序名称	工序内容	量具、工具
粗车外圆	夹持一端，预留长度约为 70mm，粗车外圆至尺寸 ϕ(41±0.30)mm，长度(55±0.50)mm；调头夹持另一端，预留长度约为 70mm，粗车外圆至尺寸 ϕ(41±0.30)mm，长度与之前对接，表面粗糙度 *Ra* 值为 6.3μm	钢直尺、游标卡尺
精车外圆	夹持一端，预留长度约为 70mm，精车外圆至尺寸要求，长度(55±0.10)mm；调头夹持另一端，预留长度约为 70mm，精车外圆至尺寸要求，长度与之前对接，表面粗糙度 *Ra* 值为 3.2μm	90°外圆车刀、千分尺、游标卡尺
倒角	倒角 *C*1	45°外圆车刀

项目五　阶梯轴零件的加工

在工件上车削出不同直径圆柱面的过程称为车台阶。通常把两个相邻圆柱面的直径差小于 5mm 的称为低台阶，大于 5mm 的称为高台阶，此时所得零件称为阶梯轴零件。车台阶实际上是车外圆和车端面的组合加工，车削时需兼顾两者的尺寸精度。

【能力目标】

1）了解机械零件加工中的工艺分析内容。
2）掌握零件毛坯的类型及选择。
3）掌握阶梯轴类零件的车削方法及车削参数的控制。
4）掌握车槽与切断的车削方法及车削参数的控制。

5.1　项目分析

以上一项目中加工获得的尺寸为 $\phi 40_{-0.10}^{\ 0}$mm×(130±0.10)mm 的 45 钢工件为加工对象，按图 5-1 所示的图样要求加工出合格的零件。

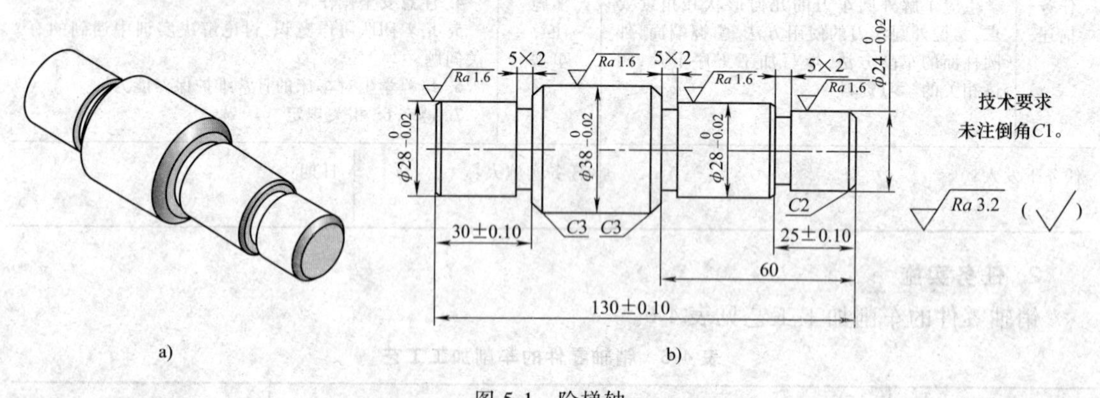

图 5-1　阶梯轴

a）外形图　b）零件图

该零件需要在车床上多次装夹加工。图中各直径处公差均为 0.02mm，表面粗糙度 *Ra* 值为 1.6μm；在各轴肩位置处有 5mm×2mm 的退刀槽，左右两端处长度尺寸公差均为

0.1mm。其余长度尺寸无公差要求；$\phi 38_{-0.02}^{0}$mm 轴肩处倒角为 $C3$，$\phi 24_{-0.02}^{0}$mm 轴肩处倒角为 $C2$，其余未注处倒角为 $C1$。

5.2　知识储备

课题 12　零件的工艺分析

对零件进行工艺分析的目的，一是全面深入地认识零件和形成工艺过程的初步轮廓，做到心中有数；二是从工艺的角度审视零件，扫除工艺上的障碍，为在后续各项程序中确定工艺方案奠定基础。

由于应用场合和使用要求不同，各种零件在结构特征上存在着很大差异。通过零件图了解零件的结构特点、尺寸大小与技术要求，必要时还应研究产品装配图以及查看产品质量验收标准，以熟悉产品的用途、性能和工作条件，明确零件在产品（或部件）中的功能及各零件间的相互装配关系等。

1. 分析零件的结构

1）分析组成零件各表面的几何形状，加工零件的过程实质上是形成这些表面的过程，表面不同，其典型的工艺方法也就不同。

2）分析组成零件的基本表面和特征表面的组合情况。

2. 分析零件的技术要求

零件的技术要求一般包括各加工表面的加工精度和表面质量、热处理要求、动平衡以及去磁等。

分析零件的技术要求，应首先区分零件的主要表面和次要表面。主要表面是指零件与其他零件相配合的表面或直接参与机器工作过程的表面，其余表面称为次要表面。

分析零件的技术要求，还要结合零件在产品中的作用、装配关系、结构特点，审查技术要求是否合理，过高的技术要求会使工艺过程复杂，加工困难，影响加工的生产率和经济性。如果发现不妥甚至遗漏或错误之处，应提出修改建议，与设计人员协商解决；如果要求合理，但现有生产条件难以实现，则应提出解决措施。

3. 分析零件的材料

材料不同，工作性能、工艺性能不同，都会影响毛坯制造和机械加工工艺过程。如图 5-2所示的方头销，其上有一 ϕ2H7 孔要求在装配时配作，零件材料为 T8A，要求头部淬火，硬度为 55 ~ 60HRC。而零件长度只有 15mm，方头长 4mm，局部淬火时，全长均被淬硬，配作时，ϕ2H7 孔无法加工。建议材料改用 20Cr 进行渗碳淬火，便能解决问题。

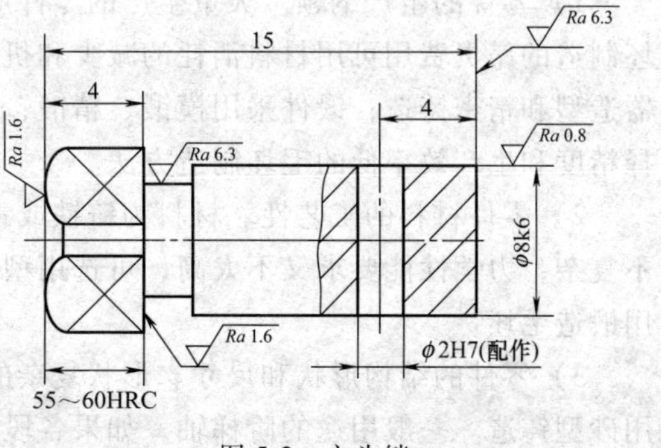

图 5-2　方头销

课题 13　毛坯的选择

毛坯种类的选择不仅影响毛坯的制造工艺及费用，而且也与零件的机械加工工艺和加工质量密切相关。为此需要毛坯制造和机械加工两方面的工艺人员密切配合，合理地确定毛坯的种类、结构形状，并绘出毛坯图。

1. 常见的毛坯种类

毛坯的种类很多，同一种毛坯又有多种制造方法。机械制造中常见的毛坯有以下几种。

1）铸件。对形状较复杂的毛坯，一般可用铸造制造。目前大多数铸件采用砂型铸造，对尺寸精度要求较高的小型铸件，可采用特种铸造，如永久铸造、精密铸造、压力铸造、熔模铸造和离心铸造等。

2）锻件。毛坯经过锻造可得到连续和均匀的金属纤维组织。因锻件的力学性能较好，常用于受力复杂的重要钢质零件。其中自由锻件的精度和生产率较低，主要用于小批量生产和大型锻件的制造。模型锻造件的尺寸精度和生产率较高，主要用于产量较大的中小型锻件。

3）型材。型材主要有板材、棒材、线材等，常用截面形状有圆形、方形和特殊截面形状。就其制造方法，可分为热轧和冷拉两大类。热轧型材尺寸较大，精度较低，用于生产一般的机械零件毛坯。冷拉型材尺寸较小，精度较高，主要用于生产精度要求较高的中小型零件毛坯。

4）焊接件。焊接件主要用于单件小批生产和大型零件及样机试制。其优点是制造简单、生产周期短、节省材料、减轻重量。但其抗振性差，存在内应力，变形大，需经时效处理后才能进行机械加工。

5）冲压件。尺寸精度高，可以不再进行加工或只进行精加工，生产效率高，适用于批量较大而零件厚度较小的中小型零件。

6）冷挤压件。毛坯精度高，表面粗糙度值小，生产效率高。但要求材料塑性好，适用于大批量生产中制造形状简单的小型零件。

7）粉末冶金。以金属粉末为原材料，在压力机上通过模具压制成形后经高温烧结而成。生产效率高，零件的精度高，表面粗糙度值小，一般可以不再进行精加工，但金属粉末成本较高，适用于大批大量生产中压制形状较为简单的小型零件。

2. 毛坯的选择原则

选择毛坯时应该考虑如下几个方面的因素：

1）零件的生产纲领。大量生产的零件应选择精度和生产率高的毛坯制造方法，用于毛坯制造的昂贵费用可用材料消耗的减少和机械加工费用的降低来补偿。如铸件采用金属型机器造型和精密铸造；锻件采用模锻、精锻；选用冷拉和冷轧型材。单件小批生产的零件应选择精度和生产效率低的毛坯制造方法。

2）零件材料的工艺性。材料为铸铁或青铜等的零件应选择铸造毛坯；钢质零件若形状不复杂，力学性能要求又不太高，可选用型材；重要的钢质零件，为保证其力学性能，应选用锻造毛坯。

3）零件的结构形状和尺寸。形状复杂的毛坯，一般采用铸造方法制造，薄壁零件不宜用砂型铸造。一般用途的阶梯轴，如果各段直径相差不大，可选用圆棒料；反之，为减少材料消耗和机械加工的劳动量，宜采用锻造毛坯。尺寸大的零件一般选用铸造或自由锻造，中小型零件可考虑选用模锻件。

4）现有的生产条件。选择毛坯时，还要考虑本企业的毛坯制造水平、设备条件以及外协的可能性和经济性等。

5.3　技能训练

技能6　车削阶梯轴的方法

车削台阶时，不仅要车削组成台阶的外圆，还要车削环形的端面，它是外圆车削和平面车削的组合。因此，车削台阶时既要保证外圆的尺寸精度和台阶面的长度要求，又要保证台阶平面与工件轴线的垂直度要求。

1. 车刀的选择与装夹

车削台阶时，通常选用90°外圆车刀（偏刀）。车刀的装夹应根据粗车、精车和加工余量的大小来调整。粗车时，加工余量大，为了增大切削深度和减少刀尖的压力，车刀装夹时实际主偏角以小于90°为宜。精车时，为了保证台阶平面与工件轴线垂直，车刀装夹时实际主偏角应大于90°（一般 κ_r 为93°左右），如图5-3所示。

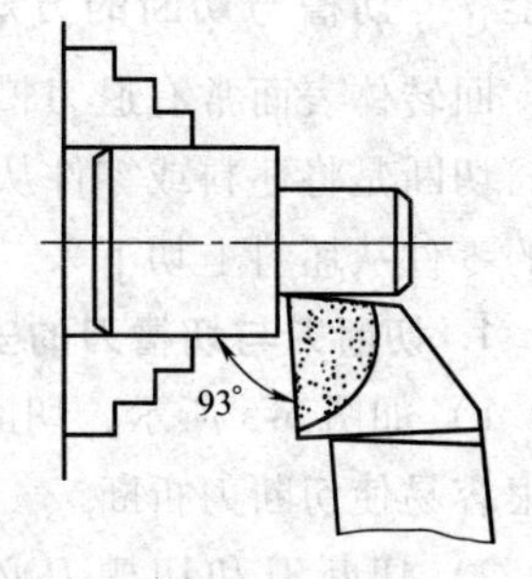

图5-3　精车时车刀的主偏角

2. 台阶的车削方法

车削台阶工件，一般分粗车和精车。粗车时，各台阶的长度因留精车余量而略短，同时直径尺寸也要保留一定的精车余量。而对于不需要进行精车的台阶，其直径尺寸可直接车到尺寸要求。精车时，通常在机动进给精车外圆至接近台阶处时，改以手动进给替代机动进给。当车至台阶面时，变纵向进给为横向进给，移动中滑板由里向外慢慢精车台阶平面，以确保其对轴线的垂直度要求。

3. 台阶长度尺寸的控制方法

1）刻线法。先用钢直尺或样板量出台阶的长度尺寸，然后用车刀刀尖在台阶的所在位置处车刻出一圈细线，按刻线痕车削，如图5-4所示。

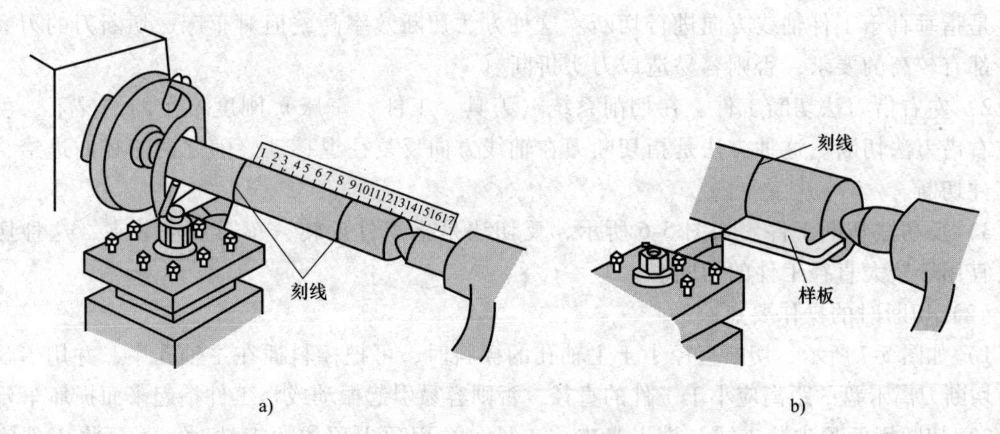

图5-4　台阶长度尺寸的控制方法

a）用钢直尺定位　b）用样板定位

2）挡铁控制法。用挡铁定位控制台阶长度，主要用于成批车削台阶轴。车削时挡铁固定在床身导轨上，并与工件上的台阶平面轴向位置一致，纵向进给过程中，当床鞍碰到挡铁时，说明工件台阶长度车到要求。挡铁定位控制台阶长度的方法，可节省加工中大量的测量时间，且成批工件长度尺寸一致性较好，台阶长度的尺寸精度可达0.2mm。

3）手转刻度盘控制法。CS6140型车床溜板箱（床鞍）的纵向进给手轮刻度盘转1格，相当于进给1mm，利用手轮转过格数可控制台阶的长度。

4. 台阶工件的检测

1）台阶长度尺寸可用钢直尺或游标深度尺进行测量检测。

2）平面度误差和直线度误差可用刀口形直尺和塞尺检测。

3）端面、台阶平面对工件轴线的垂直度误差可用90°角尺或标准套和百分表检测。

技能7 切槽与切断的方法

回转体表面常有退刀槽、砂轮越程槽等沟槽，在回转体表面上车出沟槽的方法称为车槽。切断是将坯料或零件从夹持端上分离出来，主要用于圆棒料按尺寸要求下料或把加工完毕的零件从坯料上切下来。

1. 切断刀与切槽刀的安装

1）如图5-5所示，切断刀刀尖必须与工件轴线等高，否则不仅不能把工件切下来，而且很容易使切断刀折断。

2）切断刀和切槽刀必须与工件轴线垂直，否则车刀的副切削刃会与工件两侧面产生摩擦。

3）切断刀的底平面必须平直，否则会引起副后角的变化，在切断时切断刀的某一副后面会与工件产生强烈摩擦。

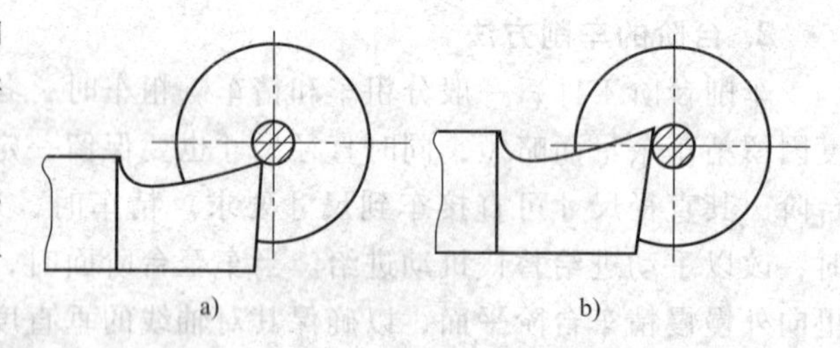

图5-5 切断刀安装

a）刀尖过低容易被压断 b）刀尖过高不易切断

2. 切断

（1）常用的切断方法

1）用直进法切断工件。所谓直进法，是指垂直于工件轴线方向进行切断。这种方法切断效率高，但对车床、切断刀的刃磨和安装都有较高的要求，否则容易造成刀头折断。

2）左右借刀法切断工件。在切削系统（刀具、工件、车床）刚度不足的情况下，可采用左右借刀法切断。这种方法是指切断刀在轴线方向反复往返移动，随之两侧径向进给，直至工件切断。

3）反切法切断工件。如图5-6所示，反切法是指工件反转，车刀反向装夹，这种切断方法宜用于较大直径工件的切断。

（2）切断时的操作要点

1）如图5-7所示，切断直径小于主轴孔的棒料时，可把棒料插在主轴孔中，并用卡盘夹住，切断刀离卡盘的距离应小于工件的直径，否则容易引起振动或将工件抬起来而损坏车刀。

2）切断用两顶尖装夹或一端卡盘夹住、另一端用顶尖顶住的工件时，不可将工件完全切断。

（3）切断时应注意的事项

1）切断刀本身的强度很差，很容易折断，所以操作时要特别小心。

2）应采用较低的切削速度，较小的进给量。

3）调整好车床主轴和刀架滑动部分的间隙。

4）切断时还应充分使用切削液，使排屑顺利。

5）即将切断时必须放慢进给速度。

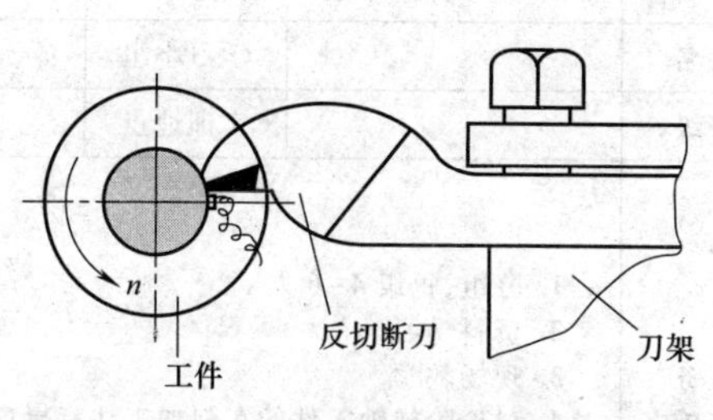

图 5-6　反切断法及反切断刀

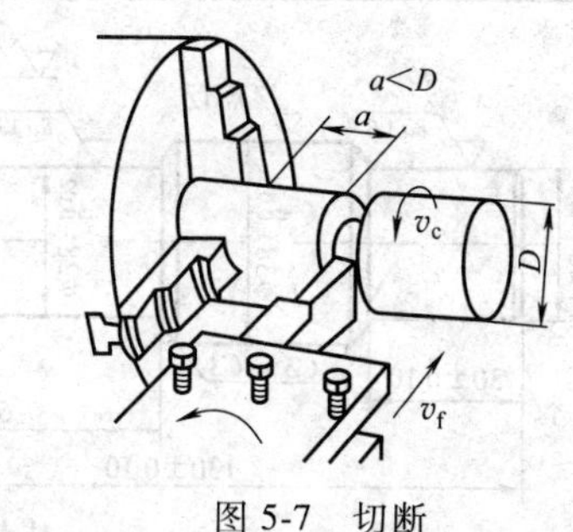

图 5-7　切断

3. 车外沟槽

在工件表面上车沟槽的方法称为切槽，形状有外沟槽、内沟槽和端面槽，如图 5-8 所示。在此主要介绍外沟槽的车削。

一般外沟槽车槽刀的角度和形状与切断刀基本相同。在车较窄的外沟槽时，车槽刀的主切削刃应与槽宽相等，刀体长度要略大于槽深。

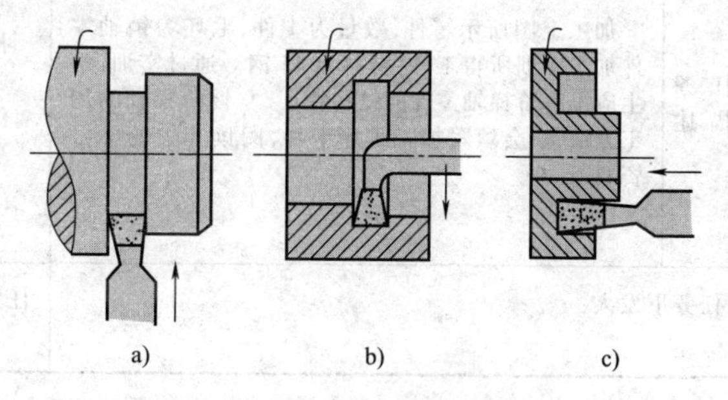

图 5-8　常见槽及切槽的方法

a）车外沟槽　b）车内沟槽　c）车端面槽

车削精度不高的和宽度较窄的矩形沟槽，可以用刀宽等于槽宽的切槽刀，采用直进法一次车出。精度要求较高的，一般分两次车成。

车削较宽的沟槽，可用多次直进法切削，并在槽的两侧留一定的精车余量，然后根据槽深、槽宽精车至尺寸，如图 5-9 所示。

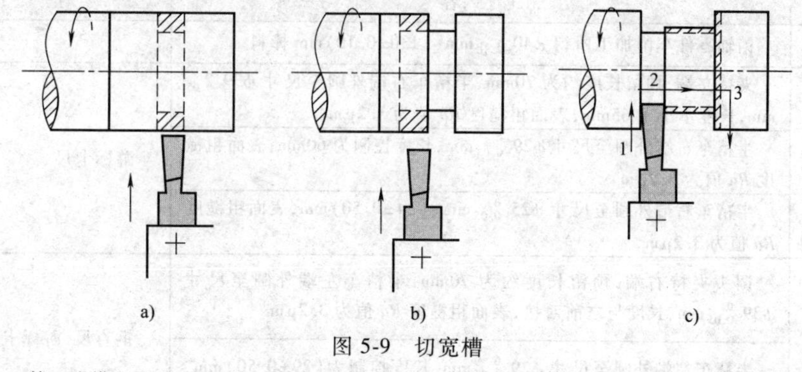

图 5-9　切宽槽

a）第一次横向进给　b）第二次横向进给　c）最后一次横向进给后再以纵向进给精车槽底

5.4　创新训练

实训 4　阶梯轴的车削

1. 实训任务单

实训任务单见表 5-1。

表 5-1　阶梯轴的车削实训任务单

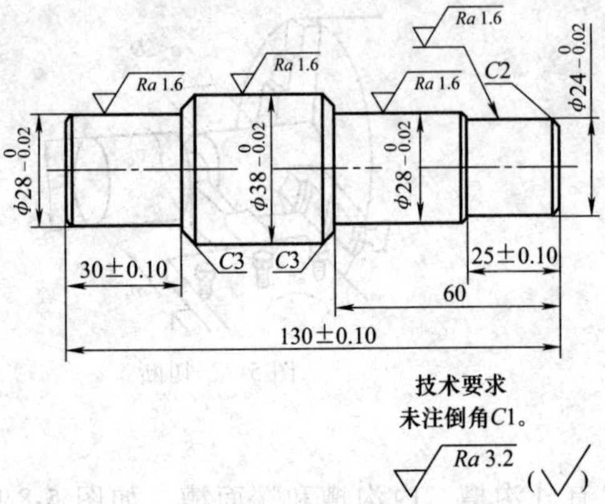

<table>
<tr><td rowspan="4" colspan="2">φ28 0/-0.02　φ38 0/-0.02　φ28 0/-0.02　φ24 0/-0.02
Ra 1.6　C2　C3　C3
30±0.10　25±0.10　60　130±0.10
技术要求
未注倒角C1。
Ra 3.2 (√)</td><td>任务名称</td><td>阶梯轴零件的车削</td><td>任务编号</td><td>R04</td></tr>
<tr><td>姓名</td><td></td><td>学习小组</td><td></td></tr>
<tr><td>班级</td><td></td><td>实训地点</td><td></td></tr>
<tr><td>任务实施</td><td colspan="3">1. 分组，每组 4~6 人
2. 资料学习
3. 现场教学
4. 讨论阶梯轴零件的车削加工注意事项
5. 实训操练，完成阶梯轴零件的加工
6. 完成 G04 工作页相关内容</td></tr>
<tr><td>任务描述</td><td>加工上图所示零件，数量为 1 件，毛坯为销轴零件加工实训所得工件，材料为 45 钢。通过实训，学生应了解阶梯轴零件的结构特征，掌握阶梯轴的加工方法，学会填写加工工序卡片，阅读相关的学习资料</td><td>任务实施注意事项</td><td colspan="3">1. 了解阶梯轴的结构特征
2. 掌握阶梯轴的加工方法
3. 掌握阶梯轴长度和直径的控制方法
4. 注意安全操作
5. 培养团队协作意识，讨论解决实训中遇到的有关问题
6. 培养学生对车床的日常维护保养能力
7. 遵守 6S 相关规定</td></tr>
<tr><td colspan="2">任务下发人：</td><td colspan="2">任务实施人：</td><td colspan="2">日期：</td></tr>
</table>

2. 任务实施

阶梯轴的车削加工工艺见表 5-2。

表 5-2　阶梯轴的车削加工工艺

<table>
<tr><th>工序名称</th><th>工序内容</th><th>量具、工具</th></tr>
<tr><td>备料</td><td>销轴零件车削加工所得 $\phi40_{-0.10}^{\ 0}$mm×(130±0.10)mm 棒料</td><td></td></tr>
<tr><td rowspan="3">半精车右端外圆</td><td>夹持左端，预留长度约为 70mm，半精车右端外圆至尺寸 $\phi39_{-0.05}^{\ 0}$mm，长度不小于 65mm，表面粗糙度 Ra 值为 3.2μm</td><td rowspan="3">游标卡尺</td></tr>
<tr><td>半精车右端外圆至尺寸 $\phi29_{-0.05}^{\ 0}$mm，长度控制为 60mm，表面粗糙度 Ra 值为 3.2μm</td></tr>
<tr><td>半精车右端外圆至尺寸 $\phi25_{-0.05}^{\ 0}$mm×(24±0.50)mm，表面粗糙度 Ra 值为 3.2μm</td></tr>
<tr><td rowspan="2">半精车左端外圆</td><td>调头夹持右端，预留长度约为 70mm，半精车左端外圆至尺寸 $\phi39_{-0.05}^{\ 0}$mm，长度与之前对接，表面粗糙度 Ra 值为 3.2μm</td><td rowspan="2">钢直尺、游标卡尺</td></tr>
<tr><td>半精车左端外圆至尺寸 $\phi29_{-0.05}^{\ 0}$mm，长度控制为(29±0.50)mm，表面粗糙度 Ra 值为 3.2μm</td></tr>
<tr><td rowspan="3">精车右端外圆</td><td>夹持左端，预留长度约为 70mm，精车右端外圆至尺寸 $\phi38_{-0.02}^{\ 0}$mm，长度不小于 65mm，表面粗糙度 Ra 值为 1.6μm</td><td rowspan="3">90°外圆车刀、千分尺、游标卡尺</td></tr>
<tr><td>精车右端外圆至尺寸 $\phi28_{-0.02}^{\ 0}$mm，长度控制为 60mm，表面粗糙度 Ra 值为 1.6μm</td></tr>
<tr><td>精车右端外圆至尺寸 $\phi24_{-0.02}^{\ 0}$mm×(25±0.10)mm，表面粗糙度 Ra 值为 1.6μm</td></tr>
</table>

（续）

工序名称	工序内容	量具、工具
精车左端外圆	调头夹持右端，预留长度约为70mm，精车左端外圆至尺寸$\phi38_{-0.02}^{\ 0}$mm，长度与之前对接，表面粗糙度*Ra*值为1.6μm	90°外圆车刀、千分尺、游标卡尺
	精车左端外圆至尺寸$\phi28_{-0.02}^{\ 0}$mm，长度控制为(30±0.10)mm，表面粗糙度*Ra*值为1.6μm	
倒角	倒角*C*2、*C*3	

实训5 车床车槽

1. 实训任务单

实训任务单见表5-3。

表5-3 车床车槽实训任务单

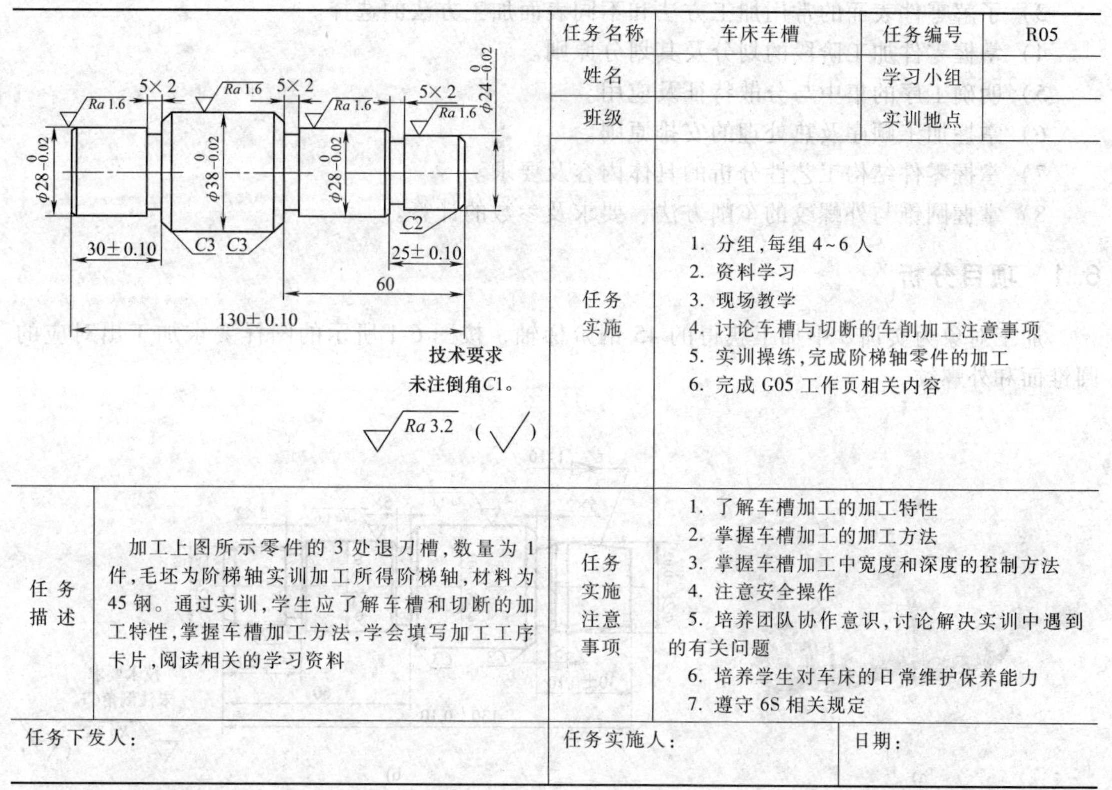

任务名称	车床车槽	任务编号	R05
姓名		学习小组	
班级		实训地点	
任务实施	1. 分组，每组4~6人 2. 资料学习 3. 现场教学 4. 讨论车槽与切断的车削加工注意事项 5. 实训操练，完成阶梯轴零件的加工 6. 完成G05工作页相关内容		

任务描述	加工上图所示零件的3处退刀槽，数量为1件，毛坯为阶梯轴实训加工所得阶梯轴，材料为45钢。通过实训，学生应了解车槽和切断的加工特性，掌握车槽加工方法，学会填写加工工序卡片，阅读相关的学习资料	任务实施注意事项	1. 了解车槽加工的加工特性 2. 掌握车槽加工的加工方法 3. 掌握车槽加工中宽度和深度的控制方法 4. 注意安全操作 5. 培养团队协作意识，讨论解决实训中遇到的有关问题 6. 培养学生对车床的日常维护保养能力 7. 遵守6S相关规定
任务下发人：		任务实施人：	日期：

2. 任务实施

槽的车削加工工艺见表5-4。

表5-4 槽的车削加工工艺

工序名称	工序内容	量具、工具
备料	阶梯轴零件车削加工所得阶梯轴	
装刀	正确刃磨并安装车槽刀（切削刃宽度为5mm）	钢直尺
车退刀槽	夹持左端，预留长度约为70mm，用手动进刀，刻度盘读数控制车右侧5mm×2mm退刀槽，槽底表面粗糙度*Ra*值为3.2μm	钢直尺、游标卡尺
	用机动进刀，刻度盘读数控制车中间5mm×2mm退刀槽，槽底表面粗糙度*Ra*值为3.2μm	
车退刀槽	调头夹持右端，预留长度约为40mm，刻度盘读数控制车中间5mm×2mm退刀槽，槽底表面粗糙度*Ra*值为3.2μm	钢直尺、游标卡尺

项目六　圆锥面与外螺纹零件的加工

在机械制造业中，除采用内、外圆柱面作为配合表面外，还广泛采用内、外圆锥面作为配合表面，如车床主轴的锥孔、尾座的套筒、钻头的锥柄等。这是因为圆锥面具有配合紧密、定位准确、装卸方便等优点，并且即使发生磨损，仍能保持精密的定心和配合作用。

【能力目标】

1）了解基准的概念及基本类型。

2）掌握基准的选择原则。

3）了解零件表面的常用加工方法和不同表面加工方法的选择。

4）掌握零件加工阶段的划分及其划分原则。

5）明确工序的集中与分散特征及应用。

6）掌握加工顺序及热处理的安排原则。

7）掌握零件结构工艺性分析的具体内容及要求。

8）掌握圆锥与外螺纹的车削方法、要求及参数的计算。

6.1　项目分析

加工对象为实训 5 中加工获得的 45 钢阶梯轴，按图 6-1 所示的图样要求加工出对应的圆锥面和外螺纹。

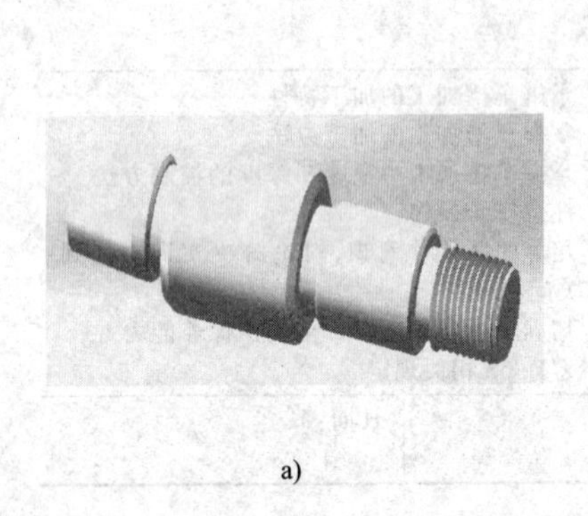

a)

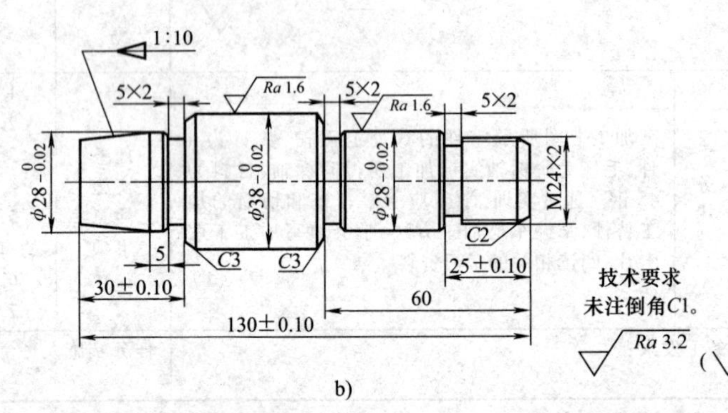

b)

图 6-1　阶梯轴

a）外形图　b）零件图

该零件需要在车床上加工出锥度为 1∶10，长度为 20mm 的圆锥面，并在零件的左端车出 M24×2 的螺纹。图中圆锥面处无严格公差要求，表面粗糙度 *Ra* 值为 3.2μm；螺纹处要求贯穿右端轴颈，公差等级为 IT7，无其他特殊技术要求。

6.2　知识储备

课题 14　定位基准的选择

定位基准的选择是制订工艺规程的一项重要工作。定位方案的选择直接影响加工误差、

夹具的复杂程度及操作方便性。定位基准分为粗基准和精基准。

1. 基准的概念

零件都是由若干表面组成的，各表面之间具有一定的尺寸和相互位置要求。研究零件表面间的相对位置关系离不开基准，不明确基准就无法确定零件表面的位置。基准就其一般意义来讲，就是零件上用以确定其他点、线、面的位置所依据的点、线、面。基准按其作用不同，可分为设计基准和工艺基准两大类。

（1）设计基准　设计基准是在零件图上所采用的基准。它是标注设计尺寸的起点。如图6-2a所示的支承块零件，平面2、3的设计基准是平面1，平面5、6的设计基准是平面4，孔7的设计基准是平面l和平面4，而孔8的设计基准是孔7的中心线和平面4。在零件图上不仅标注的尺寸有设计基准，而且标注的位置精度同样具有设计基准，如图6-2b所示的钻套零件，轴线O—O是各外圆和内孔的设计基准，也是两项跳动公差的设计基准，端面A是端面B、C的设计基准。

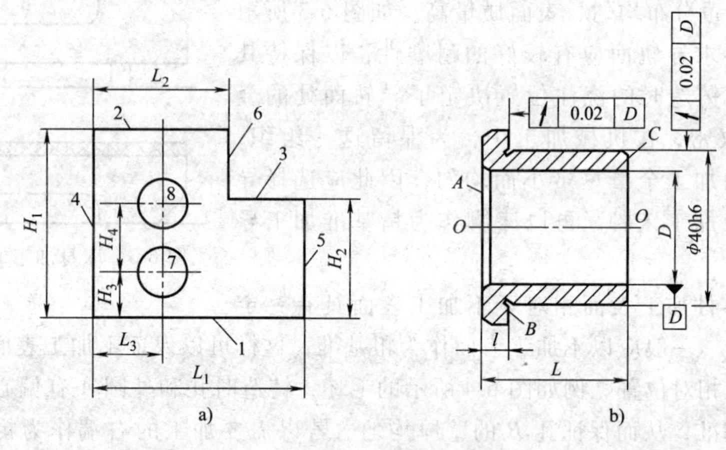

图6-2　基准分析

a）支承块　b）钻套

（2）工艺基准　工艺基准是在工艺过程中所使用的基准。工艺过程是一个复杂的过程，按用途不同工艺基准又可分为定位基准、工序基准、测量基准和装配基准。

工艺基准是在加工、测量和装配时所使用的，必须是存在的。然而作为基准的点、线、面，有时并不一定具体存在（如孔和外圆的中心线，两平面的对称中心面等），往往通过具体的表面来体现，用以体现基准的表面称为基面。例如图6-2b所示钻套零件的中心线是通过内孔表面来体现的，内孔表面就是基面。

1）定位基准。在加工中用作定位的基准，称为定位基准。

如图6-2a所示的支承块零件，加工平面3和6时是通过平面1和4放在夹具上定位的，所以平面1和4是加工平面3和6的定位基准；如图6-2b所示的钻套零件，用内孔装在心轴上磨削ϕ40h6外圆表面时，内孔表面是定位基面，孔的中心线就是定位基准。

定位基准又分为粗基准和精基准。用作定位的表面，如果是没有经过加工的毛坯表面，称为粗基准；若是已加工过的表面，则称为精基准。

2）工序基准。在工序图上，用来标定本工序被加工表面尺寸和位置所采用的基准，称为工序基准。

如图 6-2a 所示的支承块零件，加工平面 3 时按尺寸 H_2 进行加工，则平面 1 即为工序基准，加工尺寸 H_2 称为工序尺寸。

3）测量基准。零件测量时所采用的基准，称为测量基准。如图 6-2b 所示，钻套以内孔套在心轴上测量外圆的径向圆跳动，则内孔表面是测量基面，孔的中心线就是外圆的测量基准；用卡尺测量尺寸 l 和 L，表面 A 是表面 B、C 的测量基准。

4）装配基准。装配时用以确定零件在机器中位置的基准，称为装配基准。如图 6-2b 所示的钻套零件，ϕ40h6 外圆及端面 B 即为装配基准。

2. 粗基准的选择原则

在具体选择粗基准时应考虑下面原则。

（1）合理分配加工余量的原则

1）应保证各加工表面都有足够的加工余量。如外圆加工，以轴线为基准。

2）以加工余量小而均匀的重要表面为粗基准，以保证该表面加工余量分布均匀、表面质量高。如图 6-3 所示的床身零件，要求导轨面应有较好的耐磨性，以保持其导向精度。由于铸造时的浇注位置决定了导轨面处的金属组织均匀而致密，在机械加工中，为保留这一组织，应使导轨面上的加工余量尽量小而均匀，因此应选择导轨面作为粗基准加工床脚，再以床脚作为精基准加工导轨面。

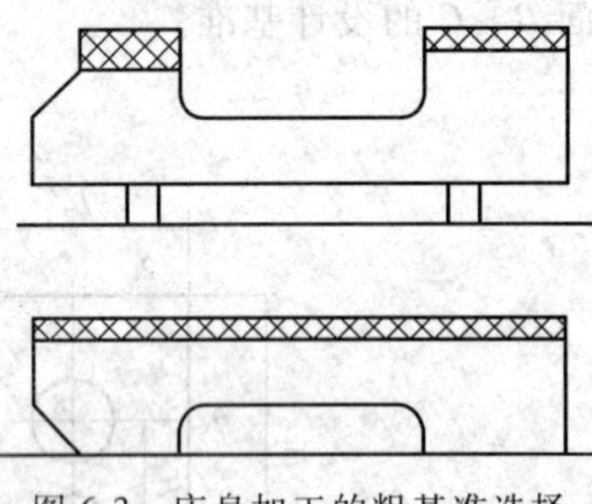

图 6-3　床身加工的粗基准选择

（2）保证零件加工表面相对于不加工表面具有一定位置精度的原则　一般应以不加工表面作为粗基准，这样可以保证不加工表面相对于加工表面具有较精确的相对位置。例如图 6-4 所示的毛坯，铸造时孔和外圆 A 有偏心，选不加工的外圆 A 作为粗基准，从而保证孔 B 的壁厚均匀。若以需要加工的右端作为粗基准，当毛坯右端中心线（O-O）与内孔中心线不重合时，将会导致内孔壁厚不均匀，如图 6-4 中虚线所示。当工件上有多个不加工表面时，选择与加工表面之间相互位置精度要求较高的不加工表面作为粗基准。

（3）便于装夹的原则　应尽量选择没有飞边、浇口或其他缺陷的平整表面作为粗基准，以保证定位准确、夹紧可靠。

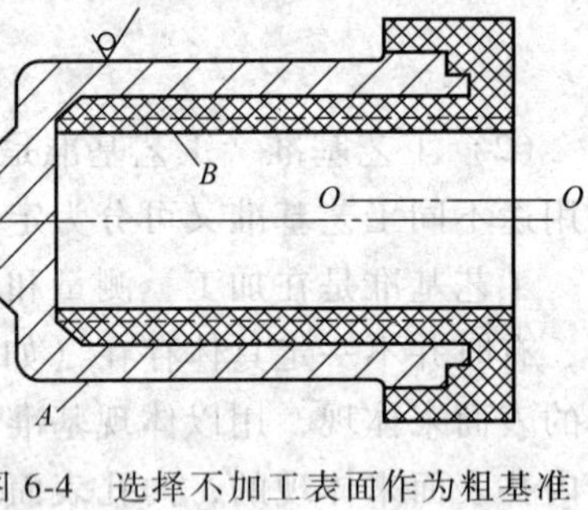

图 6-4　选择不加工表面作为粗基准

（4）粗基准一般不得重复使用的原则　在同一尺寸方向上粗基准通常只允许使用一次，这是因为粗基准一般都很粗糙，重复使用同一粗基准所加工的两组表面之间位置误差会相当大，因此，粗基准一般不得重复使用。如图 6-5 所示的心轴，如重复使用毛坯面 B 定位去加工 A 和 C，则会使 A 和 C 表面的轴线产生较大的同轴度误差。

3. 精基准选择原则

选择精基准的原则如下。

（1）基准重合原则　选择被加工表面的设计基准为定位基准，以避免基准不重合引起的基准不重合误差。如图 6-6a 所示的零件，为了遵守基准重合原则，应选择加工表面 C 的

设计基准 A 作为定位基准。按调整法加工该零件时，加工表面 C 对设计基准 A 的位置精度的保证，仅取决于本工序的加工误差。即在基准重合的条件下，只要 C 面相对 A 面的平行度误差不超过 0.02mm，位置尺寸 b 的加工误差不超过设计误差 T_b 的范围就能保证加工精度，表面 B 的加工误差对表面 C 的加工精度不产生影响，如图 6-6b所示。但是，当表面 C 的设计基准为表面 B 时，如图 6-6c 所示，如果仍以表面 A 为定位基准按调整法加工就违背了基准重合原则，会产生基准不重合误差。因此尺寸 C 的加工误差不仅包括本工序所出现的加工误差 Δ_1，而且还包括由于基准不重合带来的设计基准（B 表面）和定位基准（A 表面）之间的尺寸误差，其大小为尺寸 a 的误差 T_a，如图 6-6d 所示。为了保证尺寸 C 的精度要求，应使 $\Delta_1+T_a \leqslant T_c$。可以看出，在一定 T_c 的条件下，由于基准不重合误差的存在，势必导致加工误差 Δ_1 允许数值的减小，即提高了本工序的加工精度，增加了加工难度和成本。

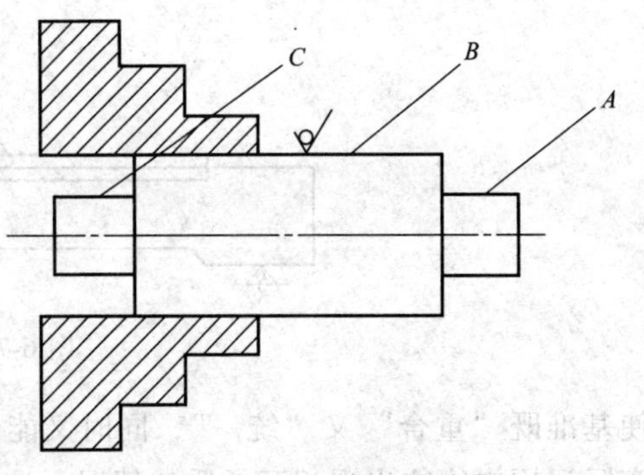

图 6-5　粗基准的重复选择

定位过程中产生的基准不重合误差，是在用调整法加工一批工件时产生的。若用试切法加工，直接保证设计要求，则不存在基准不重合误差。

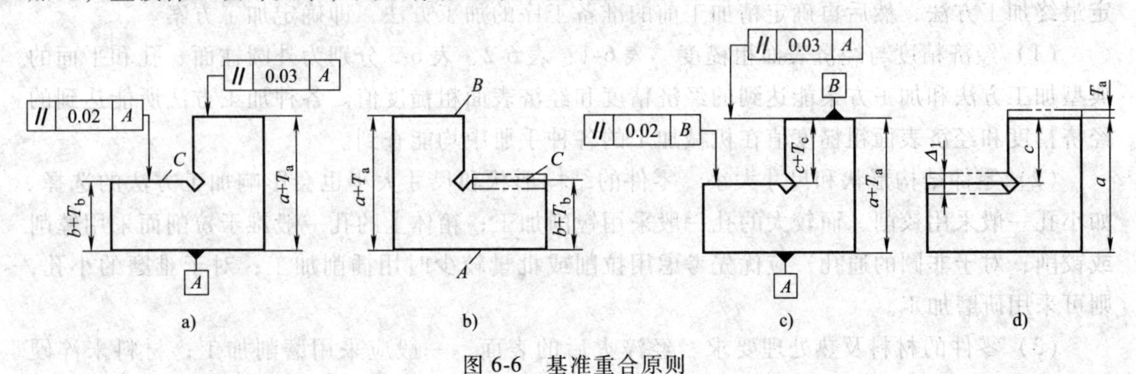

图 6-6　基准重合原则

（2）基准统一原则　采用同一组基准来加工工件的多个表面。不仅可以避免因基准变化而引起的定位误差，而且在一次装夹中能加工较多的表面，既便于保证各个被加工表面的位置精度，又有利于提高生产率。例如加工轴类零件采用中心孔定位加工各外圆表面、齿轮加工中以其内孔及一端面为定位基准，均属于基准统一原则。

（3）自为基准原则　以加工表面本身作为定位基准称为自为基准原则。有些精加工或是光整加工工序要求加工余量小而均匀，经常采用这一原则，如图 6-7 所示。遵循自为基准原则时，不能提高加工表面的位置精度，只是提高加工表面自身的尺寸精度、形状精度和表面质量。

（4）互为基准原则　当对工件上两个相互位置精度要求很高的表面进行加工时，需要用两个表面互相作为基准，反复进行加工，以保证位置精度要求。

（5）便于装夹原则　所选定位基准应能使工件定位稳定，夹紧可靠，操作方便，夹具结构简单。

以上介绍了精基准选择的几项原则，每项原则只能说明一个方面的问题，理想的情况是

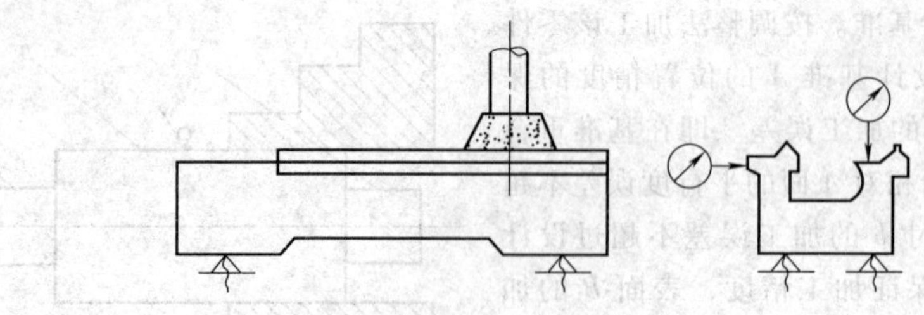

图 6-7　自为基准原则

使基准既“重合”又“统一”，同时又能使定位稳定、可靠，操作方便，夹具结构简单。但实际运用中往往出现相互矛盾的情况，这就要求从技术和经济两方面进行综合分析，抓住主要矛盾，进行合理选择。

实际上，无论是精基准还是粗基准的选择，上述原则都不一定能同时满足，有时还是互相矛盾的，因此，在选择时应根据具体情况进行具体分析，权衡利弊，保证其主要要求。

课题 15　机械加工工艺路线的拟定

1. 表面加工方法的选择

选择表面加工方法，一般是先根据表面的加工精度和表面粗糙度要求，并考虑生产率和经济性，考虑零件的结构形状、尺寸大小、材料和热处理要求及工厂的生产条件等因素，选定最终加工方法，然后再确定精加工前的准备工序的加工方法，即确定加工方案。

（1）经济精度与经济表面粗糙度　表 6-1、表 6-2、表 6-3 分别为外圆柱面、孔和平面的典型加工方法和加工方案能达到的经济精度和经济表面粗糙度值。各种加工方法所能达到的经济精度和经济表面粗糙度值在机械加工的各种手册中均能查到。

（2）零件结构形状和尺寸大小　零件的结构形状和尺寸大小也会影响加工方法的选择。如小孔一般采用铰削，而较大的孔一般采用镗削加工；箱体上的孔一般难于拉削而采用镗削或铰削；对于非圆的通孔，应优先考虑用拉削或批量较少时用插削加工；对于难磨的小孔，则可采用研磨加工。

（3）零件的材料及热处理要求　经淬火后的表面，一般应采用磨削加工；材料未淬硬的精密零件的配合表面，可采用刮研加工；对硬度低而韧性较大的金属，如铜、铝、镁铝合金等有色金属，为避免磨削时砂轮的嵌塞，一般不采用磨削加工，而采用高速精车、精镗、精铣等加工方法。

（4）生产率和经济性　对于较大的平面，铣削加工生产率较高，而窄长的工件宜用刨削加工；对于大量生产的低精度孔系，宜采用多轴钻；对批量较大的曲面加工，可采用机械靠模加工、数控加工和特种加工等加工方法。

表 6-1　外圆柱面的加工方法

加工方法	经济精度（公差等级表示）	经济表面粗糙度 Ra 值/μm	适用范围
粗车	IT11～IT13	12.5 以上	适用于淬火钢以外的各种金属
粗车-半精车	IT8～IT10	3.2～6.3	
粗车-半精车-精车	IT7～IT8	0.8～1.6	
粗车-半精车-精车-滚压（或抛光）	IT7～IT8	0.025～0.2	

（续）

加工方法	经济精度（公差等级表示）	经济表面粗糙度 Ra 值/μm	适用范围
粗车-半精车-磨削	IT7~ IT8	0.4~0.8	主要用于淬火钢，也可用于未淬火钢，但不宜加工有色金属
粗车-半精车-粗磨-精磨	IT6~ IT7	0.1~0.4	
粗车-半精车-粗磨-精磨-超精加工	IT5	0.012~0.1	
粗车-半精车-精车-精细车（金刚石车）	IT6~ IT7	0.025~0.4	主要用于要求较高的有色金属加工
粗车-半精车-粗磨-精磨-超精磨（或镜面磨）	IT5 以上	0.008~0.025	极高精度的外圆加工
粗车-半精车-粗磨-精磨-研磨	IT5 以上	0.008~0.1	

表 6-2　孔的加工方法

加工方法	经济精度（公差等级表示）	经济表面粗糙度 Ra 值/μm	适用范围
钻	IT11~ IT13	12.5 以上	加工未淬火钢及铸铁的实心毛坯，也可用于加工有色金属，孔径大
钻-铰	IT8~ IT10	1.6~6.3	
钻-粗铰-精铰	IT7~ IT8	0.8~1.6	
钻-扩	IT10~ IT11	6.3~12.5	加工未淬火钢及铸铁的实心毛坯，也可用于加工有色金属，孔径大于 15~20mm
钻-扩-铰	IT8~ IT9	1.6~3.2	
钻-扩-粗铰-精铰	IT7	0.8~1.6	
钻-扩-机铰-手铰	IT6~ IT 7	0.2~0.4	
钻-扩-拉	IT7~ IT9	0.1~1.6	大批大量生产（精度由拉刀的精度而定）
粗镗（或扩孔）	IT11~ IT13	6.3~12.5	除淬火钢外的各种材料，毛坯有铸出孔或锻出孔
粗镗（粗扩）-半精镗（精扩）	IT9~ IT10	1.6~3.2	
粗镗（粗扩）-半精镗（精扩）-精镗（铰）	IT7~ IT8	0.8~1.6	
粗镗（粗扩）-半精镗（精扩）-精镗-浮动镗刀精镗	IT6~ IT7	0.4~0.8	
粗镗（扩）-半精镗-磨孔	IT7~ IT8	0.2~0.8	主要用于淬火钢，也可用于未淬火钢，但不宜用于有色金属
粗镗（扩）-半精镗-粗磨-精磨	IT6~ IT7	0.1~0.2	
粗镗-半精镗-精镗-精细镗（金刚镗）	IT6~ IT7	0.05~0.4	主要用于精度要求高的有色金属加工
钻-（扩）-粗铰-精铰-珩磨；钻-（扩）-拉-珩磨；粗镗-半精镗-精镗-珩磨	IT6~ IT7	0.025~0.2	精度要求很高的孔
钻-（扩）-粗铰-精铰-研磨；钻-（扩）-拉-研磨；粗镗-半精镗-精镗-研磨	IT5~ IT6	0.008~0.1	

表 6-3 平面的加工方法

加工方法	经济精度（公差等级表示）	经济表面粗糙度 Ra 值/μm	适用范围
粗车	IT11~ IT13	12.5 以上	端面
粗车-半精车	IT8~ IT10	3.2~6.3	
粗车-半精车-精车	IT7~ IT8	0.8~1.6	
粗车-半精车-磨削	IT6~ IT9	0.2~0.8	
粗刨（或粗铣）	IT11~ IT13	6.3~12.5	一般不淬硬平面
粗刨（或粗铣）-精刨（或精铣）	IT8~ IT10	1.6~6.3	
粗刨（或粗铣）-精刨（或精铣）-刮研	IT6~ IT7	0.1~0.8	精度要求较高的不淬硬平面，批量较大时宜采用宽刃精刨方案
粗刨（或粗铣）-精刨（或精铣）-宽刃精刨	IT7	0.2~0.8	
粗刨（或粗铣）-精刨（或精铣）-磨削	IT7	0.2~0.8	精度要求高的淬硬平面或不淬硬平面
粗刨（或粗铣）-精刨（或精铣）-粗磨-精磨	IT6~ IT7	0.025~0.4	
粗铣-拉削	IT7~ IT9	0.2~0.8	大量生产，较小的平面（精度视拉刀精度而定）
粗铣-或精铣-磨削-研磨	IT5 以上	0.008~0.1	高精度平面

2. 加工阶段的划分

当零件表面精度和表面粗糙度要求比较高时，往往不可能在一个工序中加工完成，而需要划分为几个阶段来进行加工。

（1）工艺过程的加工阶段划分

1）粗加工阶段。主要切除各表面上的大部分加工余量，使毛坯形状和尺寸接近于成品。该阶段的特点是使用大功率机床，选用较大的切削用量，尽可能提高生产率和降低刀具磨损等。

2）半精加工阶段。完成次要表面的加工，并为主要表面的精加工做准备。

3）精加工阶段。保证主要表面达到图样要求。

4）光整加工阶段。对表面粗糙度及加工精度要求高的表面，还需进行光整加工。这个阶段一般不能用于提高零件的位置精度。

加工阶段的划分是就零件加工的整个过程而言，不能以某个表面的加工或某个工序的性质来判断。在具体应用时，也不可以绝对化，对有些重型零件或加工余量小、精度不高的零件，则可以在一次装夹后完成所有表面的粗、精加工。

（2）划分加工阶段的原因

1）有利于保证加工质量。工件在粗加工时，由于加工余量较大，所受的切削力、夹紧力较大，将引起较大的变形及内应力重新分布。如不分阶段进行加工，上述变形来不及恢复，将影响加工精度。而划分加工阶段后，工件能逐渐恢复和修正变形，提高加工质量。

2）便于合理使用设备。粗加工要求采用刚度好、效率高而精度低的机床，精加工则要求机床精度高。划分加工阶段后，可以避免以精干粗，充分发挥机床的性能，延长机床的使用寿命。

3）便于安排热处理工序和检验工序。如粗加工阶段后，一般要安排去应力的热处理，

以消除内应力。某些零件精加工前要安排淬火等最终热处理，其变形可通过精加工予以消除。

4）便于及时发现缺陷及避免损伤已加工表面。毛坯经粗加工阶段后，缺陷即已暴露，可及时发现和处理，同时精加工工序放在最后，可以避免加工好的表面在搬运和夹紧中受损。

3. 工序的组合

组合工序有两种不同的原则，即工序集中原则和工序分散原则。

工序集中就是将工件加工内容集中在少数几道工序内完成，每道工序的加工内容较多。工序分散就是将工件加工内容分散在较多的工序中进行，每道工序的加工内容较少，最少时每道工序只包含一个简单工步。

（1）工序集中的特点

1）在一次安装中可以完成零件多个表面的加工，可以较好地保证这些表面的相互位置精度，同时减少了装夹时间和减少工件在车间内的搬运工作量，有利于缩短生产周期。

2）减少机床数量，并相应减少操作工人，节省车间面积，简化生产计划和生产组织工作。

3）可采用高效率的机床或自动线、数控机床等，生产率高。

4）因采用专用设备和工艺装备，使投资增大，调整和维护复杂，生产准备工作量大。

（2）工序分散的特点

1）机床设备及工艺装备简单，调整和维护方便，工人易于掌握，生产准备工作量少，便于平衡工序时间。

2）可采用最合理的切削用量，减少基本时间。

3）设备数量多，操作工人多，占用场地大。

工序集中和工序分散各有利弊，应根据生产类型、现有生产条件、企业能力、工作结构特点和技术要求等进行综合分析，择优选用。

4. 加工顺序的安排

（1）切削加工顺序安排的原则

1）先粗后精。零件的加工一般应划分加工阶段，先进行粗加工，然后进行半精加工，最后是精加工和光整加工，应将粗精加工分开进行。

2）先主后次。先考虑主要表面的加工，后考虑次要表面的加工。主要表面加工容易出废品，应放在前阶段进行，以减少工时的浪费。次要表面一般加工余量较小，加工比较方便，因此把次要表面加工穿插在各加工阶段中进行，使加工阶段更明显且能顺利进行，又能增加加工阶段的时间间隔，有足够的时间让残余应力重新分布并使其引起的变形充分表现出来，以便在后续工序中修正。

3）先面后孔。先加工平面，后加工孔。因为平面一般面积较大，轮廓平整，先加工好平面，便于加工孔时的定位安装，有利于保证孔与平面的位置精度，同时也给孔的加工带来方便，另外由于平面已加工好，对平面上的孔进行加工时，刀具的初始工作条件得到了改善。

4）先基准后其他。用作精基准的表面，要首先加工出来，所以第一道工序一般进行定位基面的粗加工和半精加工（有时包括精加工），然后以精基面定位加工其他表面。

（2）热处理工序的安排　热处理的目的是提高材料的力学性能、消除残余应力和改善金属的可加工性。按照热处理目的的不同，热处理工艺可分为两大类：预备热处理和最终热处理。

1）预备热处理。预备热处理的目的是改善加工性能、消除内应力和为最终热处理准备良好的金相组织。其热处理工艺有退火、正火、时效、调质等。

2）最终热处理。最终热处理的目的是提高硬度、耐磨性和强度等力学性能。其热处理工艺有淬火、渗碳淬火、渗氮处理等。热处理工艺的作用及应用见表 6-4。

表 6-4　热处理工艺的作用及应用

热处理工艺	定义	作用及应用
退火	将钢加热到一定的温度,保温一段时间,随后由炉中缓慢冷却的一种热处理工序	作用:消除内应力,提高强度和韧性,降低硬度,改善可加工性 应用:高碳钢采用退火,以降低硬度;放在粗加工前,毛坯制造出来以后
正火	将钢加热到一定温度,保温一段时间后从炉中取出,在空气中冷却的一种热处理工序,加热温度与钢的含碳量有关,一般低于固相线 200℃左右	作用:提高钢的强度和硬度,使工件具有合适的硬度,改善可加工性 应用:低碳钢采用正火,以提高硬度。放在粗加工前,毛坯制造出来以后
回火	将淬火后的钢加热到一定的温度,保温一段时间,然后置于空气或水中冷却的一种热处理方法	安排在粗加工后,半精加工前 应用:常用于中碳钢和合金钢
淬火	将钢加热到一定的温度,保温一段时间,然后在淬火介质中迅速冷却,以获得高硬度组织的一种热处理工艺	作用:提高零件的硬度 应用:一般安排在磨削前
调质处理	淬火+高温回火=调质,调质是淬火加高温回火的双重热处理	作用:获得细致均匀的组织,提高零件的综合力学性能
时效处理	时效处理指合金工件经固溶处理,经高温淬火或经过一定程度的冷加工变形后,在较高的温度或室温放置,其性能、形状、尺寸随时间而变化的热处理工艺	作用:消除毛坯制造和机械加工中产生的内应力 应用:一般安排在毛坯制造出来和粗加工后。常用于大而复杂的铸件
渗碳处理	为增加工件表层的含碳量和形成一定的碳浓度梯度,将钢件在渗碳介质中加热并保温使碳原子渗入工件表层的化学热处理工艺	提高工件表面的硬度和耐磨性,可安排在半精加工之前或之后进行

（3）辅助工序的安排　辅助工序一般包括毛刺、倒棱、清洗、防锈、退磁、检验等。其中检验工序是主要的辅助工序，它对产品的质量有极重要的作用。检验工序一般安排如下。

1）关键工序或工序较长的工序前后。

2）零件换车间前后，特别是进行热处理工艺前后。

3）在加工阶段前后，如在粗加工后精加工前。

4）零件全部加工完毕。

课题 16　零件结构的工艺性

零件结构工艺性是指所设计的零件在能满足使用要求的前提下，制造该零件的可行性和经济性。它包括零件的各个制造过程中的工艺性，有零件结构的铸造、锻造、冲压、焊接、热处理、切削加工等工艺性。由此可见，零件结构工艺性涉及面很广，具有综合性，必须全面综合地分析。

1. 零件结构工艺性分析

在制订机械加工工艺规程时，主要进行零件切削加工工艺性分析。主要包括以下内容。

（1）审查零件图的完整性　审查零件图上的尺寸标注是否完整、结构表达是否清楚。

（2）分析技术要求是否合理　分析技术要求时主要考虑以下方面。

1）加工表面的尺寸精度。

2）主要加工表面的形状精度。

3）主要加工表面的相互位置精度。

4）表面质量要求。

5）热处理要求。

零件上的尺寸公差、几何公差和表面粗糙度的标注，应根据零件的功能经济合理地确定。过高的要求会增加加工难度，过低的要求会影响工作性能，两者都是不允许的。

（3）审查零件材料选用是否适当　材料的选择既要满足产品的使用要求，又要考虑产品成本，尽可能采用常用材料，如45钢，少用贵重金属。

2. 机械加工对零件局部结构工艺性的要求

便于加工和测量的零件结构工艺性分析示例见表6-5。

表6-5　便于加工和测量的零件结构工艺性分析示例

设计准则	结构简图		说明
	改进前	改进后	
易于进刀和退刀	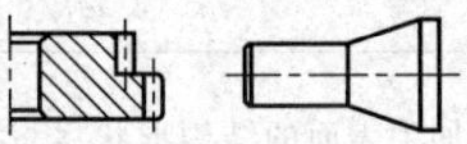	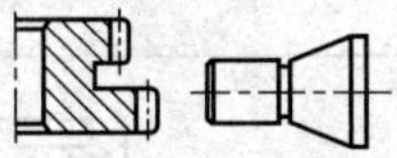	留出退刀空间，小齿轮可以插齿加工；有砂轮越程槽后，方便磨削锥面时清根
	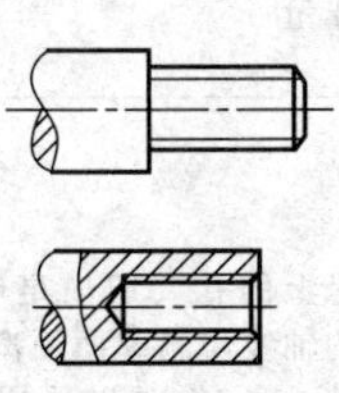	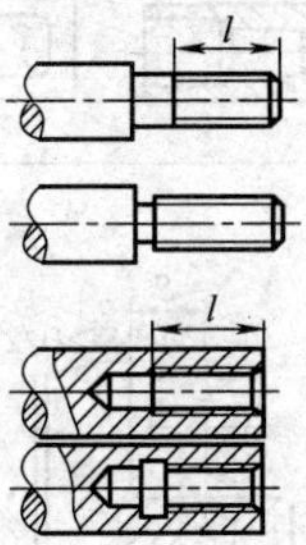	加工内、外螺纹时，其根部应留有退刀槽或保留足够的退刀长度，使刀具能正常地工作
减少加工困难	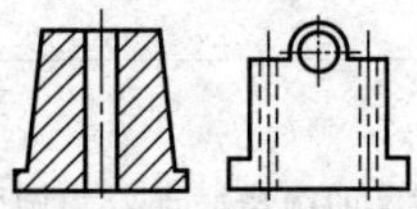	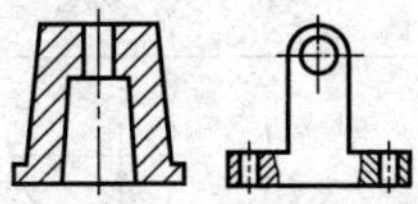	钻孔时一端留空刀或减小孔深，可既避免深孔加工和钻头偏斜，减少工作量和钻头损耗，又减轻零件重量，节省材料
	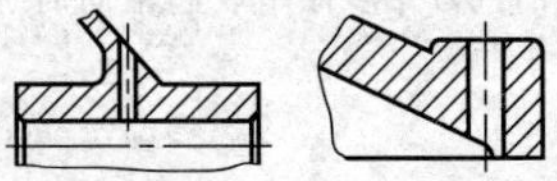	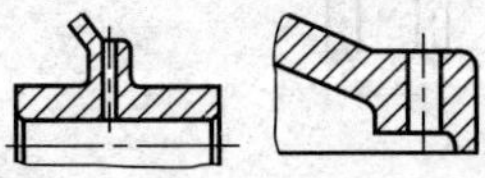	斜面钻孔时，钻头易引偏和折断。只要零件结构允许，应在钻头进出表面上预留平台

（续）

设计准则	结构简图		说明
	改进前	改进后	
减少加工困难	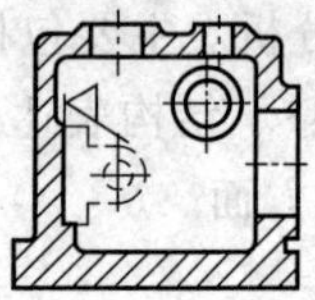	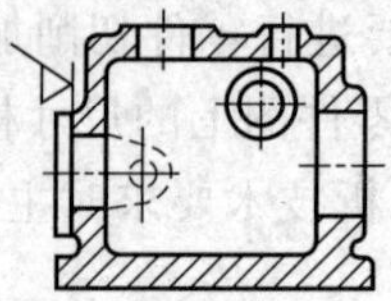	箱体内安放轴承座的凸台面属于不敞开的内表面，加工和测量均不方便。改用带法兰的轴承座与箱体外部的凸台连接，则加工时，刀具易进入、退出和顺利通过凸台外表面
减少加工困难	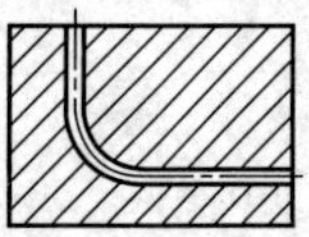	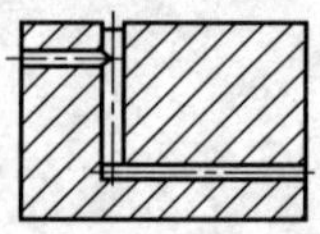	在常规条件下，弯曲孔的加工显然是不可能的，应改为几段直孔相接而成
减少加工表面面积	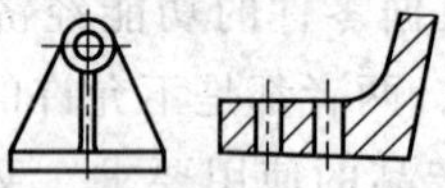	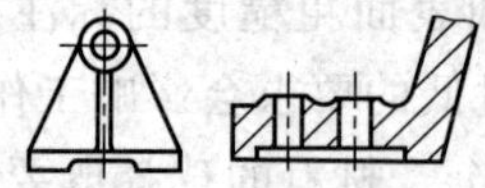	加工面与非加工面应明显分开，加工面之间也应明显分开，以尽量减少加工面积，并保证工作稳定可靠
减少对刀次数			所有凸台面尽可能布置在同一平面上或同一轴线上，以便一次对刀即可完成加工
便于采用标准刀具	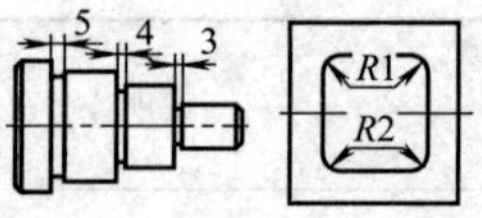	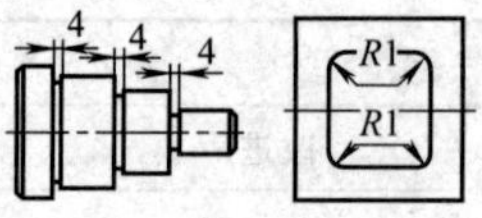	各结构要素的尺寸规格相差不大时，应尽量采取统一数值并标准化，以便减少刀具种类和换刀时间，便于采用标准刀具进行加工和数控加工
便于采用标准刀具	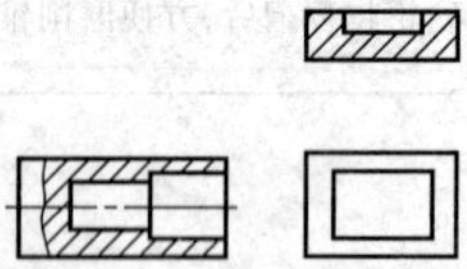	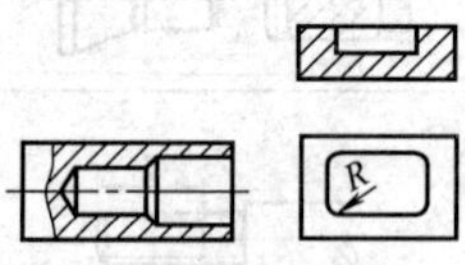	加工表面的结构形状尽量与标准刀具的结构形状相适应，使加工表面在加工中自然形成，减少专用刀具的设计和制造工作量
便于采用标准刀具	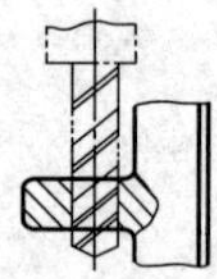	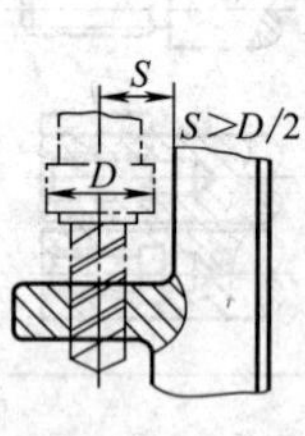	凸缘上的孔要留出足够的加工空间，当孔的轴线与侧壁面距离 S 小于钻夹头外径的一半时，难以采用标准刀具进行加工
力求加工表面几何形状简单	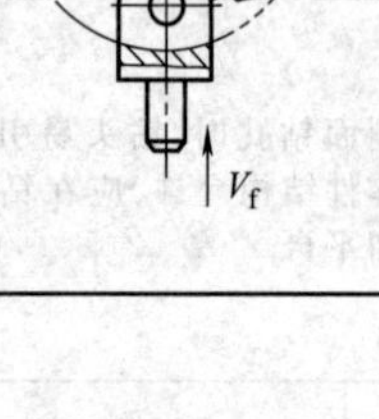	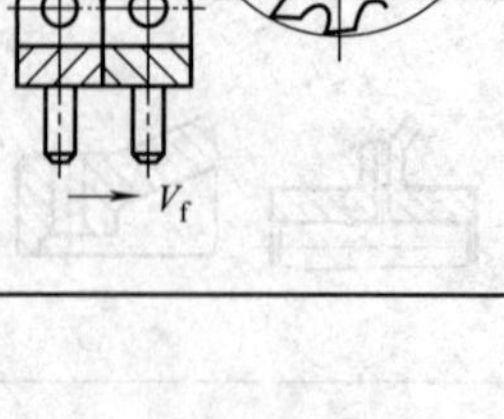	拨叉的沟槽底部若为圆弧形，铣刀直径必须与圆弧直径一致，且只能单个地进行加工；若改成平面，则可选任意直径的铣刀并多件串联起来同时加工，提高生产率

便于安装的零件结构工艺性分析示例见表6-6。

表6-6　便于安装的零件结构工艺性分析示例

设计准则	结构简图		说明
	改进前	改进后	
改变结构			工件安装在卡盘上车削圆锥面，若用锥面装夹，工件与卡盘呈点接触，无法夹牢；改用圆柱面后，定位、夹紧都可靠
改变结构			加工大平板顶面，在两侧设置装夹用的凸缘和孔，既便于用压板及螺栓将其固定在机床工作台上，又便于吊装和搬运
增设方便安装的定位基准		工艺凸台	受机床床身结构限制或考虑外形美观，加工导轨时不好定位。可在毛坯上增设工艺凸台，精加工后再将其切除
增设方便安装的定位基准	A　B　$\phi120$	C　D	车削轴承盖上$\phi120$mm外圆及端面，将毛坯B面构形改为C面的形式或增加工艺凸台D，使定位准确，夹紧稳固
增设方便安装的定位基准	$\phi2000$　A—A	$\phi2000$　A—A	在划线平板的四个侧面上各增加两个孔，以便加工顶面时直接用压板及螺栓压紧，且方便吊装起运
减少安装次数			键槽或孔的尺寸、方位应尽量一致，便于在一次进给中铣出全部键槽或一次安装中钻出全部孔
减少安装次数			轴套两端轴承座孔有较高的相互位置精度要求，最好能在一次装夹中加工出来
有足够的刚度			薄壁套筒夹紧时易变形，若一端加凸缘，可增加零件的刚度，保证加工精度；而且较大的刚度允许采用较大的切削用量进行加工，有利于提高生产率
减轻重量			在满足强度、刚度和使用性能的前提下，零件从结构上应减少壁厚，力求体积小、重量轻，减轻装卸劳动量。必要时可在空心处布置加强筋

3. 机械加工对零件整体结构工艺性的要求

零件是多要素、多尺寸组成的一个整体，所以更应考虑零件整体结构的工艺性，具体有以下几点要求。

1）尽量采用标准件、通用件。

2）在满足产品使用性能的前提下，零件图上标注的尺寸公差等级和表面粗糙度要求应取最经济值。

3）尽量选用可加工性好的材料。

4）有便于装夹的定位基准和夹紧表面。

5）节省材料，减小质量。

6.3 技能训练

技能 8 圆锥面的车削方法

将工件车削成圆锥面的方法称为车圆锥。常用车削圆锥面的方法有宽刀法、转动小刀架法、靠模法、尾座偏移法等几种。这里介绍转动小刀架法、尾座偏移法。

1. 转动小刀架法

当加工圆锥面不长的工件时，可用转动小刀架法车削。车削时，将小滑板下面的转盘上螺母松开，把转盘转至所需要的圆锥半角 $\alpha/2$ 的刻线上，与基准零线对齐，然后固定转盘上的螺母，如果锥角不是整数，可在刻线附近估计一个值，试车后逐步找正，如图 6-8 所示。

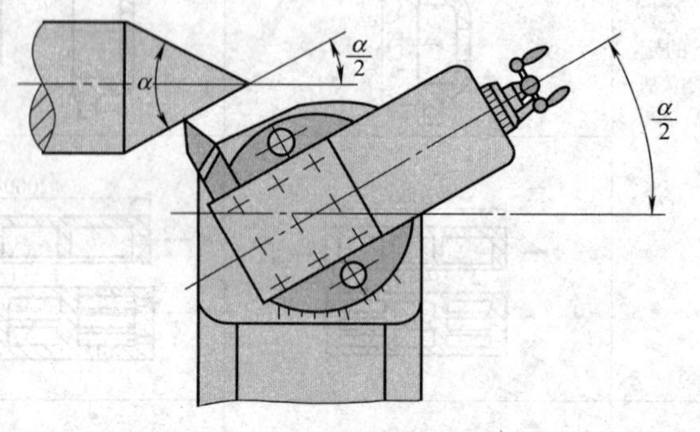

图 6-8 转动小滑板车圆锥面

2. 尾座偏移法

当车削锥度小、锥形部分较长的圆锥面时，可以用偏移尾座的方法，此方法可以自动进给，缺点是不能车削整圆锥和内锥体以及锥度较大的工件。将尾座上滑板横向偏移一个距离 S，使偏位后两顶尖连线与原来两顶尖中心线相交一个 $\alpha/2$ 角度，尾座的偏向取决于工件大小头在两顶尖间的加工位置。尾座的偏移量与工件的总长有关，如图 6-9 所示，尾座偏移量可用下列公式计算：

$$S=\frac{D-d}{2L}L_0$$

式中 S——尾座偏移量；

L——工件锥体部分长度；

L_0——工件总长度；

D、d——锥体大头直径和锥体小头直径。

尾座的偏移方向，由工件的锥体方向决定。当工件的小端靠近尾座处，尾座应向里移动，反之，尾座应向外移动。

3. **车圆锥面的质量分析**

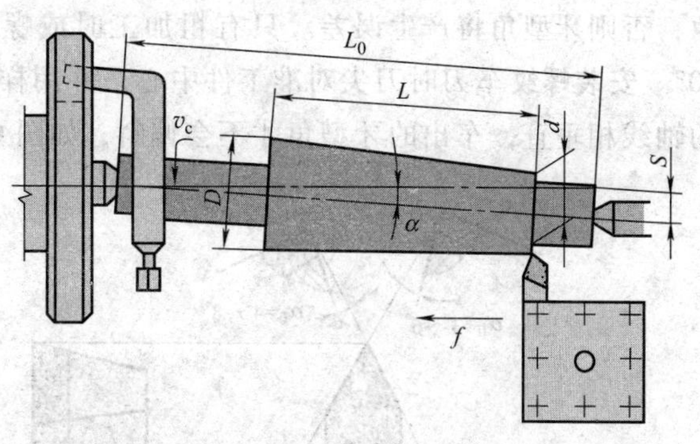

图 6-9　尾座偏移法车削圆锥面

1）锥度不准确。原因有计算上的误差；上滑板转动角度和尾座偏移量不准确；或者是车刀、滑板、尾座没有固定好，在车削中移动而造成误差；工件的表面粗糙度太差，量规或工件上有毛刺或没有擦干净，也可能造成检验和测量的误差。

2）圆锥素线不直。圆锥素线不直是指锥面不是直线，锥面上产生凹凸现象或是中间低、两头高。主要原因是车刀安装没有对准中心。

3）表面粗糙度不符合要求。造成表面粗糙度差的原因有切削用量选择不当，车刀磨损或刃磨角度不对；没有进行表面抛光或者抛光余量不够；用上滑板车削圆锥面时，手动进给不均匀；另外机床的间隙大，工件刚度差也会影响工件的表面粗糙度。

技能 9　外螺纹的车削方法

将工件表面车削成螺纹的方法称为车螺纹。螺纹按牙型分为三角形螺纹、矩形螺纹、梯形螺纹等，如图 6-10 所示。其中普通三角形螺纹应用最广。

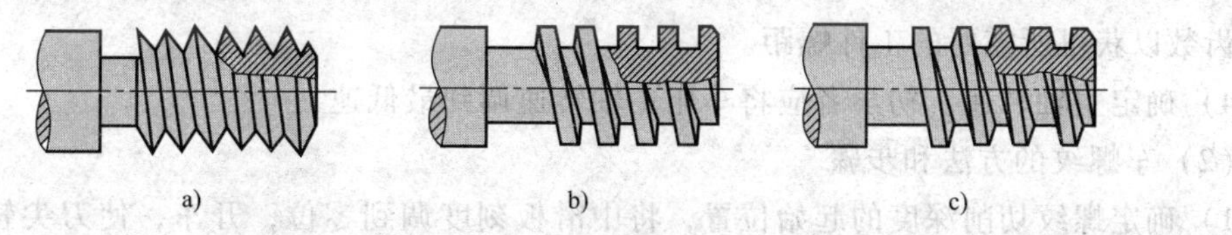

图 6-10　螺纹的种类

a）三角形螺纹　b）矩形螺纹　c）梯形螺纹

1. **普通三角形螺纹的基本牙型**

普通三角形螺纹的基本牙型如图 6-11 所示。

决定螺纹的基本要素有三个：

1）螺距 P。它是沿轴线方向上相邻两牙间对应点的距离。

2）牙型角 α。螺纹轴向剖面内螺纹两侧面的夹角。

3）螺纹中径 D_2（d_2）。它是螺纹理论高度 H 的一个假想圆柱体的直径。在中径处的螺纹牙厚和槽宽相等。只有内外螺纹中径都一致时，两者才能很好地配合。

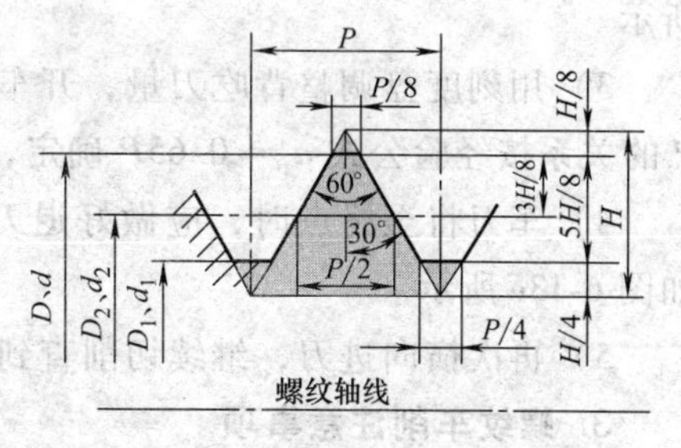

图 6-11　普通三角形螺纹基本牙型

D—内螺纹大径（公称直径）　d—外螺纹大径（公称直径）　D_2—内螺纹中径　d_2—外螺纹中径　D_1—内螺纹小径　d_1—外螺纹小径　P—螺距　H—原始三角形高度

2. **车削外螺纹的方法与步骤**

（1）准备工作

1）安装螺纹车刀时，车刀的刀尖角等于螺纹牙型角 $\alpha=60°$，其前角 $\gamma_0=0°$才能保证工件螺纹的牙型角，否则牙型角将产生误差。只有粗加工时或螺纹精度要求不高时，其前角可取 $\gamma_0=5°\sim20°$。安装螺纹车刀时刀尖对准工件中心，并用样板对刀，以保证刀尖角的角平分线与工件的轴线相垂直，车出的牙型角才不会偏斜，如图 6-12 所示。

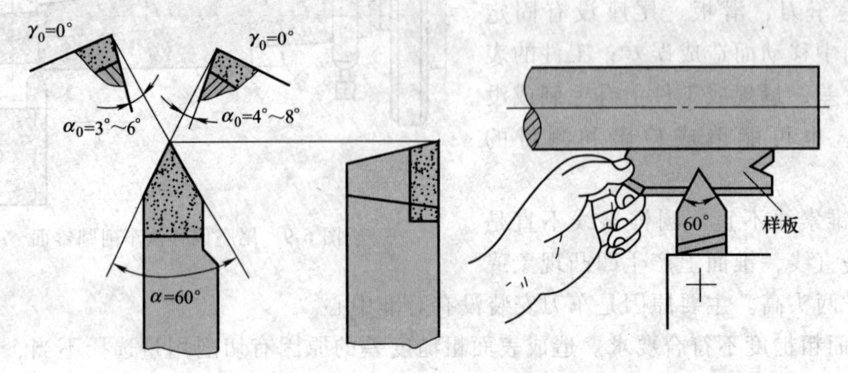

图 6-12　螺纹车刀几何角度与用样板对刀

2）按螺纹规格车螺纹外圆，并按所需长度刻出螺纹长度终止线。先将螺纹外径车至尺寸，然后用刀尖在工件上的螺纹终止处刻一条微可见线，以它作为车螺纹的退刀标记。

3）根据工件的螺距 P，查机床上的标牌，然后调整进给箱上手柄位置及交换齿轮箱齿轮的齿数以获得所需要的工件螺距。

4）确定主轴转速。初学者应将车床主轴转速调到最低速。

（2）车螺纹的方法和步骤

1）确定螺纹切削深度的起始位置，将中滑板刻度调到零位，开车，使刀尖轻微接触工件表面，然后迅速将中滑板刻度调至零位，以便于进刀记数。

2）试切第一条螺旋线并检查螺距。将床鞍摇至离工件端面 8～10 牙处，横向进刀 0.05mm 左右，开车，合上开合螺母，在工件表面车出一条螺旋线，至螺纹终止线处退出车刀，开反车把车刀退到工件右端；停车，用钢直尺检查螺距是否正确，如图 6-13a、b、c 所示。

3）用刻度盘调整背吃刀量，开车切削，如图 6-13d 所示。螺纹的总背吃刀量 a_p 与螺距 P 的关系按经验公式 $a_p\approx0.65P$ 确定，每次的背吃刀量约为 0.1mm 左右。

4）车刀将至终点时，应做好退刀停车准备，先快速退出车刀，然后开反车退出刀架，如图 6-13e 所示。

5）再次横向进刀，继续切削直到车出正确的牙型，如图 6-13f 所示。

3. 螺纹车削注意事项

1）注意消除滑板的“空行程”。

2）避免“乱扣”。当第一条螺旋线车好以后，第二次进刀后车削，刀尖不在原来的螺旋线（螺旋槽）中，而是偏左或偏右，甚至车在牙顶中间，将螺纹车乱，这个现象就称为“乱扣”。预防乱扣的方法是采用倒顺（正反）车法车削。

3）对刀。对刀前先要安装好螺纹车刀，然后按下开合螺母，开正车（注意应该是空进给），停车，移动中、上滑板使刀尖准确落入原来的螺旋槽中（不能移动下滑板），同时根

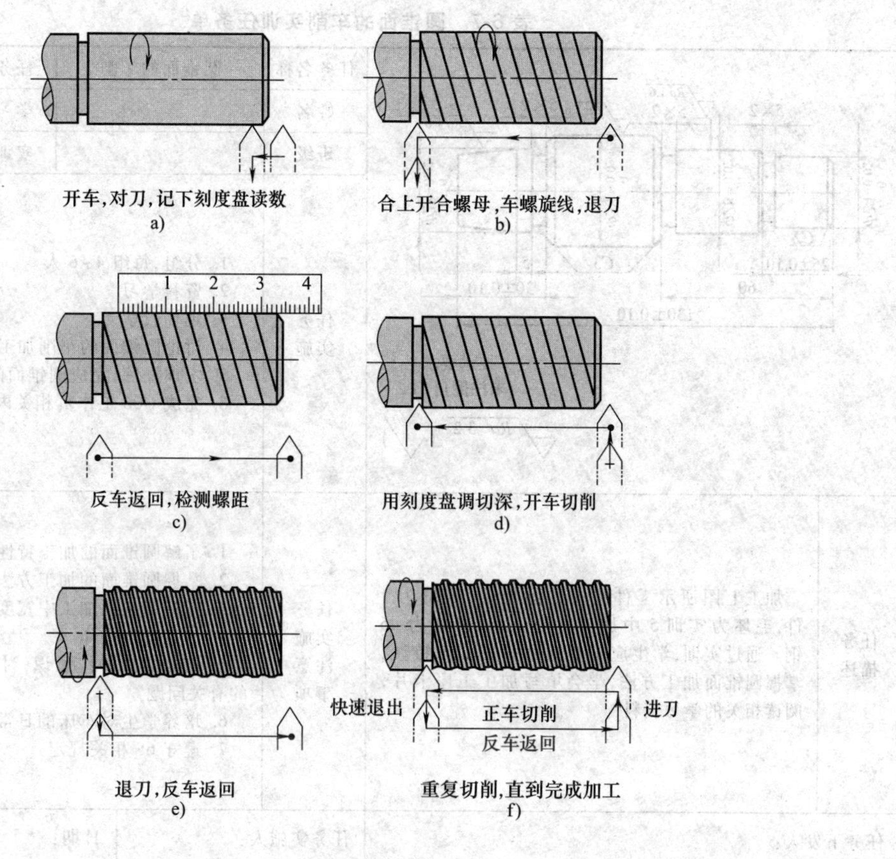

图 6-13　螺纹切削方法与步骤

据所在螺旋槽中的位置重新做中滑板进刀的记号，再将车刀退出，开倒车，将车退至螺纹头部，再进刀。对刀时一定要注意是正车对刀。

4）借刀。借刀就是螺纹车削至一定深度后，将上滑板向前或向后移动一点距离再进行车削，借刀时注意上滑板移动距离不能过大，以免将牙槽车宽，造成“乱扣”。

4. 螺纹车削安全操作规程

1）车螺纹前先检查好所有手柄是否处于车螺纹位置，防止盲目开车。

2）车螺纹时要思想集中，动作迅速，反应灵敏。

3）用高速钢车刀车螺纹时，转速不能太快，以免刀具磨损。

4）要防止车刀或者是刀架、滑板与卡盘、尾座相撞。

5）试旋螺母检验时，车刀退离工件，防止车刀将手划破，不要开车旋紧或者退出螺母。

6.4　创新训练

实训 6　圆锥面的车削

1. 实训任务单

圆锥面车削实训任务单见表 6-7。

表 6-7　圆锥面的车削实训任务单

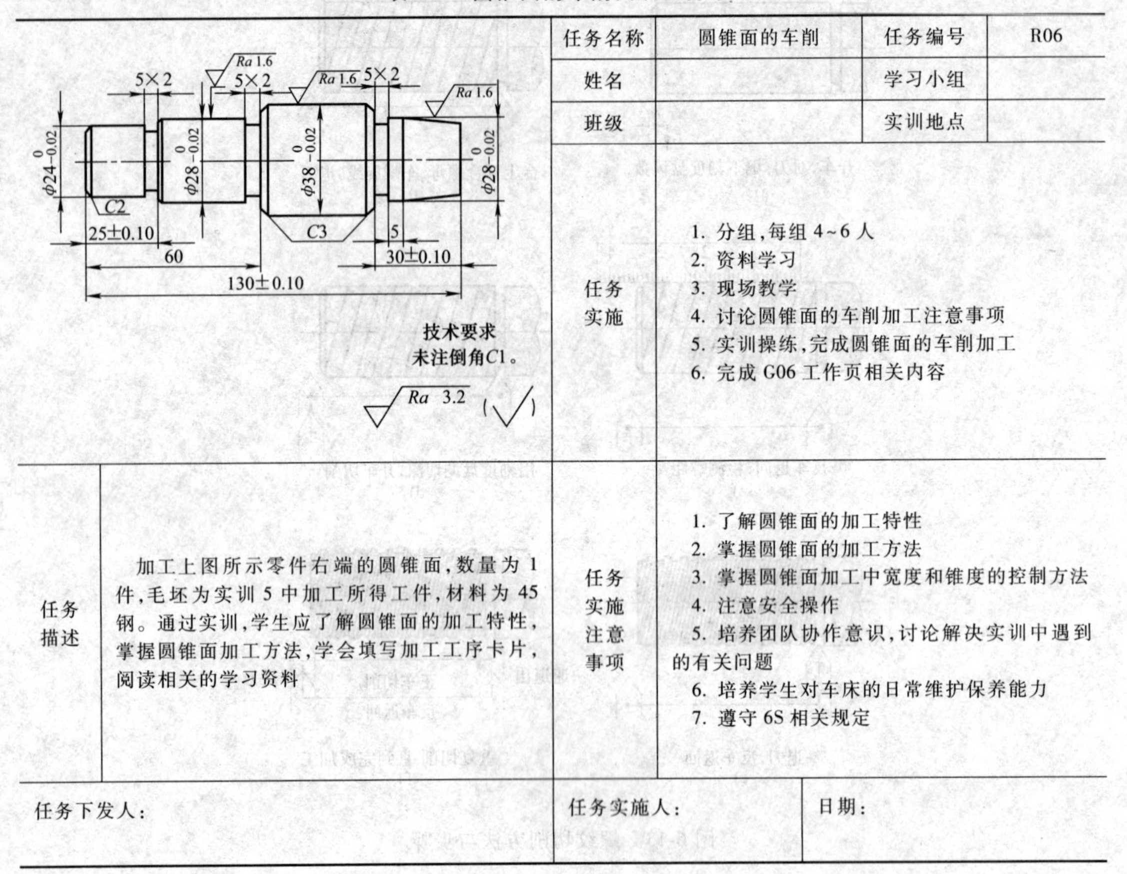

任务名称	圆锥面的车削	任务编号	R06
姓名		学习小组	
班级		实训地点	
任务实施	1. 分组，每组 4~6 人 2. 资料学习 3. 现场教学 4. 讨论圆锥面的车削加工注意事项 5. 实训操练，完成圆锥面的车削加工 6. 完成 G06 工作页相关内容		
任务描述：加工上图所示零件右端的圆锥面，数量为 1 件，毛坯为实训 5 中加工所得工件，材料为 45 钢。通过实训，学生应了解圆锥面的加工特性，掌握圆锥面加工方法，学会填写加工工序卡片，阅读相关的学习资料	任务实施注意事项	1. 了解圆锥面的加工特性 2. 掌握圆锥面的加工方法 3. 掌握圆锥面加工中宽度和锥度的控制方法 4. 注意安全操作 5. 培养团队协作意识，讨论解决实训中遇到的有关问题 6. 培养学生对车床的日常维护保养能力 7. 遵守 6S 相关规定	
任务下发人：	任务实施人：	日期：	

2. 任务实施

圆锥面的车削加工工艺见表 6-8。

表 6-8　圆锥面的车削加工工艺

工序名称	工序内容	量具、工具
备料	实训 5 中加工所得零件	
装刀	正确刃磨并安装车刀	钢直尺
装夹工件	夹持工件左端最大直径处，待加工部分伸出卡盘 40mm 左右	钢直尺
调上滑板	计算圆锥面的圆锥半角，转动上滑板到圆锥半角并固定	扳手、钢直尺
划线及对刀	划出圆锥面大端终止线，并在外圆头部对刀	钢直尺
车圆锥	固定下滑板，用中滑板进刀，上滑板纵向车削，车出圆锥	钢直尺、游标卡尺
去毛刺		

实训 7　外三角形螺纹的车削

1. 实训任务单

外三角形螺纹的车削实训任务单见表 6-9。

表 6-9 外三角形螺纹的车削实训任务单

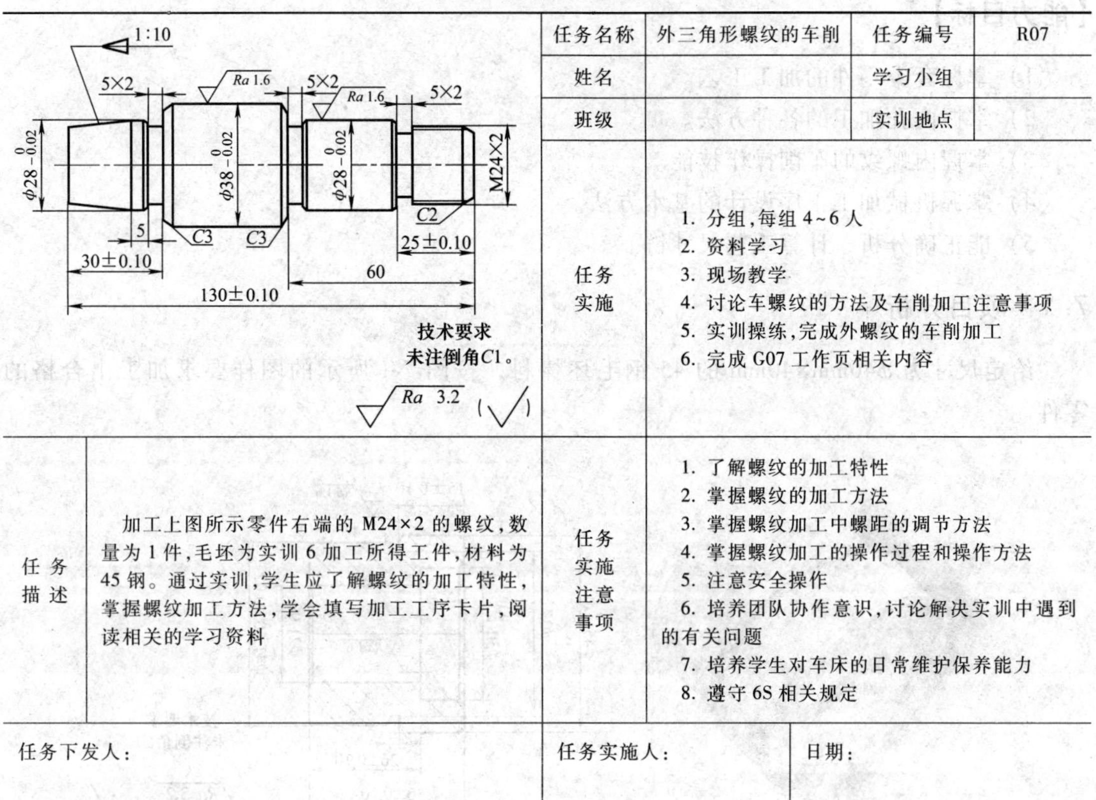

零件图	任务名称	外三角形螺纹的车削	任务编号	R07
技术要求 未注倒角C1。	姓名		学习小组	
	班级		实训地点	
	任务实施	1. 分组，每组 4~6 人 2. 资料学习 3. 现场教学 4. 讨论车螺纹的方法及车削加工注意事项 5. 实训操练，完成外螺纹的车削加工 6. 完成 G07 工作页相关内容		
任务描述：加工上图所示零件右端的 M24×2 的螺纹，数量为 1 件，毛坯为实训 6 加工所得工件，材料为 45 钢。通过实训，学生应了解螺纹的加工特性，掌握螺纹加工方法，学会填写加工工序卡片，阅读相关的学习资料	任务实施注意事项	1. 了解螺纹的加工特性 2. 掌握螺纹的加工方法 3. 掌握螺纹加工中螺距的调节方法 4. 掌握螺纹加工的操作过程和操作方法 5. 注意安全操作 6. 培养团队协作意识，讨论解决实训中遇到的有关问题 7. 培养学生对车床的日常维护保养能力 8. 遵守 6S 相关规定		
任务下发人：		任务实施人：	日期：	

2. 任务实施

外螺纹的车削加工工艺见表 6-10。

表 6-10 外螺纹的车削加工工艺

工序名称	工序内容	量具、工具
备料	实训 6 加工所得零件	
装刀	正确刃磨并安装螺纹车刀	钢直尺
装夹工件	夹持工件左端最大直径处，待加工部分伸出卡盘 40mm 左右	钢直尺
调节螺距	按螺纹进给表调节进给箱各手柄，得到正确螺距	
对刀及试切	在待车削位置对刀，并用开合螺母手柄控制试切	钢直尺
车螺纹	合上开合螺母手柄，用正反车法车螺纹	钢直尺、游标卡尺
去毛刺		

项目七 套类零件的加工

套类零件的加工是车削加工的重要内容。根据使用刀具的不同，套类零件的加工内容包括钻孔、扩孔、镗孔和铰孔等工序。由于孔加工是在工件内部进行的，不便观察切削情况且导杆尺寸受到孔径和孔深的限制，刚度差，排屑和冷却效果不理想，因此套类零件比轴类零件加工难度大。

【能力目标】

1）掌握套类零件的加工工艺。
2）掌握内孔加工的各种方法。
3）掌握内螺纹的车削操作技能。
4）掌握机械加工工序设计的基本方法。
5）能正确分析、计算工艺尺寸链。

7.1 项目分析

给定尺寸为 ϕ46mm×40mm 的 45 钢毛坯棒料，按图 7-1 所示的图样要求加工出合格的零件。

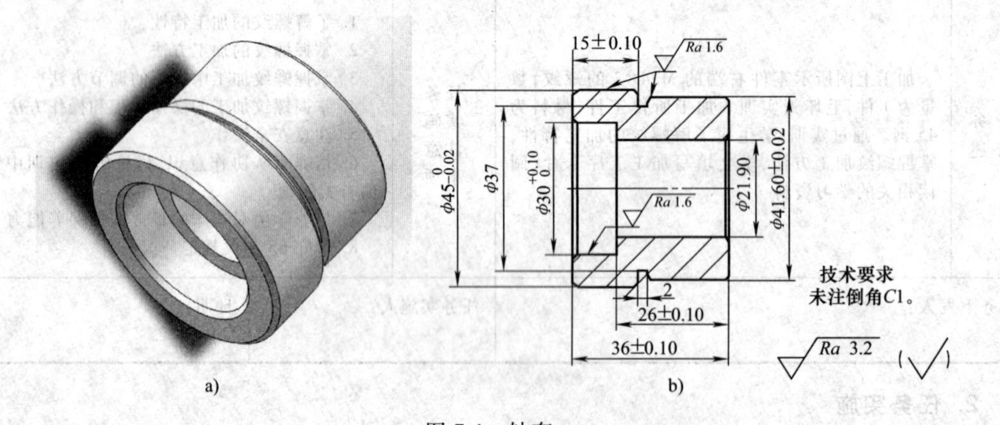

图 7-1 轴套

a）外形图 b）零件图

从毛坯尺寸及图 7-1 可知，该零件需要在车床上多次装夹加工。图中直径 $\phi45^{\ 0}_{-0.02}$mm、ϕ（41.6±0.02）mm 的表面粗糙度 *Ra* 值为 1.6μm；直径为 $\phi30^{+0.10}_{\ 0}$mm 的内孔表面粗糙度 *Ra* 值为 1.6μm，直径为 ϕ21.9mm 的内孔和直径为 ϕ37mm 的槽为一般尺寸，未注公差；长度尺寸有（36±0.10）mm、（26±0.10）mm、（15±0.10）mm。内外共有 6 处 *C*1 倒角，未注表面粗糙度 *Ra* 值为 3.2μm。

7.2 知识储备

课题 17 机械加工余量

加工余量是指加工过程中从加工表面切去的金属表面层。加工余量分为工序加工余量和总加工余量。

1. 工序加工余量

工序加工余量是相邻两工序的工序尺寸之差，即在一道工序中从某一加工表面切除的材料层厚度。

对于图 7-2 所示的单边加工表面，其单边加工余量为：

外表面（图 7-2a）： $Z_1=A_1-A_2$

内表面（图 7-2b）：　　　　　　　$Z_2=A_2-A_1$

式中　Z_1——外表面加工余量；

Z_2——内表面加工余量；

A_1——前道工序的工序尺寸；

A_2——本道工序的工序尺寸。

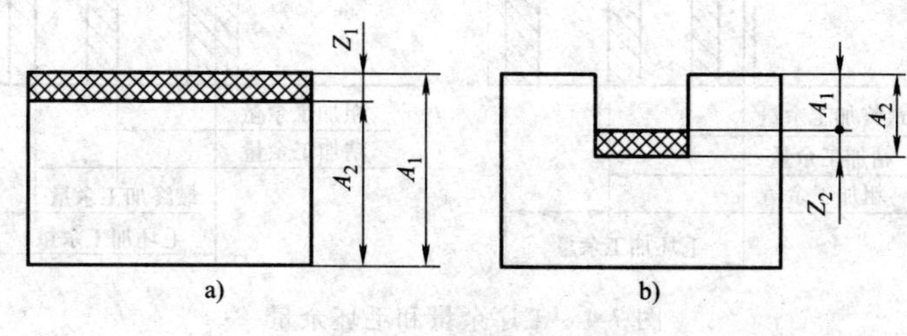

图 7-2　单边加工余量

a）外表面　b）内表面

如图 7-3 所示，对于对称表面，其加工余量是对称分布的，称为双边加工余量。

对于轴：　$2Z_1=d_1-d_2$

对于孔：　$2Z_2=D_2-D_1$

式中　$2Z_1$、$2Z_2$——轴、孔直径上的加工余量；

D_1、d_1——前道工序的工序尺寸（直径）；

D_2、d_2——本道工序的工序尺寸（直径）。

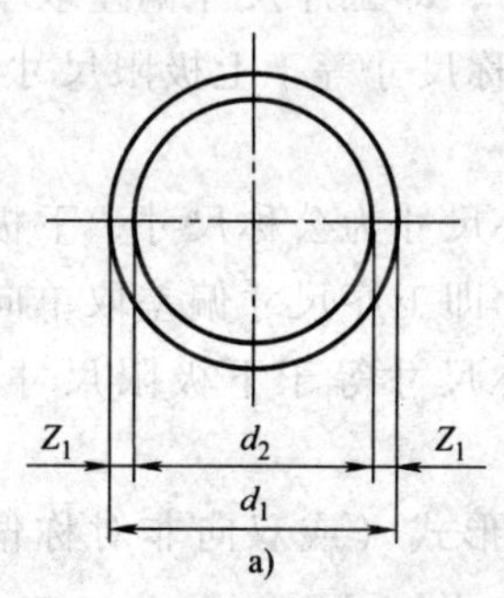

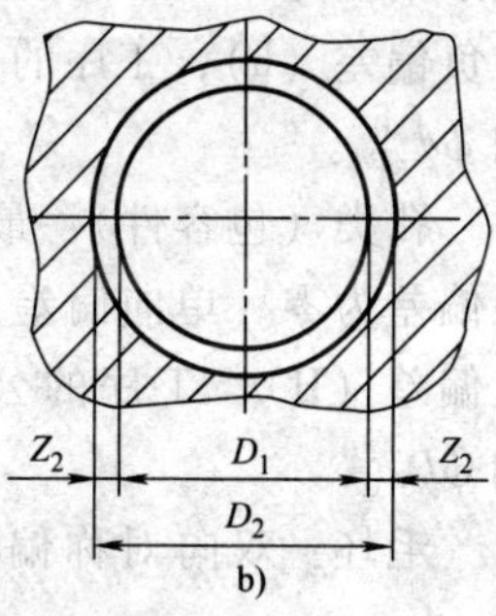

图 7-3　双边加工余量

a）轴　b）孔

2. 总加工余量

总加工余量是指零件从毛坯变为成品的整个加工过程中从加工表面所切除金属层的总厚度，也即零件毛坯尺寸与零件图上设计尺寸之差。总加工余量等于各工序加工余量之和，即：

$$Z_{总}=\sum_{i=1}^{n}Z_i$$

式中　$Z_{总}$——总加工余量；

Z_i——第 i 道工序加工余量；

n——该表面的工序数。

图 7-4 所示为轴和孔的毛坯余量及各工序余量的分布情况。图 7-4 中还给出了各工序尺寸及其公差、毛坯尺寸及其公差。对于被包容面（轴），公称尺寸为最大工序尺寸；对于包容面（孔），公称尺寸为最小工序尺寸。毛坯尺寸的公差一般采用双向标注。

由于毛坯尺寸和工序尺寸都有制造公差，总余量和工序余量都是变动的。因此，加工余量有公称余量、最大余量、最小余量 3 种情况，如图 7-5 所示。

公称余量＝前工序公称尺寸－本工序公称尺寸

最小余量＝前工序最小工序尺寸－本工序最大工序尺寸

最大余量＝前工序最大工序尺寸－本工序最小工序尺寸

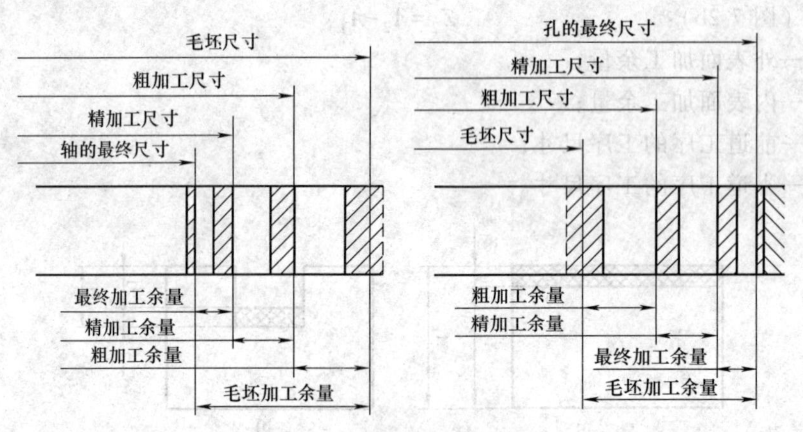

图 7-4 工序余量和毛坯余量

工序尺寸的公差按“入体原则”标注。

轴类（被包容件）：最大尺寸为公称尺寸，上极限偏差为零（单向偏差），即工序尺寸偏差取单向负偏差（h），工序的公称尺寸等于上极限尺寸，如 $\phi d_{-Td}^{\ 0}$。

孔类（包容件）：最小尺寸为公称尺寸，下极限偏差为零（单向偏差），即工序尺寸偏差取单向正偏差（H），工序的公称尺寸等于下极限尺寸，如 $\phi D_{\ 0}^{+TD}$。

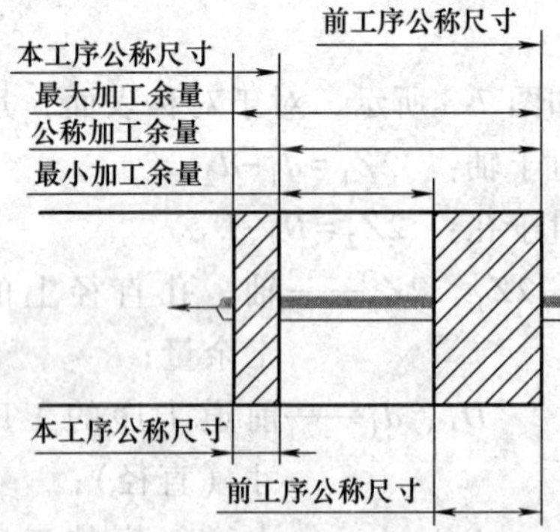

毛坯：双向对称偏差形式（或双向非对称偏差形式），即取正负偏差，如 $A\pm\frac{1}{2}T_A$。

图 7-5 公称余量、最大余量、最小余量

3. 确定加工余量的方法

（1）经验估计法 根据工艺人员和工人的长期生产实际经验，采用类比法来估计确定加工余量的大小。此法简单易行，但有时为经验所限，为防止余量不够而产生废品，估计的余量一般偏大，多用于单件小批量生产。

（2）分析计算法 以一定的实验资料和计算公式为依据，对影响加工余量的诸多因素进行逐项的分析和计算以确定加工余量的大小。该法所确定的加工余量经济合理，但要有可靠的实验数据和资料，计算较复杂，仅在贵重材料及大批量生产中采用。

（3）查表修正法 以有关工艺手册和资料所推荐的加工余量为基础，结合实际加工情况进行修正以确定加工余量的大小。此法应用较广，查表时应注意表中数值是单边加工余量还是双边加工余量。

课题 18 极限与配合的基本术语

1. 孔和轴的定义

孔和轴的配合是机械工程中应用广泛的结构，一般用作相对转动或移动副，也用作固定连接或可拆卸定心连接副。采用孔和轴这两个术语是为了确定零件的尺寸极限和相互的配合关系。在极限与配合中，孔和轴的关系表现为包容与被包容的关系。

（1）孔　孔通常是指工件的圆柱形内表面，如图 7-6 所示。它的特点是装配后孔是包容面或者加工过程中零件的实体材料变少，而孔的尺寸由小变大。所以非圆柱的内表面，只要是包容面就称为孔。

（2）轴　轴通常是指工件的圆柱形外表面，如图 7-7 所示。它的特点是装配后轴是被包容面或者加工过程中零件的实体材料变少，而轴的尺寸由大变小。所以非圆柱的外表面，只要是被包容面就称为轴。

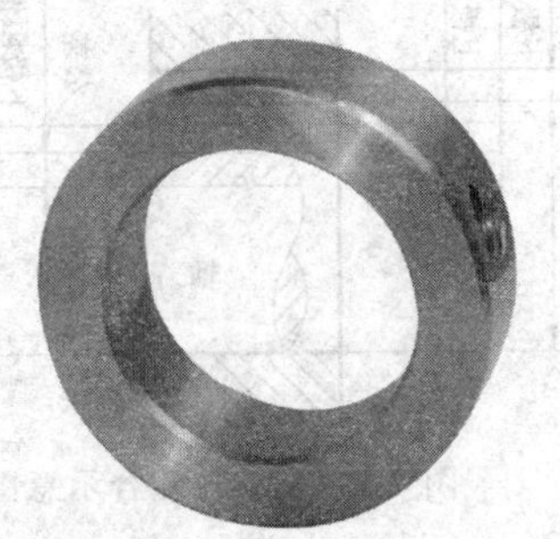

图 7-6　孔

图 7-7　轴

2. 与尺寸有关的术语和定义

（1）公称尺寸　公称尺寸是指设计给定的尺寸。它是根据零件的强度、刚度、结构和工艺性等要求确定的。设计时应尽量采用标准尺寸，以减少加工所用刀具、量具的规格。公称尺寸的代号：孔用 D 表示，轴用 d 表示。

（2）实际尺寸　实际尺寸是指通过测量所得的尺寸。由于存在测量误差，所以实际尺寸并非尺寸的真实值。同时由于形状误差等影响，零件同一表面不同部位的实际尺寸往往是不等的。实际尺寸的代号：孔用 D_a 表示，轴用 d_a 表示。

（3）极限尺寸　极限尺寸是指允许尺寸变化的两个极限值。两个极限尺寸中较大的一个称为上极限尺寸，较小的一个称为下极限尺寸。

极限尺寸可大于、小于或等于公称尺寸。合格零件的实际尺寸应在两极限尺寸之间。极限尺寸的代号：孔用 D_{max}、D_{min} 表示，轴用 d_{max}、d_{min} 表示。

3. 与公差偏差有关的术语和定义

（1）尺寸偏差　某一尺寸减其公称尺寸所得的代数差，称为尺寸偏差，简称偏差。它可分为实际偏差和极限偏差。

实际尺寸减其公称尺寸所得的代数差，称为实际偏差。极限尺寸减其公称尺寸所得的代数差，称为极限偏差。极限偏差又分为上极限偏差和下极限偏差。

上极限尺寸减其公称尺寸所得的代数差，称为上极限偏差。孔的上极限偏差以 ES 表示，轴的上极限偏差以 es 表示，即：

$$ES = D_{max} - D$$

$$es = d_{max} - d$$

下极限尺寸减其公称尺寸所得的代数差，称为下极限偏差。孔的下极限偏差以 EI 表示，轴的下极限偏差以 ei 表示，即：

$$EI = D_{min} - D$$

$$ei = d_{min} - d$$

为方便起见，通常在图样上标注极限偏差而不标注极限尺寸。

偏差可以为正、负或零值。当极限尺寸大于、小于或等于公称尺寸时，其极限偏差便分别为正、负或零值。

（2）尺寸公差　允许尺寸的变动量，称为尺寸公差，简称公差，以 T 表示。

公差等于上极限尺寸与下极限尺寸的代数差，也等于上极限偏差与下极限偏差的代数差。

孔的公差：$T_h = |D_{max} - D_{min}| = |ES - EI|$

轴的公差：$T_s = |d_{max} - d_{min}| = |es - ei|$

由上述可知，公差总为正值。

关于尺寸、公差与偏差的概念可用图 7-8 所示的公差与配合示意图表示。

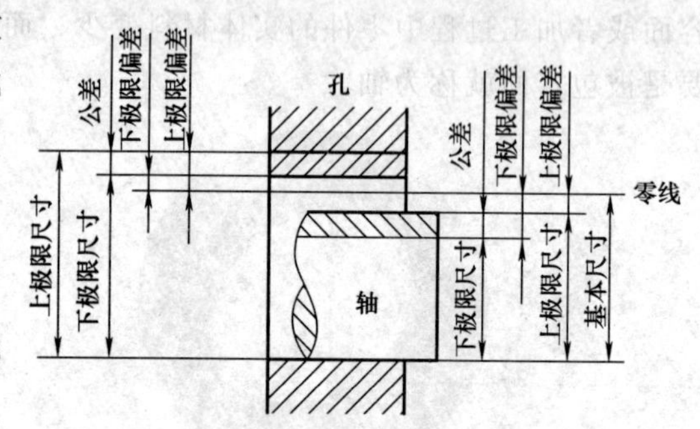

图 7-8　公差与配合示意图

例 7-1　计算图 7-1 中所示 $\phi 30^{+0.10}_{0}$mm 孔和 $\phi 45^{0}_{-0.02}$mm 轴的极限尺寸和公差。

解：计算结果见下表。

项　目	$\phi 30^{+0.10}_{0}$mm 孔	$\phi 45^{0}_{-0.02}$mm 轴
公称尺寸	D=30mm	D=45mm
上极限偏差	ES=+0.10mm	es=0mm
下极限偏差	EI=0mm	ei=−0.02mm
上极限尺寸	$D_{max}=D+ES=(30+0.10)mm=30.10mm$	$d_{max}=d+es=(45+0)mm=45mm$
下极限尺寸	$D_{min}=D+EI=(30+0)mm=30mm$	$d_{min}=d+ei=[45+(-0.02)]mm=44.98mm$
公差 T	$T_h=\|ES-EI\|=\|0.10-0\|mm=0.10mm$	$T_s=\|es-ei\|=\|0-(-0.02)\|mm=0.02mm$

（3）公差带　在分析公差与配合时，需要作图。但因公差数值与尺寸数值相差甚远，不便用同一比例。因此，在作图时，只画出放大的孔和轴的公差图形，这种图形称为公差带图，也称为公差与配合图解。

图 7-9 所示为公差与配合图解。在作图时，先画一条横坐标代表公称尺寸的界线，作为确定偏差的基准线，称为零线。再按给定比例画两条平行于零线的直线，代表上极限偏差和下极限偏差。这两条直线所限定的区域称为公差带，线间距即为公差。正偏差位于零线之上，负偏差位于零线之下。在零线处注出公称尺寸，在公差带的边界线旁注出极限偏差值，单位用 μm 或 mm 皆可。

公差带由“公差带大小”和“公差带位置”两个要素组成。

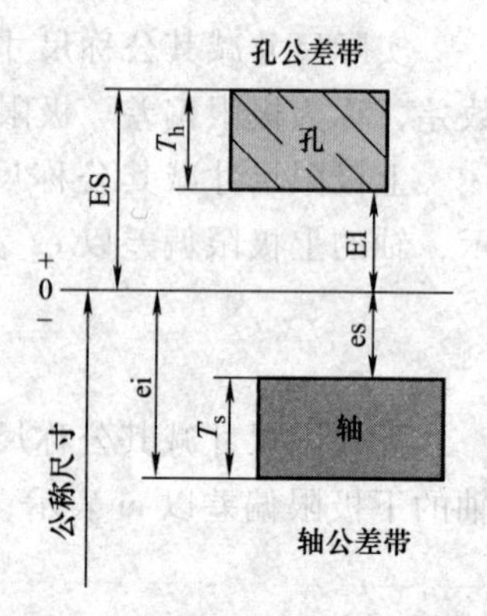

图 7-9　公差与配合图解

4. 与配合有关的术语和定义

配合是指公称尺寸相同的相互结合的孔轴公差带之间的关系。这种关系决定着配合的松紧程度，而这松紧程度是用间隙和过盈来描述的。

（1）间隙或过盈　在孔与轴的配合中，孔的尺寸减去轴的尺寸所得的代数差称为间隙或过盈。当差值为正时是间隙，用 X

表示；当差值为负时是过盈，用 Y 表示，如图 7-10 所示

配合按其出现间隙或过盈的不同分为间隙配合、过盈配合和过渡配合。

（2）间隙配合　对于一批孔、轴，任取其中一对相配，具有间隙（包括最小间隙等于零）的配合，称为间隙配合。此时，孔的公差带完全在轴的公差带之上，如图 7-11 所示。

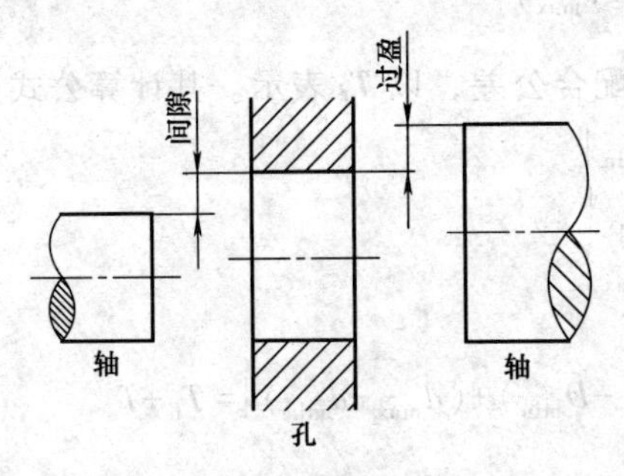

图 7-10　间隙与过盈

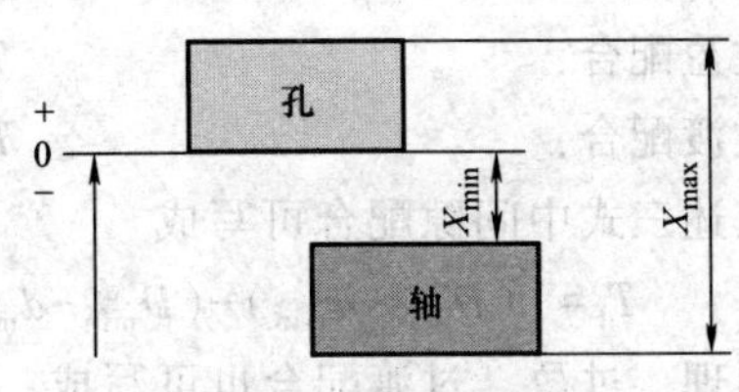

图 7-11　间隙配合

由于孔和轴的实际尺寸在各自的公差带内变动，因此，装配后各对孔、轴间的间隙也是变动的。当孔制成上极限尺寸、轴制成下极限尺寸时，装配后得到最大间隙（X_{max}）；反之，得到最小间隙（X_{min}），即：

$$X_{max}=D_{max}-d_{min}=ES-ei$$

$$X_{min}=D_{min}-d_{max}=EI-es$$

间隙配合的平均松紧程度用平均间隙描述，它是最大间隙与最小间隙的平均值，即：

$$X_e=\frac{1}{2}(X_{max}+X_{min})$$

（3）过盈配合　对于一批孔、轴，任取其中一对相配，具有过盈（包括最小过盈等于零）的配合，称为过盈配合。此时，孔的公差带完全在轴的公差带之下，如图 7-12 所示。同样，各对孔、轴间的过盈也是变化的。

当孔制成上极限尺寸、轴制成下极限尺寸时，装配后得到最小过盈（Y_{min}）；当孔制成下极限尺寸、轴制成上极限尺寸时，装配后得到最大过盈（Y_{max}）。

平均过盈为最大过盈和最小过盈的平均值，即

$$Y_{min}=D_{max}-d_{min}=ES-ei$$

$$Y_{max}=D_{min}-d_{max}=EI-es$$

$$Y_e=\frac{1}{2}(Y_{max}+Y_{min})$$

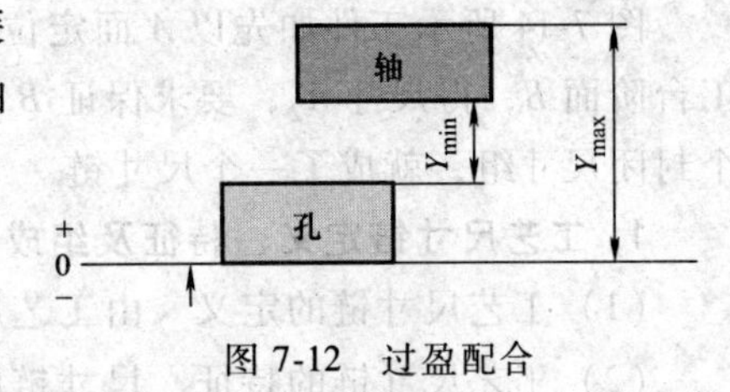

图 7-12　过盈配合

（4）过渡配合　对于一批孔、轴，任取其中一对相配，可能具有间隙也可能具有过盈的配合。此时，孔的公差带与轴的公差带相互交叠，如图 7-13 所示。过渡配合中，各对孔、轴间的间隙或过盈也是变化的。当孔制成上极限尺寸、轴制成下极限尺寸时，装配后得到最大间隙；当孔制成下极限尺寸、轴制成上极限尺寸时，装配后得到最大过盈。

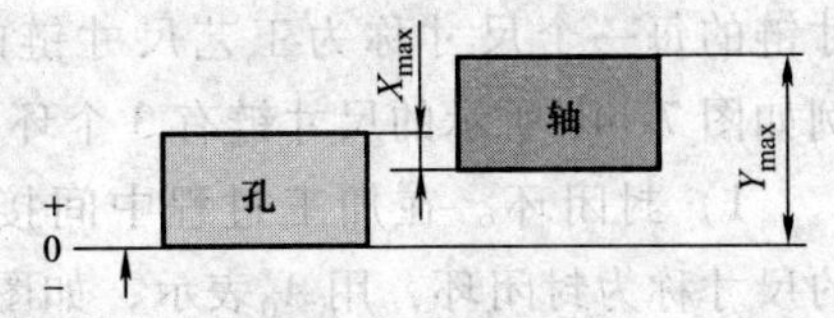

图 7-13　过渡配合

过渡配合的平均松紧程度，可能是平均间隙，也

可能是平均过盈。当相互交叠的孔公差带高于轴公差带时，为平均间隙；当相互交叠的孔公差带低于轴公差带时，为平均过盈。在过渡配合中，平均间隙或平均过盈为最大间隙与最大过盈的平均值，所得值为正时，则为平均间隙，为负时则为平均过盈，即

$$X_e(Y_e)=\frac{1}{2}(X_{max}+Y_{max})$$

（5）配合公差　允许间隙或过盈的变动量称为配合公差，以 T_f 表示。其计算公式为：

间隙配合：$$T_f=|X_{max}-X_{min}|$$

过盈配合：$$T_f=|Y_{min}-Y_{max}|$$

过渡配合：$$T_f=|X_{max}-Y_{max}|$$

上述三式中间隙配合可写成

$$T_f=|(D_{max}-d_{min})-(D_{min}-d_{max})|=|(D_{max}-D_{min})+(d_{max}-d_{min})|=T_h+T_s$$

同理，过盈、过渡配合也可写成：

$$T_f=|Y_{min}-Y_{max}|=T_h+T_s$$

$$T_f=|X_{max}-Y_{max}|=T_h+T_s$$

各类配合的配合公差均为孔公差与轴公差之和，即

$$T_f=T_h+T_s$$

这一结论说明配合件的装配精度与零件的加工精度有关，若要提高装配精度，使配合后间隙或过盈的变化范围减小，则应减小零件的公差，即需要提高零件的加工精度。

课题 19　工艺尺寸链

在零件的加工过程中，被加工表面以及各表面之间的尺寸都在不断地变化，这种变化无论是在一道工序内，还是在各工序之间都有一定的内在联系。运用工艺尺寸链理论去揭示这些尺寸间的相互关系，是合理确定工序尺寸及其公差的基础，已成为编制工艺规程时确定工艺尺寸的重要手段。

图 7-14 所示工件如先以 A 面定位加工 C 面，得尺寸 A_1，然后再以 A 面定位用调整法加工台阶面 B，得尺寸 A_2，要求保证 B 面与 C 面间尺寸 A_0；A_1、A_2和 A_0这三个尺寸构成了一个封闭尺寸组，就成了一个尺寸链。

1. 工艺尺寸链定义、特征及组成

（1）工艺尺寸链的定义　由工艺尺寸所组成的尺寸链称为工艺尺寸链。

（2）工艺尺寸链的特征　尺寸链的主要特征是封闭性，即组成尺寸链的有关尺寸按一定顺序首尾相连构成封闭图形，没有开口，如图 7-14b 所示。

（3）工艺尺寸链的组成　组成工艺尺寸链的每一个尺寸称为工艺尺寸链的环。例如图 7-14b 所示的尺寸链有 3 个环。

1）封闭环。在加工过程中间接得到的尺寸称为封闭环，用 A_0表示，如图 7-14 中的尺寸 A_0。

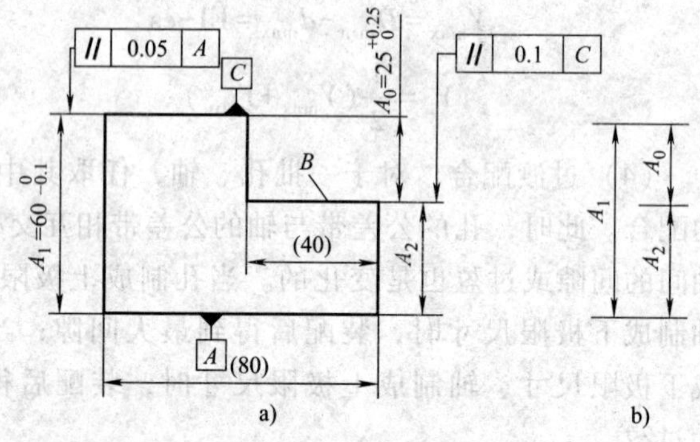

图 7-14　零件加工中的工艺尺寸链分析
a）零件图　b）工艺尺寸链图

2）组成环。在加工过程中直接得到的尺寸称为组成环，用 A_i 表示，如图 7-14 中的尺寸 A_1、A_2。组成环又分为增环和减环。

（4）增减环的判断

1）定义法。

增环：当某组成环增大（其他组成环保持不变），封闭环也随之增大时，则该组成环称为增环，以 Z_i 表示，如图 7-14a 中的 A_1。

减环：当某组成环增大（其他组成环保持不变），封闭环反而减小，则该组成环称为减环，以 J_i 表示，如图 7-14a 中的 A_2。

2）箭头法。为了迅速确定工艺尺寸链中各组成环的性质，可先在尺寸链图上沿任意方向画一平行于封闭环的箭头，然后沿此箭头方向环绕工艺尺寸链，依次画出每一个组成环的箭头，箭头指向与环绕方向相同，如图 7-15 所示。箭头指向与封闭环箭头指向相反的组成环为增环（图 7-15 中的 A_2），相同的则为减环（图 7-15 中的 A_1、A_3）。

确定封闭环的关键：加工顺序或装配顺序确定后才能确定，是间接得到的尺寸。

确定封闭环的要领：设计尺寸和加工余量往往是封闭环。

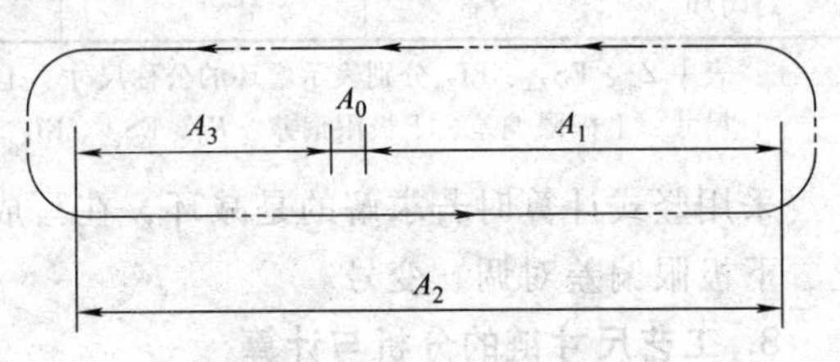

图 7-15　工艺尺寸链图

2. 工艺尺寸链的计算方法

（1）极值法

1）各环公称尺寸之间的关系。封闭环的公称尺寸 = 所有增环公称尺寸之和 - 所有减环公称尺寸之和。

$$F_0 = \sum_{i=1}^{n} Z_i - \sum_{i=1}^{n} J_i$$

2）各环极限尺寸之间的关系。封闭环的最大值 = 所有增环的最大值之和 - 所有减环的最小值之和。

$$A_{0\max} = \sum_{i=1}^{m} Z_{i\max} - \sum_{i=m+1}^{n-1} J_{i\min}$$

封闭环的最小值 = 所有增环的最小值之和 - 所有减环的最大值之和。

$$A_{0\min} = \sum_{i=1}^{m} Z_{i\min} - \sum_{i=m+1}^{n-1} J_{i\max}$$

3）各环上、下极限偏差之间的关系。封闭环的上极限偏差 = 所有增环上极限偏差之和 - 所有减环下极限偏差之和。

$$\mathrm{ES}_{F_0} = \sum_{i=1}^{n} \mathrm{ES}_{Z_i} - \sum_{i=1}^{n} \mathrm{EI}_{J_i}$$

封闭环的下极限偏差 = 所有增环下极限偏差之和 - 所有减环上极限偏差之和。

$$\mathrm{EI}_{F_0} = \sum_{i=1}^{n} \mathrm{EI}_{Z_i} - \sum_{i=1}^{n} \mathrm{ES}_{J_i}$$

4）各环公差之间的关系。封闭环的公差 T_{A_0} 等于各组成环的公差 T_{A_i} 之和。

$$T_{A_0} = \sum_{i=1}^{m} T_{Z_i} + \sum_{i=m+1}^{m-1} T_{J_i} = \sum_{i=1}^{n-1} T_{A_i}$$

（2）竖式列表法原理　在分析清楚封闭环、增减环的基础上，将各环对应的公称尺寸、上下极限偏差填写在尺寸链列表中，见表 7-1。

记忆口诀：增环上下极限偏差照抄；减环上下极限偏差对调、变号。

表 7-1　工艺尺寸链竖式列表法原理

环	公称尺寸	上极限偏差 ES	下极限偏差 EI	说　明
增环一	Z_1	ES_{Z_1}	EI_{Z_1}	在增环行中写入增环的公称尺寸、上下极限偏差
增环二	Z_2	ES_{Z_2}	EI_{Z_2}	
…	…	…	…	
减环一	$-J_1$	$-EI_{J_1}$	$-ES_{J_1}$	在减环行中写入尺寸时，将公称尺寸变号、上下极限偏差变号对调
减环二	$-J_2$	$-EI_{J_2}$	$-ES_{J_2}$	
…	…	…	…	
封闭环	F_0	ES_{F_0}	EI_{F_0}	各代数和就是封闭环的尺寸

注：表中 Z_n、ES_{Zn}、EI_{Zn} 分别表示增环的公称尺寸、上极限偏差、下极限偏差；J_n、ES_{Jn}、EI_{Jn} 分别表示减环的公称尺寸、上极限偏差、下极限偏差。F_0、ES_{F_0}、EI_{F_0} 分别表示封闭环的公称尺寸、上极限偏差、下极限偏差。

采用竖式计算时若求解的是减环，在写成工序尺寸时应再次对减环进行公称尺寸变号，上、下极限偏差对调、变号。

3. 工艺尺寸链的分析与计算

工艺基准（工序、定位、测量等）与设计基准不重合，工序基准就无法直接取用零件图上的设计尺寸，因此必须进行尺寸换算来确定其工序尺寸。

（1）定位基准与设计基准不重合的尺寸换算

例 7-2　如图 7-16a 所示零件，B、C、D 面均已加工完毕。本道工序是在成批生产时（用调整法加工），用端面 B 定位加工表面 A（铣缺口），以保证尺寸 $10^{+0.2}_{0}$mm，试标注铣此缺口时的工序尺寸及公差。

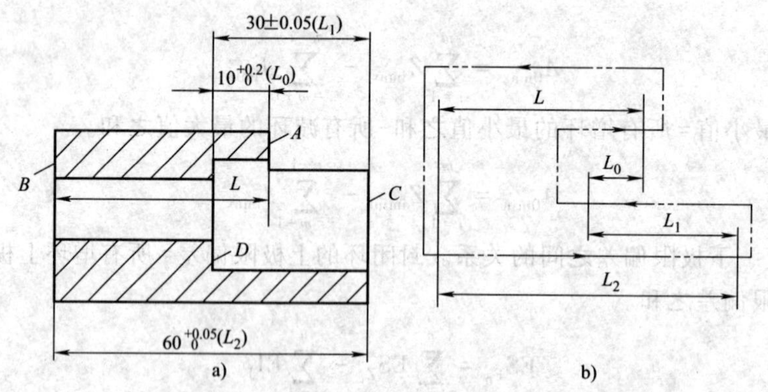

图 7-16　定位基准与设计基准不重合尺寸换算
a）零件图　b）尺寸链图

分析： 因尺寸 $10^{+0.2}_{0}$mm 是最后加工、间接保证的尺寸，故为封闭环。

解：

1）画尺寸链图，如图 7-16b 所示。

2）判断各环性质：封闭环 $L_0=10^{+0.2}_{0}$mm；L_1、L 为增环；L_2 为减环。

3）极值公式计算。

公称尺寸：

$10mm=30mm+L-60mm$

$L=40mm$

上偏差：

$0.2mm=0.05mm+es_L-0mm$

$es_L=0.15mm$

下偏差：

$0mm=-0.05mm+ei_L-0.05mm$

$ei_L=+0.10mm$

解得：$L=40^{+0.15}_{+0.10}mm$

竖式列表法计算如下。

公称尺寸		上极限偏差	下极限偏差
增环 L_1	30mm	0.05mm	−0.05mm
增环 L	L	es	ei
减环 L_2	−60mm	0mm	−0.05mm
封闭环 L_0	10mm	0.2mm	0mm

解得：$L=40^{+0.15}_{+0.10}mm$

（2）测量基准与设计基准不重合

例 7-3　如图 7-17a 所示，尺寸$10_{-0.36}^{0}mm$不便测量，改测量孔深 A_2，通过$50_{-0.17}^{0}mm$（A_1）间接保证尺寸$10_{-0.36}^{0}mm$（A_0），求工序尺寸 A_2及偏差。

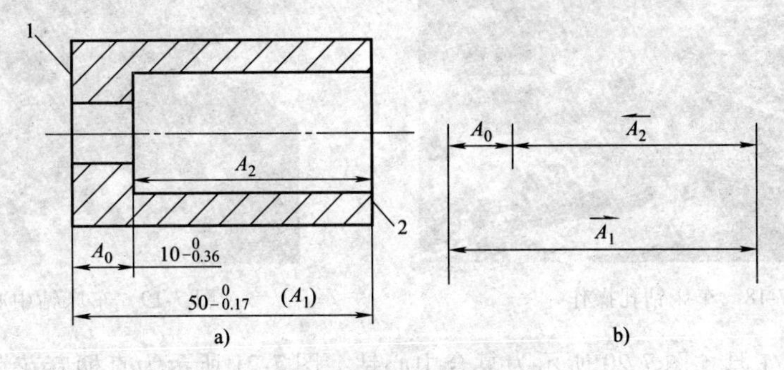

图 7-17　测量基准与设计基准不重合尺寸换算

a）零件图　b）尺寸链图

解：

1）画尺寸链图，如图 7-17b 所示。

2）判断各环性质：封闭环 $A_0=10_{-0.36}^{0}mm$，增环 $A_1=50_{-0.17}^{0}mm$，减环为 A_2。

3）计算封闭环公称尺寸：　$10mm = 50mm-A_2$

故　$A_2=40mm$

封闭环上极限偏差：　$0mm=0mm-ES_2$

故　$ES_2 = 0mm$

封闭环下极限偏差：　$-0.36mm = -0.17mm - EI_2$

故　$EI_2 = 0.19mm$

竖式列表法计算如下。

公称尺寸		上极限偏差	下极限偏差
增环 A_1	50mm	0mm	-0.17mm
减环 A_2	A_2	ES_2	EI_2
封闭环 A_0	10mm	0mm	-0.36mm

解得：$A_2 = 40^{+0.19}_{0}mm$

4）验算封闭环公差。

由于 $T_0 = 0.36mm$，$T_1 + T_2 = 0.17mm + 0.19mm = 0.36mm$，故计算正确。

7.3　技能训练

技能 10　内孔的车削

1. 钻孔

钻孔一般是指用钻头在实体材料上加工出孔的操作方法，如图 7-18、图 7-19 所示。钻削时，钻头是在半封闭状态下进行切削的，转速高，切削用量大，排屑困难，摩擦严重，钻头刚度差，易抖动，加工精度低。

图 7-18　车床钻孔操作

图 7-19　车床钻中心孔操作

（1）钻孔用工具　图 7-20 所示为复合中心钻，图 7-21 所示为直柄麻花钻，图 7-22 所示为锥柄麻花钻，图 7-23 所示为钻夹头，图 7-24 所示为莫氏锥套。

图 7-20　复合中心钻

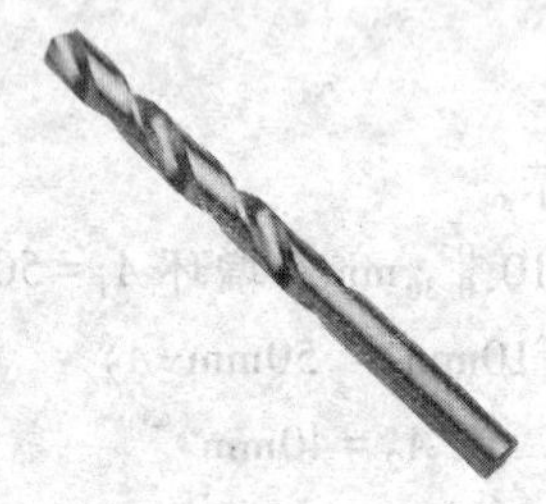

图 7-21　直柄麻花钻

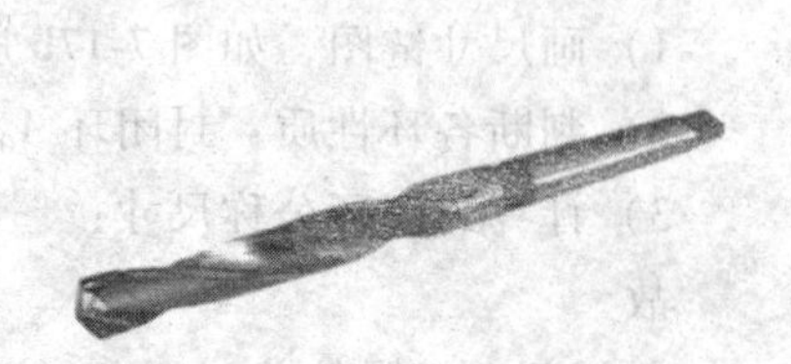

图 7-22　锥柄麻花钻

图 7-23 钻夹头

图 7-24 莫氏锥套

（2）钻孔方法安全操作

1）钻头在尾座内要准确定心。

2）钻直径大的孔时，不宜一次钻出。用车床钻孔时，若钻削直径小于 ϕ5mm 的孔，要先用中心钻钻出中心孔（图 7-19），再用麻花钻钻孔；若钻削直径大于 ϕ30mm 的孔，应分两次钻削，先钻一个直径为 0.5~0.7 倍所求孔径的加工孔，然后用孔径一致的麻花钻将孔扩大到所要求的直径。

3）钻深孔时，必须经常退出钻头，清理切屑。

4）对钢料钻孔，必须有充分的切削液。

5）即将把孔钻透时，应慢摇进给手柄以减少进给量。

（3）钻孔时的切削用量

表 7-2 为钻中心孔时的切削用量参考表。

表 7-2 钻中心孔时的切削用量

刀具名称	中心孔公称直径/mm	钻中心孔的切削进给量/(mm/r)	钻中心孔切削速度 v/(m/min)
中心钻	1	0.02	8~15
中心钻	1.6	0.02	8~15
中心钻	2	0.04	8~15
中心钻	2.5	0.05	8~15
中心钻	3.15	0.06	8~15
中心钻	4	0.08	8~15
中心钻	5	0.1	8~15
中心钻	6.3	0.12	8~15
中心钻	8	0.12	8~15

表 7-3 为钻孔时的进给量参考表。

表 7-3 钻孔时的进给量

钻孔的进给量/(mm/r)					
钻头直径 d_o/mm	钢 σ_b (<800MPa)	钢 σ_b (800~1000MPa)	钢 σ_b (>1000MPa)	铸铁、铜及铝合金 (≤200HBW)	铸件、铜及铝合金 (>200HBW)
≤2	0.05~0.06	0.04~0.05	0.03~0.04	0.09~0.11	0.05~0.07
2~4	0.08~0.10	0.06~0.08	0.04~0.06	0.18~0.22	0.11~0.13
4~6	0.14~0.18	0.10~0.12	0.08~0.10	0.27~0.33	0.18~0.22
6~8	0.18~0.22	0.13~0.15	0.11~0.13	0.36~0.44	0.22~0.26
8~10	0.22~0.28	0.17~0.21	0.13~0.17	0.47~0.57	0.28~0.34
10~13	0.25~0.31	0.19~0.23	0.15~0.19	0.52~0.64	0.31~0.39
13~16	0.31~0.37	0.22~0.28	0.18~0.22	0.61~0.75	0.37~0.45
16~20	0.35~0.43	0.26~0.32	0.21~0.25	0.70~0.86	0.43~0.53
20~25	0.39~0.47	0.29~0.35	0.23~0.29	0.78~0.96	0.47~0.56
25~30	0.45~0.55	0.32~0.40	0.27~0.33	0.9~1.1	0.54~0.66
30~50	0.60~0.70	0.40~0.50	0.30~0.40	1.0~1.2	0.70~0.80

2. 车孔

对精度和表面粗糙度要求都比较高的套类零件，常常需要用内孔车刀车削，称为车孔。车孔是常用的孔加工方法之一，可以做粗加工，也可以做精加工。车孔公差等级可达 IT7~IT8，表面粗糙度值可达 $Ra1.6 \sim 3.2\mu m$，精车可达 $Ra0.8\mu m$。

(1) 内孔车刀　内孔车刀的工作条件较外圆车刀差，这是由于内孔车刀的刀杆悬伸长度和刀杆截面尺寸都受孔径尺寸限制，当刀杆伸出较长而截面较小时刚度低，容易引起振动。内孔车刀的切削部分与外圆车刀相似，只是多了个弯头。图 7-25 所示为机夹式内孔车刀。

(2) 内孔车刀的安装

1) 刀尖应与工件中心等高或稍高于工件中心。如果刀尖低于工件中心，由于切削抗力的作用，容易将刀柄压低而产生扎刀现象，造成孔径扩大。

图 7-25　机夹式内孔车刀

2) 刀柄伸出刀架不宜过长，一般比被加工孔长 5 ~ 6mm 为宜。

3) 刀柄基本平行于工件轴线，否则在车削到一定深度时刀具后半部分容易碰到工件孔口。

4) 装夹不通孔车刀时，内偏刀的主切削刃应与孔底平面成 3°~ 5°角，并且在车平面时要求横向有足够的退刀余量。

(3) 车孔的方法　孔的形状不同，车孔的方法也有差异，如图 7-26 所示。

1) 车通孔。孔的车削基本上与车外圆相同，只是进刀和退刀的方向相反。在粗车和精

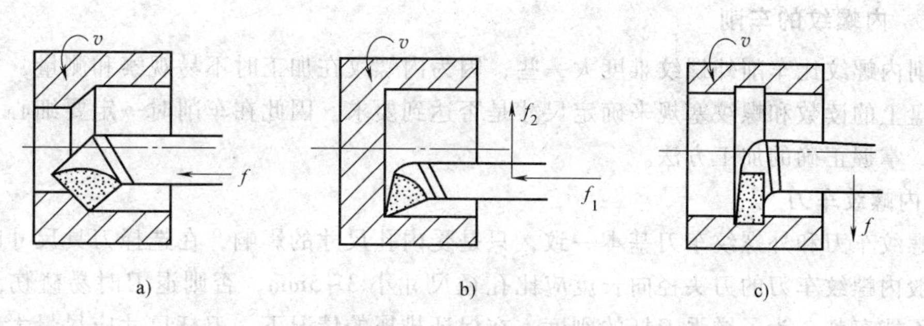

图 7-26 车孔的方法

a）车通孔 b）车不通孔 c）车内沟槽

车时也要进行试切削，其横向进给量为径向余量的一半。当车刀纵向切削至 2mm 左右时，纵向快速退刀（横向不动），然后停车测试，若孔的尺寸不到位，则需要微量横向进刀后再次测试，直到符合要求，方可车出整个内孔表面。

车孔时的切削用量要比车外圆时适当减小些，特别是车小孔或深孔时，其切削用量应更小。切削用量的选择：切削时，由于内孔车刀刀尖先切入工件，因此其受力较大，再加上刀尖本身强度差，所以容易碎裂，其次由于刀杆细长，在切削力的影响下，吃刀过深，容易弯曲，引起振动。表 7-4 为车削 $\phi20\sim\phi50$mm 内孔时切削用量参考表。

表 7-4 车削 $\phi20\sim\phi50$mm 内孔时切削用量参考表

工序	$n/(\mathrm{r/min})$	$f/(\mathrm{mm/min})$	a_p/mm
粗车	400~500	0.2~0.3	1~3
精车	600~800	0.1	0.3

2）车台阶孔。车直径较小的台阶孔时，由于观察困难而尺寸精度不易掌握，常先粗、精车小孔，再粗、精车大孔。

车大的台阶孔时，在便于测量小孔尺寸而视线又不受影响的情况下，一般先粗车大孔和小孔，再精车小孔和大孔。

车削孔径尺寸相差较大的台阶孔时，最好先采用主偏角 $\kappa_r<90°$（一般为 85°~88°）的车刀粗车，然后再用内偏刀精车。直接用内偏刀车削时，切削深度不可太大，否则切削刃易损坏。其原因是刀尖处于切削刃的最前端，切削时刀尖先切入工件，因此其承受的切削抗力最大，加上刀尖本来强度就差，所以容易碎裂；由于刀柄伸长，在轴向抗力的作用下，切削深度过大容易导致振动和扎刀。

控制车孔深度的方法，粗车时通常在刀柄上刻线痕作为记号或安放限位铜片，或者利用床鞍刻度控制线来控制；精车时需用小滑板刻度盘或游标深度尺等来控制。

3）车不通孔（平底孔）。车不通孔时，内孔车刀的刀尖必须与工件旋转中心等高，否则不能将孔底车平。检验刀尖中心高的简便方法是车端面时进行对刀，若端面能车至中心，则不通孔底面也能车平。同时还必须保证不通孔车刀自刀尖至刀柄外侧的距离 a 应小于内孔半径 R，否则切削时刀尖还未车到工件中心，刀柄外侧就已与孔壁上部相碰。

技能 11　内螺纹的车削

车削内螺纹比车削外螺纹难度大一些，因为内螺纹在加工时不易观察和测量，只能靠滑板刻度盘上的读数和螺纹塞规来确定尺寸是否达到要求。因此在车削时一定要细心，合理选择刀具，掌握正确的加工方法。

1. 内螺纹车刀

内螺纹车刀和外螺纹车刀基本一致，只是受内孔尺寸的影响，在选择刀具尺寸时有所限制。一般内螺纹车刀的刀头径向长度应比孔径尺寸小 3~5mm，否则退刀时易碰伤牙顶，甚至导致不能车削。为了增强刀杆的刚度，在保证排屑的情况下，刀杆尺寸应尽量大些。内三角形螺纹车刀如图 7-27 所示。

图 7-27　内三角形螺纹车刀

2. 内螺纹车刀的安装

1）刀柄的伸出长度应大于内螺纹长度约 10~20mm。

2）车刀刀尖要对准工件中心，如果车刀装得过高，车削时会引起振动，使工件表面产生鱼鳞斑，如果车刀装得过低，刀头下部会和工件发生摩擦，车刀切不进去。

3）车刀装好后，应在孔内摇动床鞍至终点，检查刀架是否会与工件端面发生碰撞。

3. 三角形内螺纹孔径的确定

车普通三角形内螺纹时，内螺纹孔径与工件的材料性质有关：

车削塑性金属时：　$D_{孔}=D-P$

车削脆性金属时：　$D_{孔}\approx D-1.05P$

式中　D——内螺纹大径；

P——内螺纹螺距。

4. 车削内螺纹的方法

内螺纹的车削方法与外螺纹基本相同，但是它们也有不同之处，就是吃刀方向和外螺纹相反，而且工件的形状也不相同。车三角形内螺纹的注意事项如下。

1）三角形内螺纹车刀的两侧切削刃要平直，否则螺纹牙型侧面会不平直。

2）用中滑板进给时，控制每次车削的背吃刀量，进给、退刀方向与车外螺纹时相反。

3）小滑板应调整得紧一些，以防车削时车刀位移而产生乱牙。

7.4　创新训练

实训 8　套的车削

1. 实训任务单

实训任务单见表 7-5。

2. 任务实施

套的车削加工工艺见表 7-6。

表 7-5　套的车削实训任务单

15±0.10　Ra 1.6　$\phi45_{-0.02}^{\ 0}$　$\phi37$　$\phi30_{\ 0}^{+0.10}$　Ra 1.6　$\phi21.90$　$\phi41.60\pm0.02$　2　26±0.10　36±0.10 技术要求 未注倒角C1。 Ra 3.2 (√)		任务名称	套的车削	任务编号	R08
		姓名		学习小组	
		班级		实训地点	
		任务实施	1. 分组，每组 4~6 人 2. 资料学习 3. 现场教学 4. 讨论套类零件车削加工注意事项 5. 实训操练，完成套类零件的加工 6. 完成 G08 工作页相关内容		
任务描述	加工上图所示零件，数量为 1 件，毛坯为 ϕ46mm×50mm 的 45 钢棒料。通过实训，学生应了解麻花钻的几何形状和角度要求，掌握内孔车刀的使用方法，掌握通孔、台阶孔和不通孔的车削方法，学会填写加工工序卡片，阅读相关的学习资料	任务实施注意事项	1. 了解内孔车刀的几何形状及角度要求 2. 掌握通孔、台阶孔和不通孔的车削方法 3. 掌握内孔的测量方法 4. 注意安全操作 5. 培养团队协作意识，讨论解决实训中遇到的有关问题 6. 培养学生对车床的日常维护保养能力 7. 遵守 6S 相关规定		
任务下发人：		任务实施人：		日期：	

表 7-6　套的车削加工工艺

工序名称	工 序 内 容	量具、工具
备料	准备 ϕ46mm×40mm 的 45 钢毛坯棒料 1 件	钢直尺
车端面	夹持长度约为 30mm，分别车削两端端面，保证长度（36±0.1）mm	游标卡尺
钻孔	打中心孔，钻 ϕ18mm 的通孔	中心钻，麻花钻
车外圆	夹持一端，粗、精车外圆至尺寸 ϕ(41.6±0.02) mm，长度（26±0.1）mm，表面粗糙度 Ra 值为 1.6μm	90°外圆车刀、千分尺、游标卡尺
倒角	倒角 C1	45°外圆车刀
车内孔	粗、精车内圆至尺寸 ϕ21.9mm，长度（26±0.1）mm，表面粗糙度 Ra 值为 3.2μm	内孔车刀，游标卡尺
倒角	内圆倒角 C1	45°外圆车刀
车外圆	调头装夹 ϕ41.6mm 外圆，粗、精车外圆至尺寸 $\phi45_{-0.02}^{\ 0}$mm，长度（15±0.1）mm，表面粗糙度 Ra 值为 1.6μm	90°外圆车刀、千分尺、游标卡尺、
切槽	切槽 ϕ37mm，宽度 2mm	切断刀
倒角	倒角 3 处 C1	45°外圆车刀
车内孔	粗、精车内圆至尺寸 $\phi\ 30_{\ 0}^{+0.1}$ mm，长度 10mm，表面粗糙度 Ra 值为 1.6μm	内孔车刀，游标卡尺
倒角	内圆倒角 C1	45°外圆车刀

实训 9　内三角形螺纹的车削

1. 实训任务单

实训任务单见表 7-7。

表 7-7　内三角形螺纹的车削实训任务单

<table>
<tr><td colspan="2" rowspan="4">15±0.10　Ra 1.6　φ45 $^{0}_{-0.02}$　φ37　φ30 $^{+0.10}_{0}$　Ra 1.6　M24×2　φ41.60±0.02　2　26±0.10　36±0.10
技术要求
未注倒角C1。
Ra 3.2 (√)</td><td>任务名称</td><td>内三角形螺纹的车削</td><td>任务编号</td><td>R09</td></tr>
<tr><td>姓名</td><td></td><td>学习小组</td><td></td></tr>
<tr><td>班级</td><td></td><td>实训地点</td><td></td></tr>
<tr><td>任务实施</td><td colspan="3">1. 分组，每组 4~6 人
2. 资料学习
3. 现场教学
4. 讨论内三角形螺纹车削加工注意事项
5. 实训操练，完成内三角形螺纹的加工
6. 完成 G09 工作页相关内容</td></tr>
<tr><td>任务描述</td><td>在实训 8 所得工件基础上加工上图所示零件，数量为 1 件。通过实训，学生应了解内螺纹车刀几何形状和角度要求，掌握内三角形螺纹车刀的使用方法，掌握内三角形螺纹的车削方法，学会填写加工工序卡片，阅读相关的学习资料</td><td>任务实施
注意事项</td><td colspan="3">1. 了解内三角形螺纹车刀的几何形状及角度要求
2. 掌握内三角形螺纹的车削方法
3. 掌握内三角形螺纹的测量方法
4. 注意安全操作
5. 培养团队协作意识，讨论解决实训中遇到的有关问题
6. 培养学生对车床的日常维护保养能力
7. 遵守 6S 相关规定</td></tr>
<tr><td colspan="2">任务下发人：</td><td colspan="3">任务实施人：</td><td>日期：</td></tr>
</table>

2. 任务实施

套的内三角形螺纹车削加工工艺见表 7-8。

表 7-8　套的内三角形螺纹车削加工工艺

工序名称	工 序 内 容	量具、工具
装夹	夹持外圆至尺寸 φ45 $^{0}_{-0.02}$mm 处，找正	
车内三角形螺纹	车 M24×2 三角形螺纹	内三角形螺纹车刀
检验	检验 M24×2 三角形螺纹	螺纹样板规

模块三

零件的铣削加工

项目八　平面的铣削加工

铣削加工是机械制造业中重要的加工方法。所谓铣削，就是在铣床上以铣刀旋转做主运动，工件做进给运动的切削加工方法。铣床是用铣刀在工件上加工各种表面的机床。通常铣刀旋转运动为主运动，工件和铣刀的移动为进给运动。它可铣削平面、沟槽、轮齿、螺纹和外花键，还能加工比较复杂的型面，效率较刨床高，在机械制造和修理部门得到广泛应用。铣床种类很多，一般是按布局形式和适用范围加以区分，主要的有升降台铣床、龙门铣床、单柱铣床、单臂铣床、仪表铣床、工具铣床等。

【能力目标】

1）掌握 X6132 型卧式万能升降台铣床的结构及操作要领。
2）了解铣刀种类及安装方法。
3）掌握工件定位原理。
4）掌握铣削平面、台阶的方法。

8.1　项目分析

在完成项目七中套零件的基础上，按图 8-1 所示的图样要求加工出合格的零件。

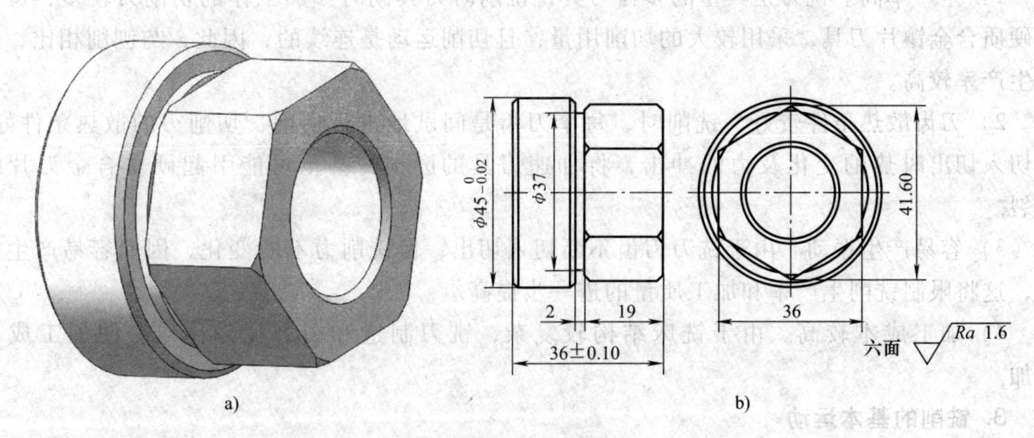

图 8-1　六面体
a）外形图　b）零件图

本项目毛坯为项目七中完成的套零件。本项目需在铣床上完成六面体平面部分的铣削，保证六面体最大外径为41.6mm，对边距离为36mm，表面粗糙度 Ra 值为1.6μm。

8.2 知识储备

课题20 铣削基础

1. 铣削加工范围

铣削的加工范围广泛，可加工各种平面、沟槽和成形面，还可进行切断、分度、钻孔、铰孔、镗孔等工作，如图8-2所示。在切削加工中，铣床的工作量仅次于车床，在成批大量生产中，除加工狭长的平面外，铣削几乎可以代替刨削。

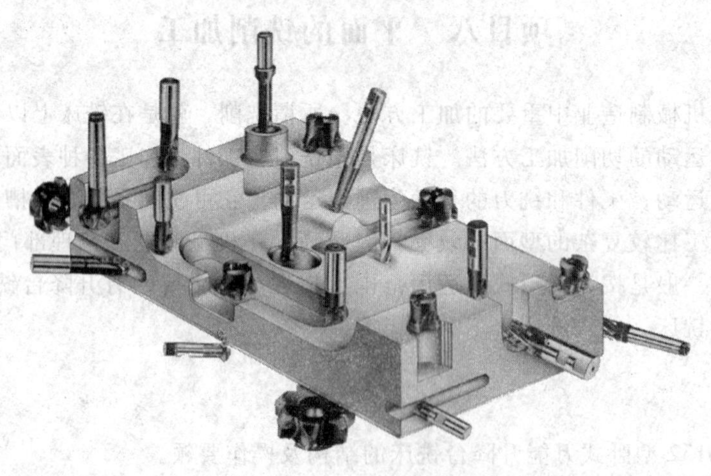

图8-2 铣削加工的主要应用范围

铣削加工的尺寸公差等级为IT8~IT7，表面粗糙度 Ra 值为3.2~1.6μm。若以高的切削速度、小的背吃刀量对非铁金属进行精铣，则表面粗糙度 Ra 值可达0.4μm。

2. 铣削加工的特点

铣削加工具有加工范围广、生产率高等优点，因此得到广泛的应用。

1）生产率高。铣刀是典型的多齿刀具，铣削时刀具同时参加工作的切削刃较多，可利用硬质合金镶片刀具，采用较大的切削用量，且切削运动是连续的，因此，与刨削相比，铣削生产率较高。

2）刀齿散热条件较好。铣削时，每个刀齿是间歇地进行切削，切削刃的散热条件好，但切入切出时热的变化及力的冲击，将加速刀具的磨损，甚至可能引起硬质合金刀片的碎裂。

3）容易产生振动。由于铣刀刀齿不断切入切出，使铣削力不断变化，因而容易产生振动，这将限制铣削生产率和加工质量的进一步提高。

4）加工成本较高。由于铣床结构较复杂，铣刀制造和刃磨比较困难，使加工成本增加。

3. 铣削的基本运动

铣削是以铣刀的旋转运动为主运动，而以工件的直线或旋转运动或铣刀直线运动为进给运动的切削加工方法，即铣削时工件与铣刀的相对运动称为铣削运动，它包括主运动和进给

运动。

1）主运动。主运动是形成机床切削速度或消耗主要动力的运动。铣削运动中，铣刀的旋转运动是主运动。

2）进给运动。进给运动是使工件切削层材料相继投入切削，从而加工出来完整表面所需要的运动。铣削运动中，工件的移动或转动、铣刀的移动等都是进给运动。另外，进给运动按运动方向可分为纵向进给、横向进给和垂直进给三种。

4. 铣削用量

铣削用量是指在铣削过程中所选用的切削用量，是衡量铣削运动大小的参数。铣削用量包括四个要素，即铣削速度、进给量、铣削深度和铣削宽度，如图 8-3 所示。在保证被加工工件能获得所要求的加工精度和表面粗糙度的情况下，应根据铣床、刀具、夹具的刚度和使用条件，适宜地选择铣削速度、进给量、铣削深度和铣削宽度。

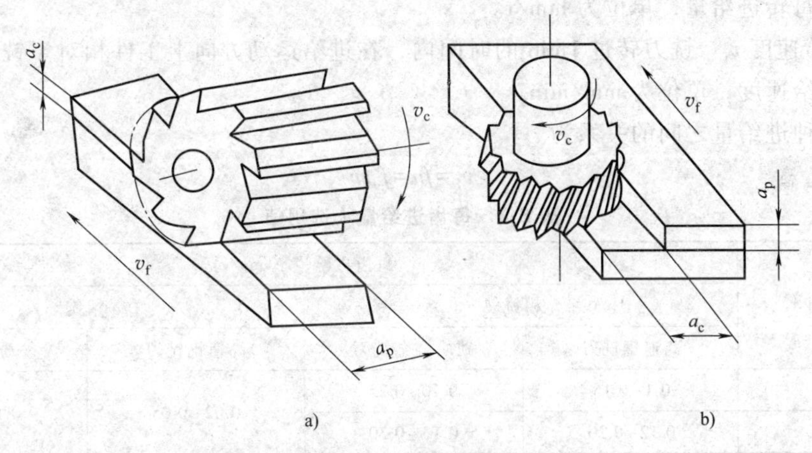

图 8-3　铣削用量

a）周铣　b）端铣

（1）铣削速度　主运动的线速度即为铣削速度，也就是铣刀切削刃上离中心最远的一点 1min 内在被加工表面所走过的长度，用符号 v_c 表示，单位为 m/min。在实际工作中，应先选好合适的铣削速度，然后根据铣刀直径计算出转速。它们的关系为

$$n=\frac{1000v_c}{\pi d}$$

式中　v_c——铣削速度（m/min）；

d——铣刀直径（mm）；

n——转速（r/min）。

表 8-1 为铣削速度 v_c 的推荐范围。如果在铣床主轴转速盘上找不到所计算出的转速时，应根据选低不选高的原则近似确定。

（2）进给量　进给量是指刀具在进给运动方向上相对于工件的位移量。根据具体情况的需要，在铣削过程中有三种表示方法和度量方式。

1）每齿进给量 f_z。铣刀转过一个刀齿的时间内，在进给运动方向上工件相对于铣刀所移动的距离为每齿进给量，单位为 mm/z。每齿进给量 f_z 选用值见表 8-2。

表 8-1　铣削速度 v_c的推荐范围

工件材料	硬度(HBW)	切削速度 v_c/(m/min)	
		高速钢铣刀	硬质合金铣刀
钢	<225	18~42	66~150
	225~325	12~36	54~120
	325~425	6~21	36~75
铸铁	<190	21~36	66~150
	190~260	9~18	45~90
	260~320	4.5~10	21~30

2）每转进给量 f。铣刀转过一整周的时间内，在进给运动方向上工件相对于铣刀所移动的距离为每转进给量，单位为 mm/r。

3）进给速度 v_f。铣刀转过 1min 的时间内，在进给运动方向上工件相对于铣刀所移动的距离称为进给速度，单位为 mm/min。

以上三种进给量之间的关系为

$$v_f = fn = f_z zn$$

表 8-2　每齿进给量 f_z选用值

<table>
<tr><th rowspan="3">工件材料</th><th colspan="4">每齿进给量/(mm/z)</th></tr>
<tr><th colspan="2">粗铣</th><th colspan="2">精铣</th></tr>
<tr><th>高速钢铣刀</th><th>硬质合金铣刀</th><th>高速钢铣刀</th><th>硬质合金铣刀</th></tr>
<tr><td>钢</td><td>0.1~0.15</td><td>0.10~0.25</td><td rowspan="2">0.02~0.05</td><td rowspan="2">0.10~0.15</td></tr>
<tr><td>铸铁</td><td>0.12~0.20</td><td>0.15~0.30</td></tr>
</table>

(3) 铣削深度　铣削深度是指通过切削刃基点并垂直于工件平面的方向上测量的吃刀量，又称为背吃刀量，用符号 a_p 表示。对于铣削而言，是沿铣刀轴线方向测量的刀具切入工件的深度。

(4) 铣削宽度　铣削宽度是指在平行于工件平面并垂直于切削刃基点的进给运动方向上测量的吃刀量，又称为侧吃刀量，用符号 a_c 表示。对于铣削而言，侧吃刀量是沿垂直于铣刀轴线方向测量的工件被切削部分的尺寸。

5. 铣削方式

铣削有顺铣与逆铣两种方式。铣刀对工件的作用力在进给方向上的分力与工件进给方向相同的铣削方式，称为顺铣；铣刀对工件的作用力在进给方向上的分力与工件进给方向相反的铣削方式，称为逆铣。用圆柱形铣刀周铣平面时的铣削方式如图 8-4 所示。

课题 21　X6132 型卧式万能升降台铣床

1. X6132 型卧式万能升降台铣床简介

图 8-5 所示为 X6132 型卧式万能升降台铣床，它是国产铣床中十分典型且应用广泛的一种卧式万能升降台铣床，其主要特征是铣床主轴轴线与工作台台面平行。

1）床身。床身用来固定和支承铣床各部件。顶面上有供横梁移动用的水平导轨。前壁有燕尾形的垂直导轨，供升降台上下移动。内部装有主电动机、主轴变速机构、主轴、电气

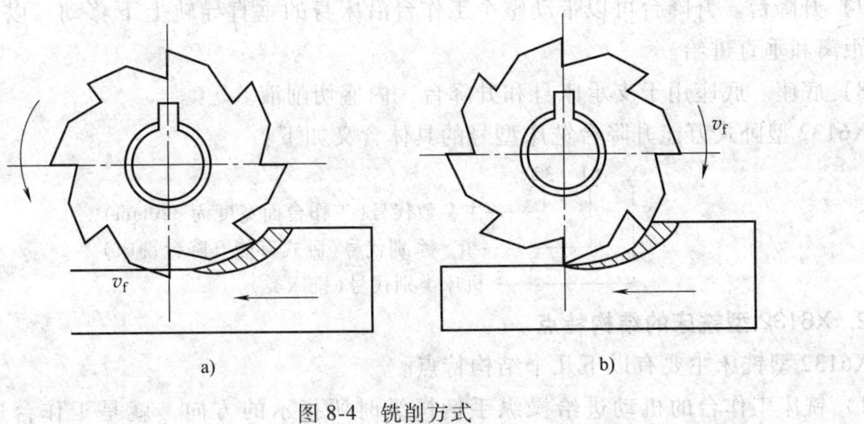

图 8-4　铣削方式

a）逆铣　b）顺铣

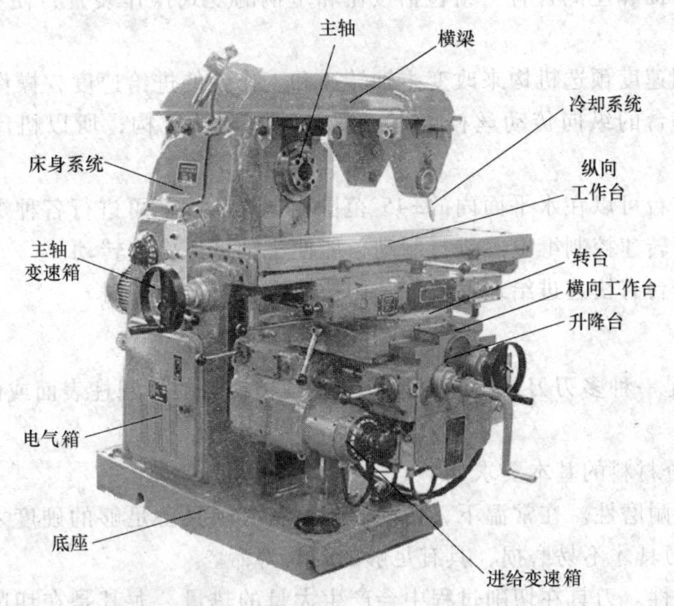

图 8-5　X6132 型卧式万能升降台铣床结构

设备及润滑油泵等部件。

2）横梁。横梁一端装有吊架，用以支承刀杆，以减少刀杆的弯曲与振动。横梁可沿床身的水平导轨移动，其伸出长度由刀杆长度来进行调整。

3）主轴。主轴的作用是安装刀杆并带动铣刀旋转。主轴是一空心轴，前端有 7：24 的精密锥孔，用于安装铣刀刀杆锥柄。

4）纵向工作台。纵向工作台由纵向丝杠带动，在转台的导轨上做纵向移动，以带动台面上的工件做纵向进给。台面上的 T 形槽用于安装夹具或工件。

5）横向工作台。横向工作台位于升降台上面的水平导轨上，可带动纵向工作台一起做横向进给。

6）转台。转台可将纵向工作台在水平面内扳转一定的角度（正、反均为 0~45°），以便铣削螺旋槽等。具有转台的卧式铣床称为卧式万能铣床。

7）升降台。升降台可以带动整个工作台沿床身的垂直导轨上下移动，以调整工件与铣刀的距离和垂直进给。

8）底座。底座用于支承床身和升降台，内盛切削液。

X6132 型卧式万能升降台铣床型号的具体含义如下：

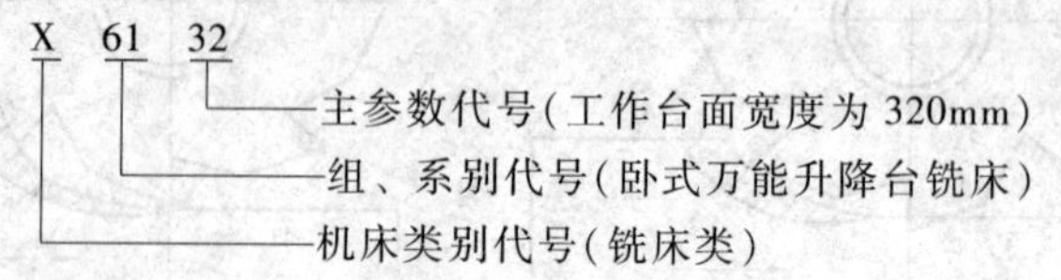

2. X6132 型铣床的结构特点

X6132 型铣床主要有以下几个结构特点。

1）铣床工作台的机动进给操纵手柄操纵时所指示的方向，就是工作台进给运动的方向，操纵时不易产生错误。

2）铣床的前面和左侧各有一组包括按钮和手柄的复式操作装置，便于操作者在不同位置上进行操作。

3）铣床采用速度预选机构来改变主轴转速和工作台的进给速度，操作简便明确。

4）铣床工作台的纵向传动丝杠上有双螺母间隙调整机构，所以机床既可以逆铣又能顺铣。

5）铣床工作台可以在水平面内的±45°范围内偏转，因而可进行各种螺旋槽的铣削。

6）铣床采用转速控制继电器进行制动，能使主轴迅速停止转动。

7）铣床工作台有快速进给运动装置，用按钮操纵，方便省时。

课题 22　铣刀

铣刀实质上是一种多刃刀具，其刀齿分布在圆柱铣刀的外圆柱表面或面铣刀的端面上。

1. 铣刀材料

铣刀切削部分材料的基本要求如下。

1）高硬度和耐磨性。在常温下，切削部分材料必须具备足够的硬度才能切入工件；具有高的耐磨性，刀具才不易磨损，具有足够的刀具寿命。

2）好的热硬性。刀具在切削过程中会产生大量的热量，尤其是在切削速度较高时，温度会很高，因此，刀具材料应具备好的热硬性，即在高温下仍能保持较高的硬度，能继续进行切削的性能。

3）高的强度和好的韧性。在切削过程中，刀具要承受很大的冲击力，所以刀具材料要具有较高的强度，否则易断裂和损坏。由于铣刀会受到冲击和振动，因此，铣刀材料还应具备好的韧性，才不易崩刃、碎裂。

2. 铣刀的分类

铣刀的种类很多，按其安装方法可分为带孔铣刀和带柄铣刀两大类。

（1）带孔铣刀　常用的带孔铣刀有圆柱铣刀、圆盘铣刀、角度铣刀、成形铣刀等。如图 8-6 所示的带孔铣刀多用于卧式铣床上。带孔铣刀的刀齿形状和尺寸可以适应所加工的零件形状和尺寸。

1）圆柱铣刀。通常分为直齿和斜齿两种，如图 8-6a 所示。其刀齿分布在圆柱表面上，主要用圆周刃铣削中小型平面。

图 8-6　带孔铣刀

a）圆柱铣刀　b）三面刃铣刀　c）锯片铣刀　d）凸圆弧铣刀　e）凹圆弧铣刀　f）双角铣刀

2）圆盘铣刀。如三面刃铣刀、锯片铣刀等。图 8-6b 所示为三面刃铣刀，主要用于加工不同宽度的沟槽及小平面、小台阶面等；图 8-6c 所示为锯片铣刀，用于铣窄槽或切断材料。

3）成形铣刀。如图 8-6d、e 所示，圆弧铣刀的切削刃有凸圆弧、凹圆弧、齿槽形等形状，主要用于加工与切削刃形状相对应的成形面。

4）角度铣刀。图 8-6f 所示为双角铣刀，它们具有各种不同的角度，用于加工各种角度槽及斜面等。

（2）带柄铣刀　常用的带柄铣刀有立铣刀、键槽铣刀、T 形槽铣刀和镶齿面铣刀等，其共同特点是都有供夹持用的刀柄。带柄铣刀多用于立式铣床上，如图 8-7 所示。

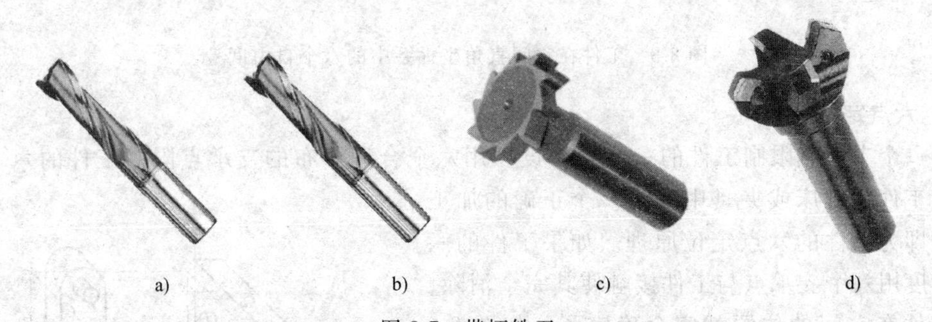

图 8-7　带柄铣刀

a）立铣刀　b）键槽铣刀　c）T 形槽铣刀　d）镶齿面铣刀

1）立铣刀。多用于加工沟槽、小平面、台阶面等，如图 8-7a 所示。立铣刀有直柄和锥柄两种，直柄立铣刀的直径较小，一般小于 20mm，直径较大的为锥柄，大直径的锥柄铣刀多为镶齿式。

2）键槽铣刀。如图 8-7b 所示，键槽铣刀主要是用来加工键槽，要求一次铣削出的键槽宽度尺寸符合技术要求，为了克服径向切削力的影响，将刀具设计为两个互相对称的刀齿，在铣削时，分布在两个刀齿上的切削力矩形成力偶，径向力互相抵消，所以可以一次加工出与刀具回转直径相同宽度的键槽。

3）T形槽铣刀。如图8-7c所示，T形槽铣刀用于铣削工作台的T形槽，铣削时先以面铣刀开明槽，再以T形槽铣刀铣削暗槽。

4）镶齿面铣刀。如图8-7d所示，镶齿面铣刀用于加工较大的平面，刀齿主要分布在刀体端面上，还有部分分布在刀体周边，一般是刀齿上装有硬质合金刀片，可以进行高速铣削，以提高效率。

课题23 工件的定位

1. 工件的定位

工件的定位是指工件在机床或夹具中取得一个正确的加工位置的过程。例如，机床在装配时，其主轴箱、滑板及其上的工件，均须精确地安装在相应的位置上；铣削加工时，刀具必须精确地安装在主轴头上，其回转中心线必须与主轴轴线重合。

定位的目的是使工件在夹具中相对于机床、刀具占有确定的正确位置，并且应用夹具定位工件，还能使同一批工件在夹具中的加工位置一致性好。

2. 自由度

自由度是指一个物体在三维空间中可能具有的运动。例如：工件有六个自由度，分别是三个移动自由度$\vec{x}$、$\vec{y}$、$\vec{z}$，三个转动自由度$\widehat{x}$、$\widehat{y}$、$\widehat{z}$，如图8-8所示。

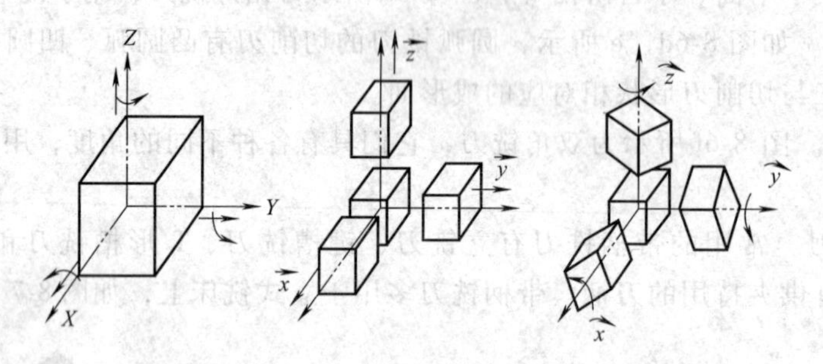

图8-8 工件在空间直角坐标系中的六个自由度

3. 六点定位原理

用一个支承点限制工件的一个自由度，用六个合理分布的支承点限制工件的六个自由度，使工件在机床或夹具中取得一个正确的加工位置，即为工件的六点定位原理。如果工件的六个自由度用六个支承点与工件接触使其完全消除，则该工件在空间的位置就完全确定了，如图8-9所示。

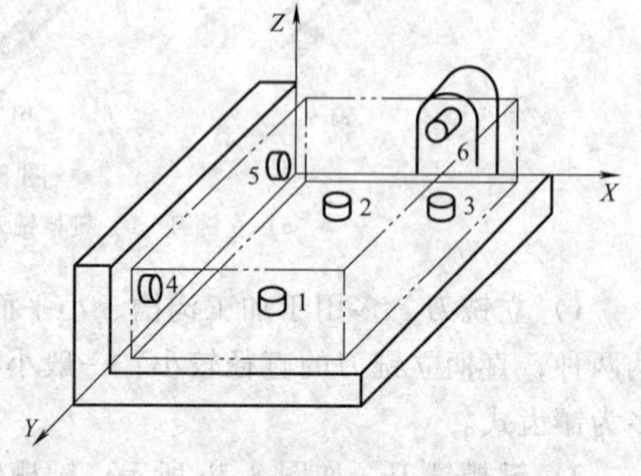

图8-9 工件在空间的六点定位

4. 工件定位的情况分析

工件定位时，影响加工要求的自由度必须限制；不影响加工要求的自由度，有时限制，有时不需限制，视具体情况而定。因此，按照加工要求确定工件必须限制的自由度，在夹具设计中是首先要解决的问题。工件定位时，会有以下几种情况。

(1) 完全定位　工件的六个自由度全部被限制的定位，称为完全定位。当工件在 X、Y、Z 三个坐标方向上均有尺寸要求或位置精度要求时，一般采用这种定位方式，如图 8-10 所示。

(2) 不完全定位　根据工件的加工要求，并不需要限制工件的全部自由度，这样的定位称为不完全定位，如图 8-11 所示。

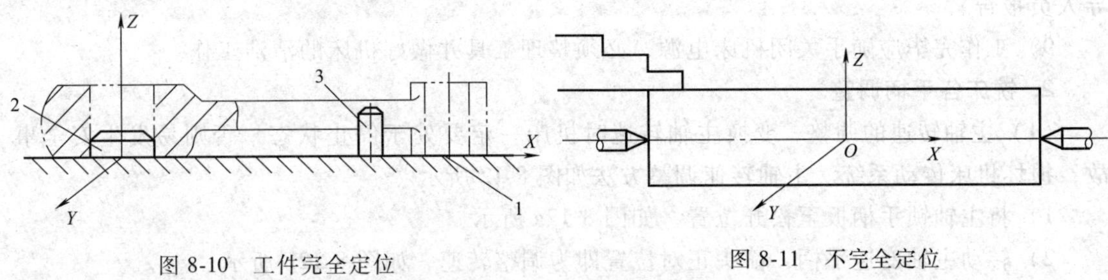

图 8-10　工件完全定位

1—平面支承　2—短圆柱销　3—侧挡销

图 8-11　不完全定位

例如车削细长轴时，除采用卡盘和顶尖定位外，为增加工件的刚度，往往还采用中心架或跟刀架，使工件出现了过定位。车削细长轴时若用自定心卡盘和前后顶尖定位，Y、Z 方向的移动自由度同时被自定心卡盘和前后顶尖约束了，此时已经出现了过定位，但是自定心卡盘是用来传递运动的，生产中可用卡箍来代替自定心卡盘，卡箍既可传递运动又不约束工件的自由度，变过定位为不完全定位。

(3) 欠定位　根据工件的加工要求，应该限制的自由度没有完全被限制的定位，称为欠定位。欠定位无法保证加工要求，所以是绝不允许出现的。

(4) 过定位　工件的同一自由度被两个或两个以上的支承点重复限制的定位称为过定位，过定位可能造成工件的定位误差，或者造成部分工件装不进夹具的情况。过定位不是绝对不允许出现，要根据具体情况确定。

(5) 消除过定位及其干涉的两种途径

1) 改变定位元件的结构，以消除被重复限制的自由度。

2) 提高工件定位基面之间及定位元件工作表面之间的位置精度，以减小或消除过定位引起的干涉。

8.3　技能训练

技能 12　X6132 型卧式万能升降台铣床的操作

1. 铣工安全操作规程

在操作铣床时应遵循以下安全规程。

1) 工作前穿戴好劳保用品，如扣好衣服、扎好袖口。女同学必须戴上安全帽，长发应盘入帽内，不准戴手套工作，以免被机床的旋转部分绞住，造成事故。

2) 起动机床前必须检查机床各转动部分的润滑情况是否良好，各运动部件是否受到阻碍，防护装置是否完好，机床上及其周围是否堆放有碍安全的物件。

3) 机床运转时不得调整速度（扳动变速手柄），如需调整铣削速度，应停车后再调整。

机床运转时，操作者不允许离开机床。

4）装夹刀具及工件时必须停车，必须装夹得牢固可靠。

5）注意铣刀转向及工作台运动方向，学生一般只准使用逆铣法。

6）切削用量要选择得当，不得随意更改。

7）铣削齿轮用分度头分齿时，必须等铣刀完全离开工件后方可转动分度头手柄。

8）工作中必须经常检查机床各部分的润滑情况，发现异常现象应立即停车并向实习指导人员报告。

9）工作完毕应随手关闭机床电源，必须整理工具并做好机床的清洁工作。

2. 铣床各手柄调整

（1）主轴转速的调整　变换主轴转速时机床一定要处于停止状态，否则易发生安全事故，损坏机床传动系统。主轴转速调整方法如图 8-12 所示。

1）将主轴锁手柄扳至松开位置，如图 8-12a 所示。

2）转动主轴变速手柄，箭头正对位置即为调整转速，如图 8-12b 所示。

3）将主轴锁手柄扳至锁住位置，如图 8-12c 所示。

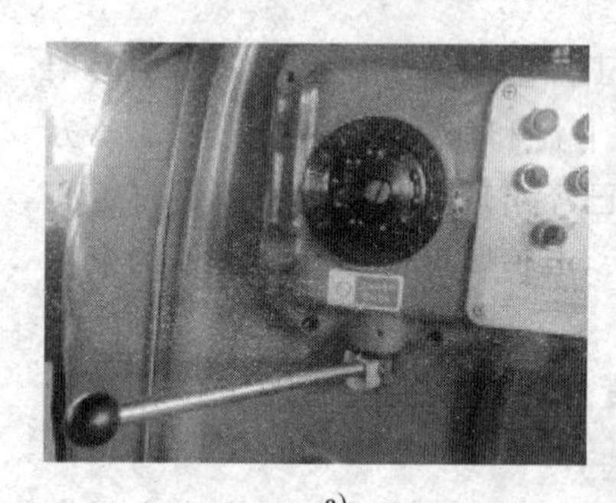

a)

b)

c)

图 8-12　主轴转速调整

a）将主轴锁手柄扳至松开位置　b）箭头所对位置即为主轴转速　c）将主轴锁手柄扳至锁住位置

（2）进给量的调整　进给量调整方法如图 8-13 所示。

1）将调速手柄向外拉，如图 8-13a 所示。

2）转动变速手柄，箭头正对位置即为纵向进给量，如图 8-13b 所示，横向进给量、升

a)

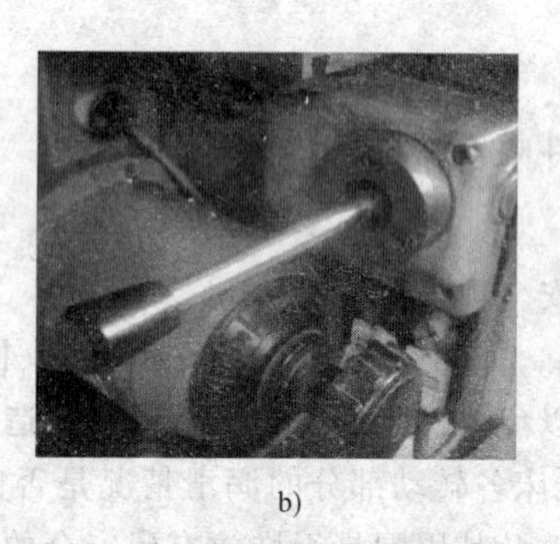

b)

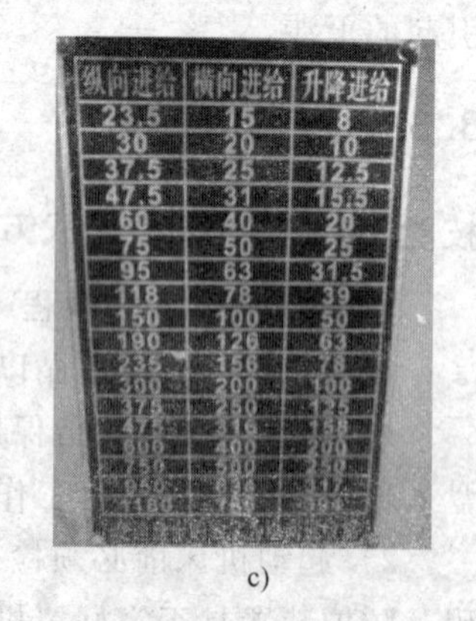

纵向进给	横向进给	升降进给
23.5	15	8
30	20	10
37.5	25	12.5
47.5	31	15.5
60	40	20
75	50	25
95	63	31.5
118	78	39
150	100	50
190	126	63
235	156	78
300	200	100
375	250	125
475	316	158
600	400	200
750	500	250
950	[illegible]	317
1180	[illegible]	[illegible]

c)

图 8-13　进给量调整

a）将调速手柄拉出　b）转动手柄，箭头所对位置即为纵向进给量，然后将手柄推进　c）进给量参数表

降进给量按照图 8-13c 调整。

3）将调速手柄向里推回原位，如图 8-13b 所示。

3. 铣床的起动

X6132 型铣床在起动前，要调整好主轴转速、进给量手柄位置并锁住，确保各手柄处于安全位置。起动机床步骤如下。

1）将电源开关拧到“接通”位置，如图 8-14a 所示。

2）将冷却泵开关拧到“接通”位置，如图 8-14b 所示。若不用冷却液，冷却泵开关拧到“断开”位置。

3）将主轴位置拧到“左转”或“右转”位置，如图 8-14c 所示。

a)

b)

c)

图 8-14　铣床起动开关调整

a）电源开关　b）冷却泵开关　c）主轴转向开关

4）如图 8-15a 所示，将主轴上刀制动开关处于断开位置，按下起动按钮，主轴转动，按下停止按钮，主轴停止转动；若主轴上刀制动开关处于接通位置，主轴锁紧换刀，按起动或停止按钮，主轴均不转。为了便于操作者操作，在工作台右侧设计了起停按钮，如图 8-15b所示，两处按钮功用相同。

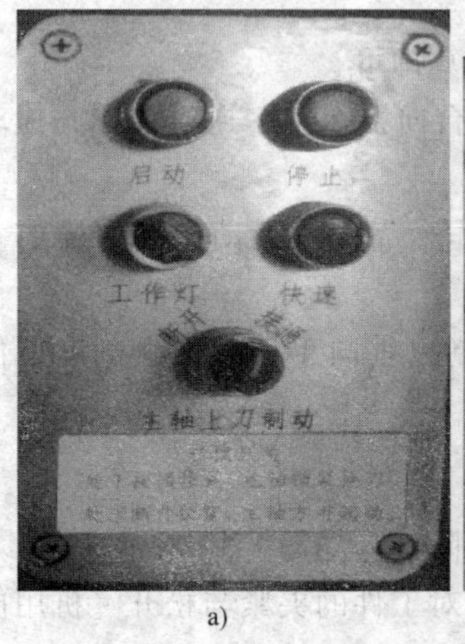

a)

b)

图 8-15　起停按钮操作

a）主轴箱起停按钮　b）工作台起停按钮

在操作过程中，如发生意外情况，按下图 8-15b 所示的急停按钮，主轴将立刻停止转动。

4. 进给运动操作

铣床横向、纵向、垂向的运动操作手柄如图 8-16 所示。

图 8-16　进给操作手柄

（1）横向进给　顺时针方向摇动“横向手柄”，铣床工作台靠近床身；逆时针方向摇动“横向手柄”，铣床工作台远离床身。

若需自动进给时，将“横向垂向组合手柄”往里推，工作台靠近床身；将“横向垂向组合手柄”往外拉，工作台远离床身。

横向进给尺寸控制以横向手柄刻度盘刻度单位为准进行换算即可。

（2）纵向进给　顺时针方向摇动“纵向手柄”，铣床工作台向右运动；逆时针方向摇动“纵向手柄”，铣床工作台向左运动。

若需自动进给时，将“纵向手柄”往左推，工作台向左运动；将“纵向手柄”往右推，工作台向右运动。

横向进给尺寸控制以纵向手柄刻度盘刻度单位为准进行换算即可。

（3）垂向进给　顺时针方向摇动“升降手柄”，铣床工作台向上运动；逆时针方向摇动“升降手柄”，铣床工作台向下运动。

若需自动进给时，将“横向垂向组合手柄”往上推，工作台靠向上运动；将“横向垂向组合手柄”往下推，工作台向下运动。

升降手柄转一周，工作台升或降 2mm。垂向进给尺寸控制以垂向手柄刻度盘刻度单位为准进行换算即可。

技能 13　机用虎钳

机用虎钳是配合机床加工时用于夹紧加工工件的一种机床附件，如图 8-17 所示。

用扳手转动丝杠，通过丝杠螺母带动活动钳身移动，形成对工件的夹紧与松开。机用虎钳装配结构是可拆卸的螺纹连接和销连接的铸铁合体；活动钳身的直线运动是由螺旋运动转变的；工作表面是螺旋副、导轨副及间隙配合的轴和孔的摩擦面。

1. 机用虎钳的分类

机用虎钳有多种类型，按精度可分为普通型和精密型。精密型用于平面磨床、镗床等精加工机床。机用虎钳按结构还可分为带底座的回转式、不带底座的固定式和可倾斜式等。

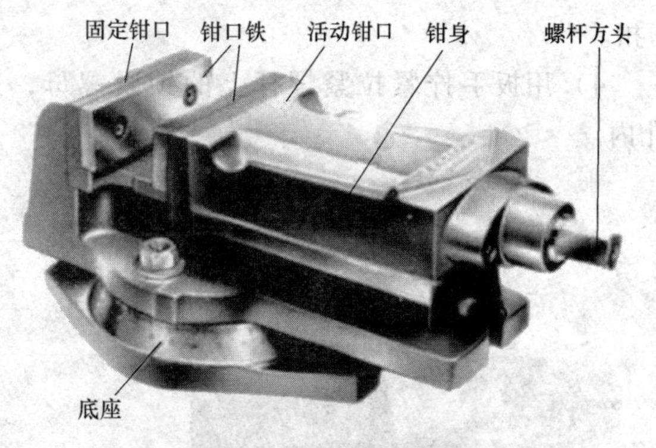

图 8-17　机用虎钳

2. 机用虎钳装夹工件的优点

机用虎钳的活动钳口可采用气动、液压或偏心凸轮来驱动进行快速夹紧。用夹具装夹工件有下列优点。

1）能稳定地保证工件的加工精度，用夹具装夹工件时，工件相对于刀具及机床的位置精度由夹具保证，不受工人技术水平的影响，使一批工件的加工精度趋于一致。

2）能提高生产率，使用夹具装夹工件方便、快速，工件不需要划线找正，可显著的减少辅助工时，提高生产率；工件在夹具中装夹后提高了工件的刚度，因此可加大切削用量，提高生产率；可使用多件、多工位装夹工件的夹具，并可使用高效夹紧机构，进一步提高生产率。

3）能扩大机床的使用范围。

3. 使用机用虎钳装夹工件找正方法

当工件采用机用虎钳装夹时，机用虎钳的固定钳口应找到与工作台移动方向垂直或平行的位置，以保证被加工工件的垂直度或平行度。常用的找正方法有以下 4 种。

（1）用角尺找正　把角尺底座紧贴于机床垂直导轨面上，用角尺的翅翼检验固定钳口并转动平口钳，使固定钳口与角尺找正在同一直线为止。

（2）用刀轴找正　升起工作台，使固定钳口靠在刀轴的一侧并转动机用虎钳，使固定钳口与刀轴找正在同一直线上为止。找正时尽量在刀轴的根部进行。

（3）用划针找正　把划针稍夹紧于刀轴垫圈上，来回地移动工作台，以划针的尖端校验固定钳口并转动机用虎钳，一直找正至与工作台移动方向相互平行为止。

（4）用百分表找正　把百分表（或杠杆表）固定在刀轴或机床上，以表的测头紧贴于固定钳口。来回移动工作台并转动机用虎钳，一直找正到符合要求时为止。

当工件垂直度要求较高时，还需移动升降工作台对固定钳口的垂直度进行校正。

技能 14　铣刀的安装

1. 7∶24 圆锥柄铣刀的安装

锥柄铣刀包括锥柄立铣刀、锥柄键槽铣刀、锥柄 T 形槽铣刀、锥柄指状铣刀等。其柄部一般采用莫氏锥度，有莫氏 1 号、2 号、3 号、4 号和 5 号五种，按铣刀直径的大小，制成不同莫氏号数的锥柄。

7∶24 圆锥柄铣刀的安装方法如图 8-18 所示，具体步骤为：

1）将主轴锥孔和铣刀杆各处都擦干净，防止有脏物影响安装准确性。

2）将长铣刀杆装入铣床主轴锥孔内，并使铣刀杆上凸缘的缺口槽对准铣床主轴端的凸键块。

3）在主轴后端的孔内插有拉紧螺杆。将拉紧螺杆插入铣刀杆后端的螺孔内，并旋进6~

7 扣。

4）用扳手拧紧拉紧螺杆上的锁紧螺母，这样将长铣刀杆拉紧和固定在铣床主轴锥孔内。

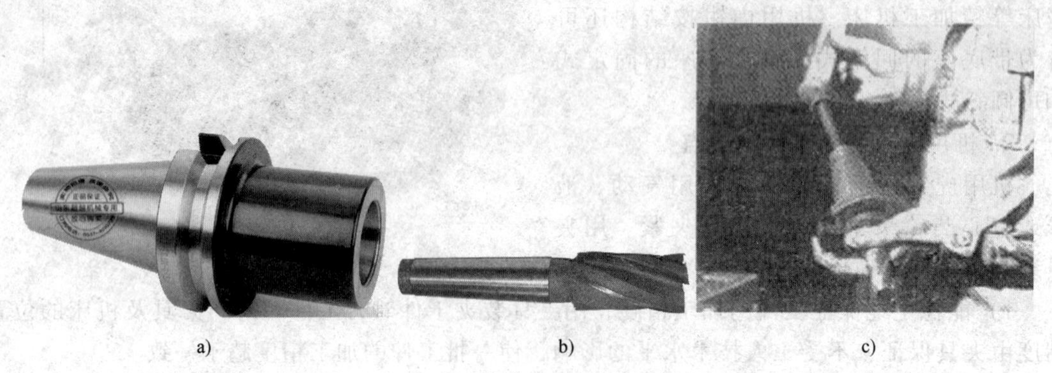

图 8-18　带柄铣刀安装

a）中间锥套　b）锥柄铣刀　c）安装

2. 圆柱柄铣刀的安装

直柄立铣刀、直柄燕尾槽铣刀、半圆键槽铣刀等都是圆柱铣刀，由于这类铣刀的柄部尺寸较小，通常和弹簧夹头配合安装。将直柄铣刀与螺母、弹簧夹头、锥柄组合在一起，拧紧螺母，通过弹簧夹头的夹紧力将铣刀夹紧。在立式铣床上安装直柄铣刀时，直柄铣刀插入弹簧夹头内，拧紧螺母，将铣刀固定。弹簧夹头的形式多种多样，根据装夹情况，可做成不同的结构。较大直径的圆柱铣刀还可装夹在带小自定心卡盘的铣刀杆内，通过卡爪将铣刀夹紧。

3. 圆柱铣刀的安装

图 8-19 所示为圆柱铣刀安装步骤。

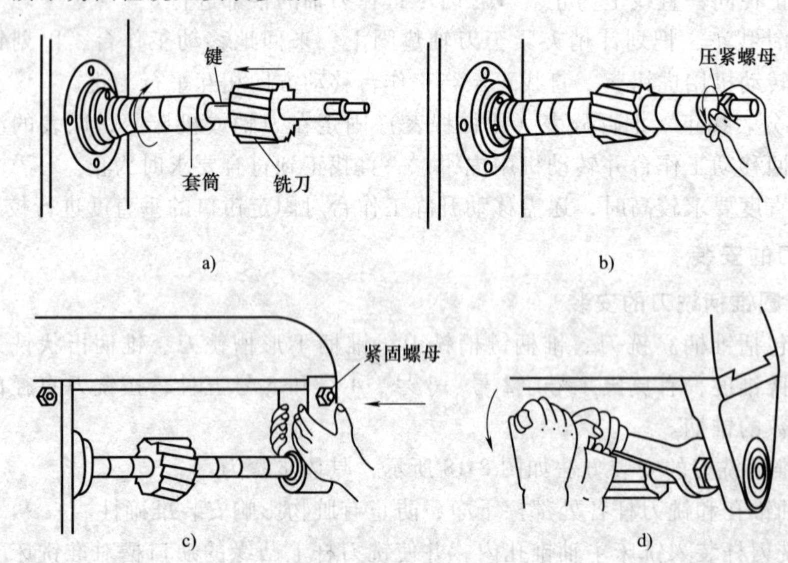

图 8-19　圆柱铣刀的安装

a）安装刀杆和铣刀　b）套上几个套筒后，拧上螺母　c）装上吊架　d）拧紧螺母

技能 15　铣平面的方法

铣平面可用周铣法或端铣法，并应优先采用端铣法。但在很多场合，例如在卧式铣床上铣平面，也常用周铣法。铣削平面的步骤如图 8-20 所示。

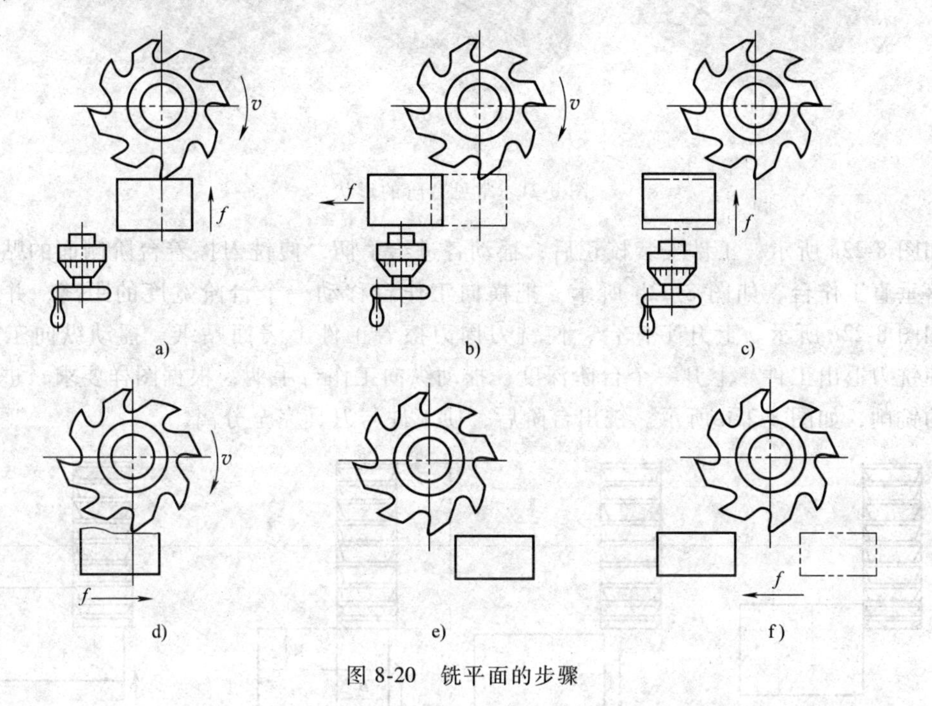

图 8-20　铣平面的步骤

1）开车使铣刀旋转，升高工作台，使零件和铣刀稍微接触，记下刻度盘读数，如图 8-20a 所示。

2）纵向退出零件，停车，如图 8-20b 所示。

3）利用刻度盘调整侧吃刀量（垂直于铣刀轴线方向测量的切削层尺寸），使工作台升高到规定的位置，如图 8-20c 所示。

4）开车先手动进给，当零件被稍微切入后，可改为自动进给，如图 8-20d 所示。

5）铣完一刀后停车，如图 8-20e 所示。

6）退回工作台，测量零件尺寸，并观察表面粗糙度，重复铣削到规定要求，如图 8-20f 所示。

技能 16　台阶的铣削方法

零件上的台阶通常可在卧式铣床上采用一把三面刃铣刀或组合三面刃铣刀铣削，或在立式铣床上采用不同刃数的立铣刀铣削。常见台阶的形状如图 8-21 所示。

（1）三面刃铣刀铣台阶　图 8-22 所示为三面刃铣刀铣台阶，这种方法适宜加工台阶面较小的零件，采用这种方法时应注意以下两方面。

1）校正铣床工作台零位。在用盘形铣刀加工台阶时，若工作台零位不准，铣出的台阶两侧将呈凹弧形曲面，且上窄下宽，使尺寸和形状不准。

2）校正机用虎钳。机用虎钳的固定钳口一定要校正到与进给方向平行或垂直，否则，钳口歪斜将加工出与工件侧面不垂直的台阶来。

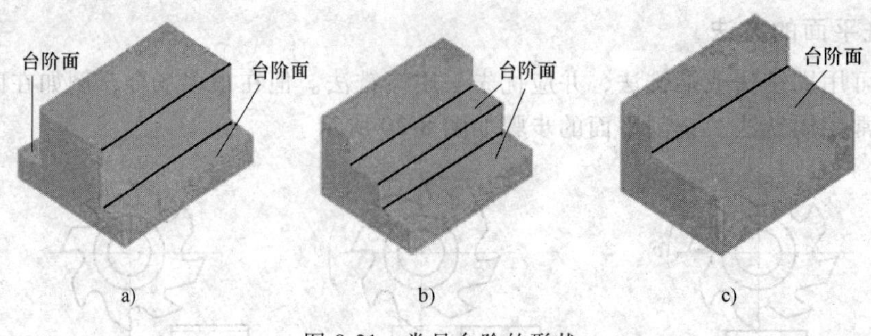

图 8-21 常见台阶的形状

如图 8-22a 所示，工件安装校正后，摇动各进给手柄，使铣刀擦着台阶侧面的贴纸。然后降落垂直工作台，如图 8-22b 所示。把横向工作台移动一个台阶宽度的距离，并将其紧固，如图 8-22c 所示。上升工作台，使铣刀周刃擦着工件上表面贴纸。摇动纵向工作台手柄，使铣刀退出工件。上升一个台阶深度，摇动纵向工作台手柄，根据图样要求，进行所需台阶的铣削，如图 8-22d 所示。铣出台阶后，使工件与刀具完全分离。

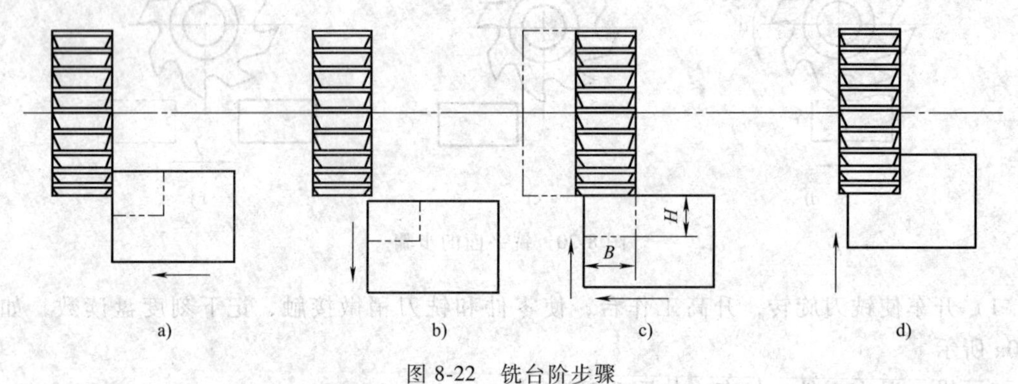

图 8-22 铣台阶步骤

用三面刃铣刀铣台阶时，三面刃铣刀的周刃起主要切削作用，而侧刃起修光作用。由于三面刃铣刀的直径较大，刀齿强度较高，便于排屑和冷却，能选择较大的切削用量，效率高，精度好，因此通常采用三面刃铣刀铣台阶。

（2）立铣刀铣台阶　铣削较深台阶或多级台阶时，可用立铣刀（主要有 2 齿、3 齿、4 齿）铣削。立铣刀周刃起主要切削作用，端刃起修光作用。由于立铣刀的外径通常都小于三面刃铣刀，因此，铣削刚度和强度较差，铣削用量不能过大，否则铣刀容易加大“让刀”导致的变形，甚至发生折断。

当台阶的加工尺寸及余量较大时，可采用分段铣削，即先分层粗铣掉大部分余量，并预留精加工余量，后精铣至最终尺寸。粗铣时，台阶底面和侧面的精铣余量选择范围通常在 0.5~1.0mm 之间。精铣时，应首先精铣底面至尺寸要求，后精铣侧面至尺寸要求，这样可以减小铣削力，从而减小夹具、工件、刀具的变形和振动，提高尺寸精度和表面质量。

8.4 创新训练

实训 10 X6132 型卧式万能升降台铣床的操作

1. 实训任务单

实训任务单见表 8-3。

表 8-3　X6132 型卧式万能升降台铣床的操作实训任务单

<table>
<tr><td colspan="2" rowspan="4">主轴
横梁
冷却系统
床身系统
纵向工作台
主轴
变速箱
转台
横向工作台
升降台
电气箱
底座
进给变速箱</td><td>任务名称</td><td>X6132 型卧式万能升降台铣床的操作</td><td>任务编号</td><td>R10</td></tr>
<tr><td>姓名</td><td></td><td>学习小组</td><td></td></tr>
<tr><td>班级</td><td></td><td>实训地点</td><td></td></tr>
<tr><td>任务实施</td><td colspan="3">1. 分组，每组 4~6 人
2. 资料学习
3. 现场教学
4. 讨论铣床操作时应注意的安全事项
5. 实训操练，熟练操作铣床各操作手柄
6. 完成 G10 工作页相关内容</td></tr>
<tr><td>任务描述</td><td>通过实训，学生应掌握铣床的型号及其含义，了解铣工安全操作规程，了解 X6132 型卧式万能升降台铣床的基本结构和基本原理，能在规定的时间内完成对铣床各个手柄的名称和作用的认知，接受有关生产现场劳动纪律及安全生产教育，养成良好的职业素质</td><td>任务实施注意事项</td><td colspan="3">1. 注意观察 X6132 型卧式万能升降台铣床的结构和传动原理
2. 注意观察 X6132 型卧式万能升降台铣床的各个手柄的功能和操作方法
3. 注意安全操作
4. 培养团队协作意识，讨论解决实训中遇到的有关问题
5. 培养学生对铣床的日常维护保养能力
6. 遵守 6S 相关规定</td></tr>
<tr><td colspan="2">任务下发人：</td><td colspan="2">任务实施人：</td><td colspan="2">日期：</td></tr>
</table>

2. 任务实施

X6132 型卧式万能升降台铣床的操作见表 8-4。

表 8-4　X6132 型卧式万能升降台铣床的操作

操作名称	操 作 内 容	量具、工具
安全检查	对工作场地、机床用电、外观及基础结构等进行安全检查	
结构认知	熟悉铣床各部分结构、功用及操作调整方法	
铣床保养	明确机床保养内容，对铣床进行开机前全面保养	
手动操作	手动操作横向、纵向、垂向部分，熟悉掌握工作台的前后、左右、上下移动	
机床调整	熟悉掌握主轴转速和进给量的调整	
机床起停	熟悉掌握机床起动、停止及主轴正反转控制	
自动进给	熟悉掌握工作台的前后、左右、上下移动控制	
停车维护	下班前对机床进行维护性保养	

实训 11　六方体的铣削

1. 实训任务单

实训任务单见表 8-5。

表 8-5　六方体的铣削实训任务单

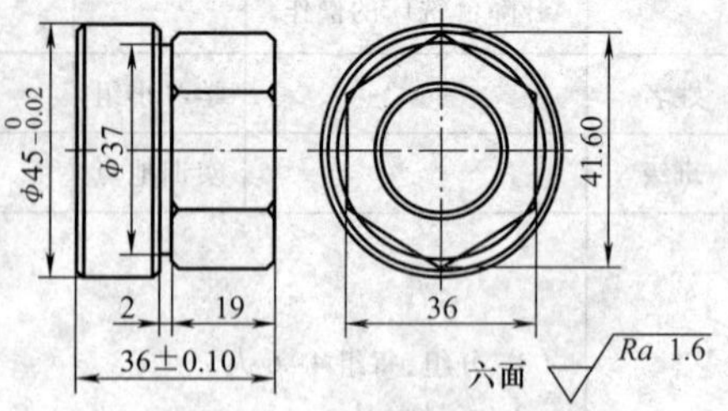 $\phi45_{-0.02}^{0}$　$\phi37$　41.60 2　19　36 36±0.10　六面 Ra 1.6		任务名称	六方体的铣削	任务编号	R11
		姓名		学习小组	
		班级		实训地点	
		任务实施	1. 分组,每组 4~6 人 2. 资料学习 3. 现场教学 4. 讨论六方体铣削加工注意事项 5. 实训操练,完成六方体零件的铣削加工 6. 完成 G11 工作页相关内容		
任务描述	加工上图所示零件,数量为 1 件,毛坯为实训 9 已完成的零件,尺寸 $\phi45_{-0.02}^{0}$mm、(36±0.10)mm、ϕ37mm、2mm、19mm 已加工完成,六方体铣削位置外径已加工至 ϕ41.6mm,已倒角。通过实训,学生应掌握 FW250 型分度头的正确操作,掌握六方体的铣削方法,学会填写加工工序卡片,阅读相关的学习资料,遵守生产现场劳动纪律,接受安全生产教育,养成良好的职业素质	任务实施注意事项	1. 掌握 FW250 型万能分度头的正确操作 2. 掌握常用铣刀的安装方法 3. 掌握六方体的铣削方法 4. 了解铣削相关切削要素 5. 注意安全操作 6. 培养团队协作意识,讨论解决实训中遇到的有关问题 7. 培养学生对铣床日常维护保养的能力 8. 遵守 6S 相关规定		
任务下发人:		任务实施人:		日期:	

2. 任务实施

六方体铣削工艺见表 8-6。

表 8-6　六方体铣削工艺

工序名称	工 序 内 容	量具、工具
装夹	用分度头装夹零件并找正	分度头
粗铣	粗铣 6 个面,各留 1mm 的精铣余量	铣刀、游标卡尺
精铣	精铣 6 个面,保证最大外径尺寸 41.6mm 和对边尺寸 36mm	铣刀、游标卡尺
检验	检验各尺寸	直尺、游标卡尺

项目九　铣削的其他加工工艺

【能力目标】

1) 掌握 X5032 型立式升降台铣床的结构。

2) 掌握 FW250 分度头的使用。

3) 掌握零件加工质量和表面质量的概念。

4) 掌握直角沟槽、键槽和圆柱直齿轮的铣削方法。

9.1　项目分析

给定加工对象为实训 4~7 中完成的阶梯轴 1 件，按图 9-1 所示的图样要求加工出合格的零件。

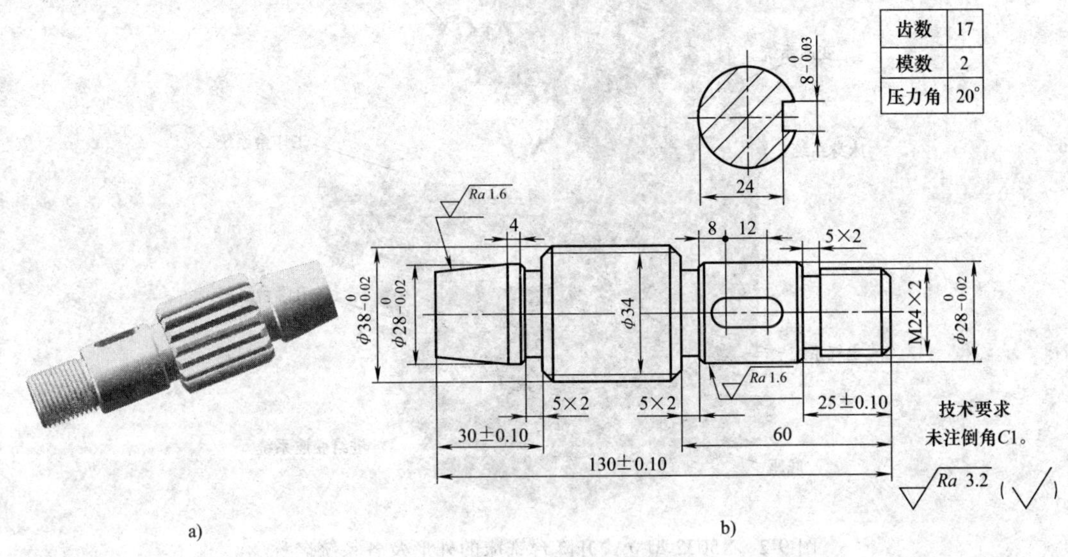

图 9-1　齿轮轴

从阶梯轴及图 9-1 可知，该零件的键槽和齿轮需在铣床上完成。键槽宽 $8_{-0.03}^{\ 0}$mm、深度尺寸为 24mm、键槽长度为 20mm，直齿齿轮大径 $\phi38_{-0.02}^{\ 0}$ mm 已加工完成，分度圆为 ϕ34mm、模数为 2mm、齿数为 17 齿、压力角为 20°、表面粗糙度 *Ra* 值为 3.2μm。

9.2　知识储备

课题 24　X5032 型立式升降台铣床

X5032 型立式升降台铣床的外形及各系统名称如图 9-2 所示。X5032 型立式升降台铣床的规格、操纵机构、传动变速情况等与 X6132 型万能卧式铣床基本相同。不同之处主要有以下两点。

1）X5032 型立式升降台铣床的主轴与工作台台面垂直，安装在可以偏转的铣头壳体内。

2）X5032 型立式升降台铣床的工作台与横向溜板连接处没有回转盘，所以工作台在水平面内不能扳转角度。

X5032 型立式升降台铣床型号的具体含义如下：

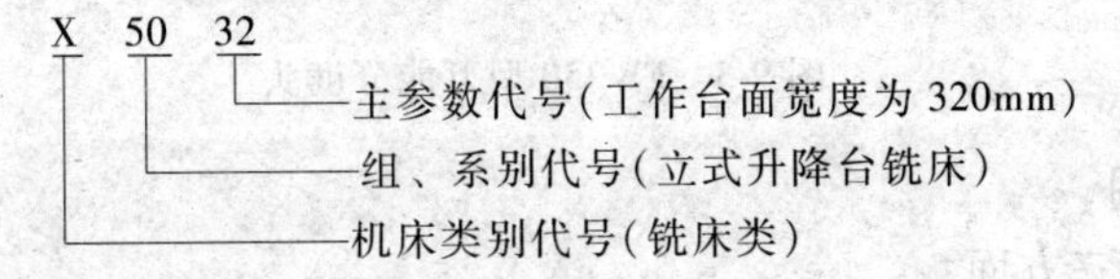

课题 25　FW250 型万能分度头的使用

分度头是铣床的重要附件之一，铣削各种齿轮、多边形、花键等都需要使用分度头进行分度。

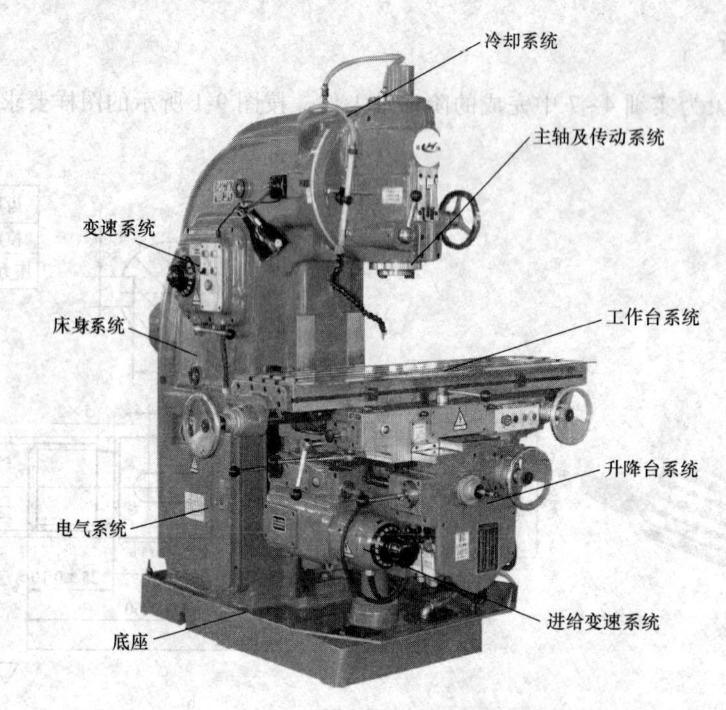

图 9-2 X5032 型立式升降台铣床的外形及各系统名称

1. 分度头的结构

分度头有许多类型，图 9-3 所示为 FW250 型万能分度头的外形结构图。它由底座、转动体、主轴、分度盘等组成。工作时，底座用螺钉紧固在工作台上，并利用导向键与工作台上的一条 T 形槽相配合，保证分度头主轴方向平行于工作台纵向，分度头主轴前端锥孔内可安装顶尖，用来支承工件，主轴外部有螺纹，便于旋转卡盘等来装夹工件。分度头转动体可使主轴转至一定角度进行工作。分度头转动的位置和角度由侧面的分度盘控制。

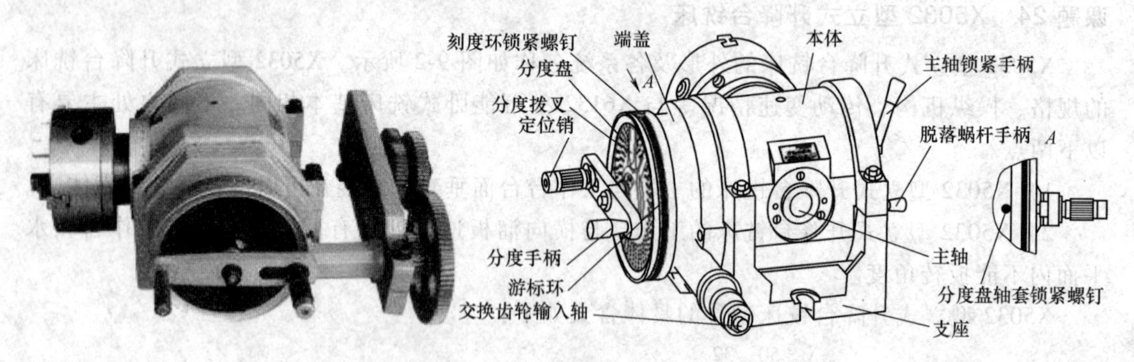

图 9-3 FW250 型万能分度头

2. 分度头的功用

分度头的功用有三方面：

1）把工件安装成需要的角度，如铣削斜面等。

2）用各种分度方法（简单分度、复式分度、差动分度）进行各种分度工作。

3）铣螺旋槽时，将分度头交换齿轮轴与铣床纵向工作台丝杠用“交换齿轮”连接后，

当工作台移动时，分度头上的工件即可获得螺旋运动。

3. 分度头的安装与调整

（1）分度头主轴轴线与铣床工作台台面平行度的校正　分度头主轴轴线与铣床工作台台面平行度的校正如图9-4所示，用直径ϕ40mm、长400mm的检验棒插入分度头主轴孔内，以工作台台面为基准，用百分表测量检验棒两端，当两端值一致时，则分度头主轴轴线与工作台台面平行。

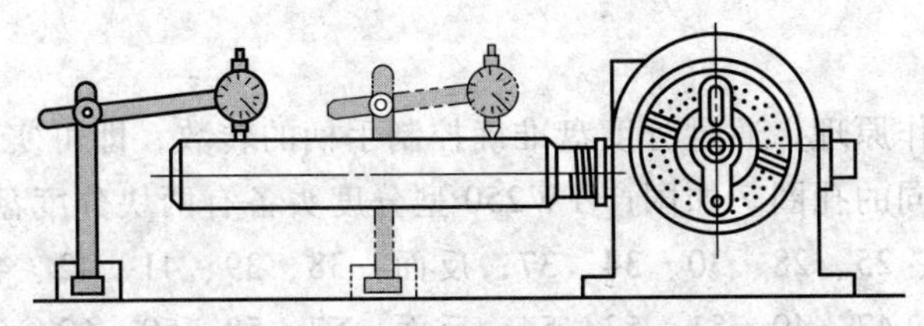

图9-4　分度头主轴轴线与铣床工作台台面平行度的校正

（2）分度头主轴轴线与刀杆轴线垂直度的校正　分度头主轴轴线与刀杆轴线垂直度的校正如图9-5所示，将检验棒插入主轴孔内，使百分表的测头与检验棒的内侧面（或外侧面）接触，然后移动纵向工作台，若百分表指针稳定则表明分度头主轴轴线与刀杆轴线垂直。

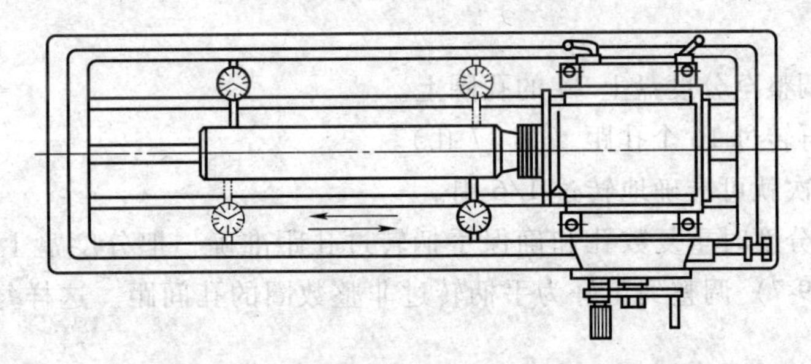

图9-5　分度头主轴轴线与刀杆轴线垂直度的校正

（3）分度头与后顶尖同轴度的校正　先校正好分度头，然后将检验棒装夹在分度头与后顶尖之间以校正后顶尖与分度头主轴等高，最后校正其同轴度，即两顶尖间的轴线平行于工作台台面且垂直于铣刀刀杆，如图9-6所示。

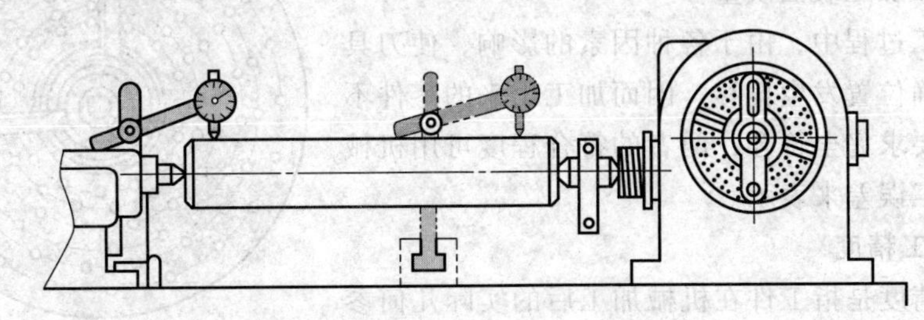

图9-6　分度头与后顶尖同轴度的校正

4. 分度原理

主轴上固定有齿数为40的蜗轮，与之相啮合的蜗杆的头数为1，当拔出定位销，转动分度手柄时，通过一对传动比为1∶1的螺旋齿轮的传动，使蜗杆转动，从而带动蜗轮（主轴）进行分度。由其传动关系可知，当分度手柄转动一周时，主轴转动$\frac{1}{40}$周，或分度手柄转数等于40倍的主轴（工件）转数。

若工件的等分数为z，则每次分度时，工件应转过$\frac{1}{z}$周。

因此，分度手柄每次转数$n=40\times\frac{1}{z}$周。

5. 分度方法

根据分度头的工作原理，通过分度盘准确控制手柄的转数，即可实现分度。分度盘正反两面上有许多孔数不同的孔圈。如国产FW250型分度头备有两块分度盘，其各圈孔数如下：

第一块正面：24、25、28、30、34、37；反面：38、39、41、42、43。

第二块正面：46、47、49、51、53、54；反面：57、58、59、62、66。

例如，铣削六方时，工件的等分数z为6。则分度手柄每次转数$n=40\times\frac{1}{6}$周$=6\frac{2}{3}$周。此时可利用分度盘上孔数为24的孔圈（或孔数可被分母6除尽的其他孔圈），使分度手柄旋转$6\frac{2}{3}$周，即转动手柄$6\frac{16}{24}$周。

6. 操作步骤

1）将定位销调整至分度盘上24的孔圈上。

2）转6圈后再转过16个孔距（第17孔）。

这样，主轴每次就可准确地转过1/6周。

为了避免每次分度时重复数孔和确保手柄转过孔距准确，把分度盘上的两个扇形夹1、2之间的夹角（图9-7）调整到正好为手柄转过非整数圈的孔间距。这样每次分度就可做到既快又准。

课题26　零件的加工质量

零件的加工质量是保证机械产品工作性能和产品寿命的基础。衡量零件加工质量的指标有两方面，分别是机械加工精度和加工表面质量。

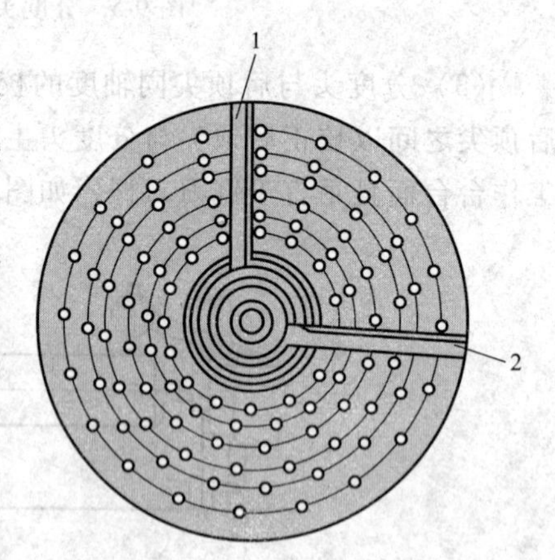

图9-7　分度盘扇形夹调整

在机械加工过程中，由于各种因素的影响，使刀具和工件间的正确位置发生偏移，因而加工出来的零件不可能与理想的要求完全符合，两者的符合程度可用机械加工精度和加工误差来表示。

1. 机械加工精度

机械加工精度是指工件在机械加工后的实际几何参数（尺寸、形状和位置）与零件图样所规定的理想值的相符合的程度。加工精度包括三个方面：

（1）尺寸精度　尺寸精度是用尺寸公差来控制的，是限制加工表面与其基准间尺寸误差不超过一定的范围。尺寸公差是切削加工中零件尺寸允许的变动量。在公称尺寸相同的情况下，尺寸公差越小，则尺寸精度越高。

为了实现互换性和满足各种使用要求，国家标准 GB/T 1800.2—2009 规定：尺寸公差分为 20 个公差等级，即 IT01、IT0、IT1、IT2、…、IT17、IT18，公差等级依次降低，公差数值依次增大。

（2）几何形状精度　几何形状精度是用形状公差来控制的，限制加工表面的宏观几何形状误差。评定形状公差的项目按 GB/T 1182—2008 规定，有直线度、平面度、圆度、圆柱度、线轮廓度和面轮廓度六项。

（3）相互位置精度　相互位置精度是用方向公差和位置公差来控制的，限制加工表面与其基准间的相互位置误差。按 GB/T 1182—2008 规定，评定方向公差的项目有平行度、垂直度、倾斜度、线轮廓度、面轮廓度；评定位置公差的项目有位置度、同轴（同心）度、对称度、线轮廓度、面轮廓度。

2. 加工误差

加工误差是指零件加工后的实际几何参数（尺寸、形状和位置）与理想几何参数的偏离程度。加工精度和加工误差是从不同角度来评定零件的加工质量。即加工精度越高，则加工误差越小；反之越大。加工精度的高低是以国家有关公差标准来表示的。要想保证和提高加工精度实际上就是限制和降低加工误差。

从保证产品的使用性能分析，没有必要把每个零件都加工得绝对准确，可以允许有一定的加工误差；只要加工误差不超过图样规定的公差，即为合格品。

3. 机械加工表面质量

（1）机械加工表面质量　机械加工表面质量，是指零件在机械加工后被加工面的微观不平度，也叫表面粗糙度，以 *Ra*、*Rz*、*Ry* 三种代号加数字来表示，机械图样中都会有相应的表面质量要求。工件加工后的表面质量直接影响其物理、化学及力学性能。产品的工作性能、可靠性、寿命在很大程度上取决于主要零件的表面质量。一般而言，重要或关键零件的表面质量要求都比普通零件要高。

（2）表面粗糙度的影响因素及降低措施　影响表面粗糙度的因素有切削条件（切削速度、进给量、切削液）、刀具（几何参数、切削刃形状、刀具材料、磨损情况）、工件材料及热处理、工艺系统刚度和机床精度等几个方面。

降低加工表面粗糙度值的一般措施：

1）刀具方面。为了减少残留面积，刀具应采用较大的刀尖圆弧半径、较小的副偏角或合适的修光刃或宽刃精刨刀、精车刀等。选用与工件材料适应性好的刀具材料，避免使用磨损严重的刀具，这些均有利于减小表面粗糙度值。

2）工件材料方面。工件材料性质中，对加工表面粗糙度影响较大的是材料的塑性和金相组织。对于塑性大的低碳钢、低合金钢材料，预先进行正火处理以降低塑性，切削加工后能得到较小的表面粗糙度值。工件材料应有适宜的金相组织（包括状态、晶粒度大小及分布）。

3）切削条件方面。以较高的切削速度切削塑性材料可抑制积屑瘤出现，减小进给量，采用高效切削液，增强工艺系统刚度，提高机床的动态稳定性，都可获得好的表面质量。

4）加工方法方面。主要是采用精密、超精密和光整加工。

降低磨削表面粗糙度值的措施有：选用较小的径向进给量，选用较大的砂轮速度和较小的轴向进给速度，工件速度应该低些，采用细粒度砂轮；精细修整砂轮工作表面，使砂轮上磨粒锋利，也可达到较好的磨削效果。选择适宜的磨削液能获得较低的表面粗糙度。

(3) 减少加工表面层变形强化和残余应力的措施　合理选择刀具的几何形状，采用较大的前角和后角，并在刃磨时尽量减小其切削刃刃口半径；使用刀具时，应合理限制其后刀面的磨损宽度；合理选择切削用量，采用较高的切削速度和较小的进给量；加工时采用有效的切削液等，可减少加工表面层变形强化。

当零件表面存在残余应力时，其疲劳强度会明显下降，特别是对有应力集中或在有腐蚀性介质中工作的零件，影响更为突出。为此，应尽可能在机械加工中减小或避免产生残余应力。但是，影响残余应力产生的因素较为复杂。总地来说，凡能减小塑性变形和降低切削温度的因素都能使已加工表面的残余应力减小。

9.3　技能训练

技能 17　直角沟槽的铣削

直角沟槽如图 9-8 所示，有敞开式、半封闭式和封闭式三种。加工尺寸较小的直角沟槽时一般选用三面刃铣刀铣削，成批生产时采用盘形槽铣刀加工，成批生产较宽的直角沟槽时，则采用合成铣刀来铣削。半封闭槽和封闭槽用立铣刀或键槽铣刀铣削。

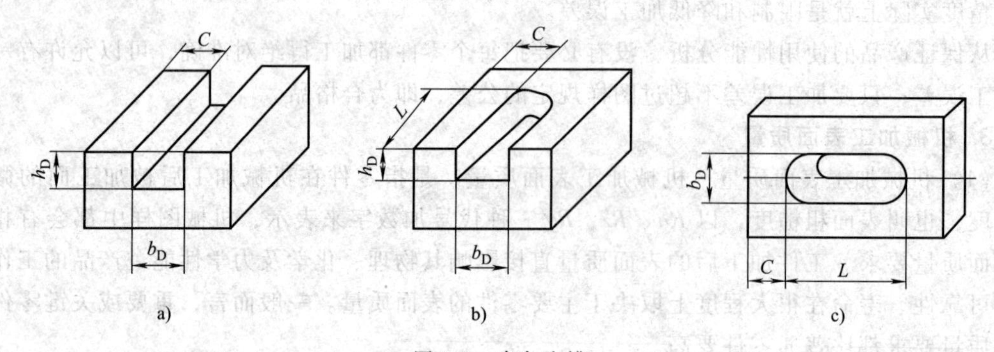

图 9-8　直角沟槽

a) 敞开式　b) 半封闭式　c) 封闭式

1. 用三面刃铣刀铣直角沟槽

(1) 铣刀的选择　三面刃铣刀的宽度 L 应等于或小于直角通槽的槽宽 B，即 $L \leqslant B$。当槽宽精度要求不高，且有相应宽度规格的铣刀时，可按 $L=B$ 选用铣刀；当没有相应宽度规格的铣刀或对槽宽尺寸精度要求较高的沟槽，通常选择宽度小于槽宽的三面刃铣刀，采用扩大法分两次或两次以上将槽宽铣削至要求。

(2) 工件的安装与校正　直角沟槽在工件上的位置，大多要求与工件两侧面平行。中小型工件一般都用平口钳装夹，大型工件则用压板直接装夹在工作台上。在铣削前，应校正固定钳口相对纵向进给方向是否满足加工要求，校正可用游标万能角尺进行；工件用压板装夹时，用百分表将其侧面校正到水平位置即可。

(3) 对刀方法　常用的对刀方法有两种。

1) 侧面对刀法。对于直角通槽平行于侧面的工件，在装夹校正后，调整机床，使回转中的三面刃铣刀的侧面切削刃轻擦工件侧面的贴纸，垂直降落工作台，再横向移动工作台一个等于铣刀宽度 L 加工件侧面到槽侧面距离 C 的位移 A，即 $A=L+C$（图 9-9），将横向进给紧固后，调整好铣削宽度（即槽深 H）铣出直角通槽。

2）划线对刀法。在工件的加工部位划出加工部位的尺寸、位置线，装夹校正工件后，调整切削位置，使三面刃铣刀侧面刀刃对准工件上所划通槽的宽度线，将横向进给紧固，分次进给铣出直角通槽。

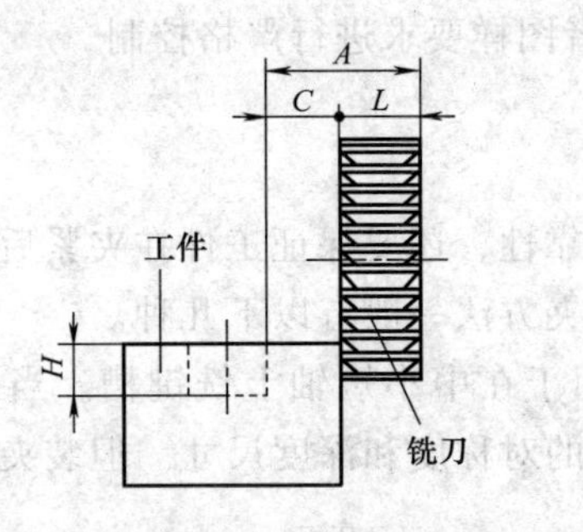

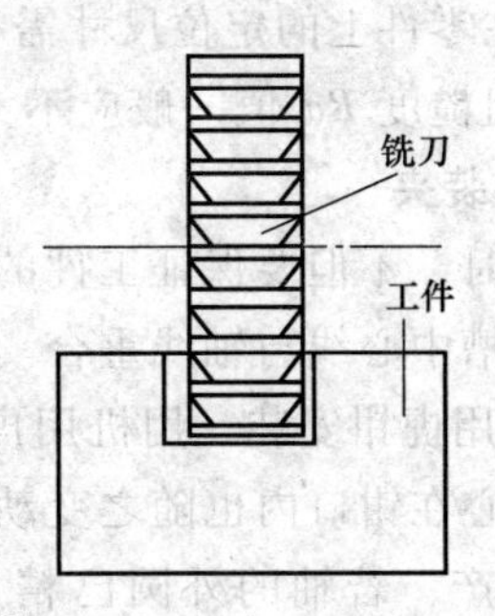

图 9-9　侧面对刀铣直角槽

2. 用立铣刀铣半通槽和封闭槽

（1）铣半通槽　宽度大于25mm直角通槽，大多采用立铣刀铣削（图9-10）。用立铣刀铣半通槽时，所选择的立铣刀直径应等于或小于槽的宽度。由于立铣刀刚度性较差，铣削时容易产生让刀现象，加工深度较深的半通槽时，应分几次铣到要求的深度，以免铣刀受力过大引起折断，铣到深度后，再将槽扩铣到要求的宽度尺寸。扩铣时应避免顺铣，防止扭坏铣刀和啃伤工件。

（2）铣封闭槽　用立铣刀铣穿通的封闭槽时（图9-11），由于立铣刀的端面切削刃没有通过刀具的中心（与刀具轴线不相交），铣刀中心不能切削，因此不能直接垂直进给切削工件。对于这种加工情况，铣削前应在封闭槽的一端预钻一个直径小于立铣刀直径的落刀孔，并由此孔落刀铣削。

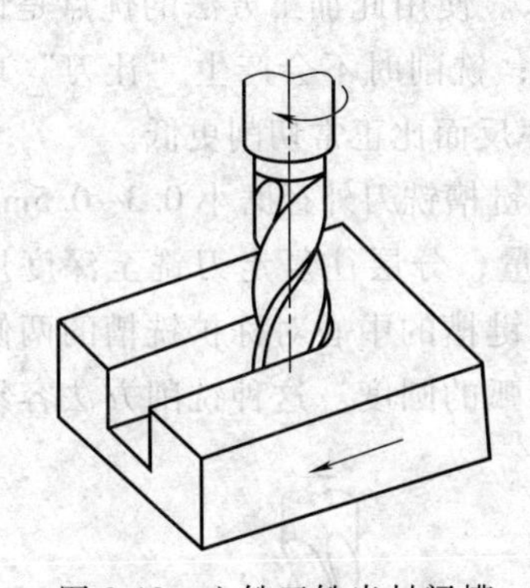

图 9-10　立铣刀铣半封闭槽

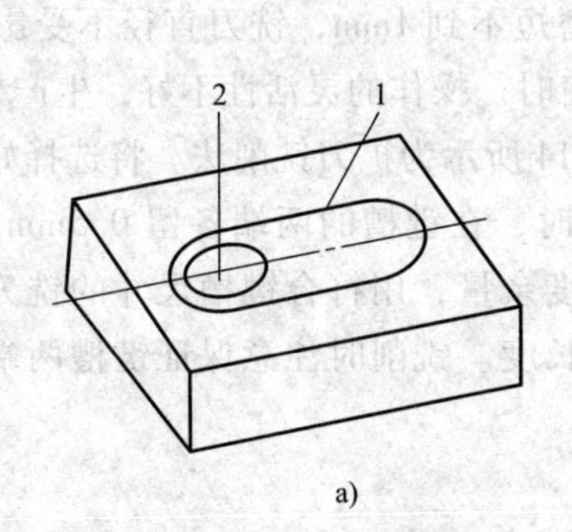

a)

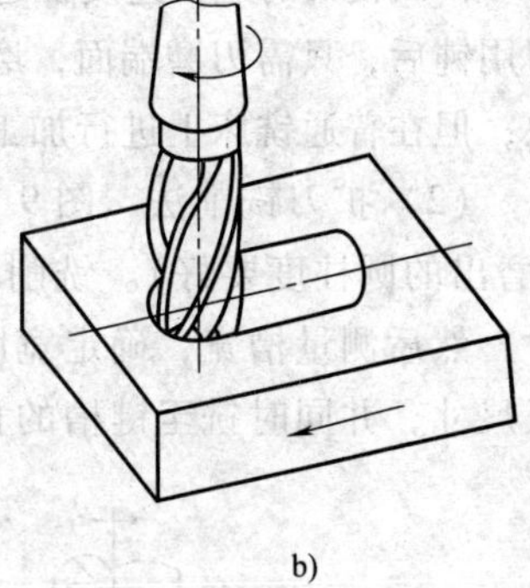

b)

图 9-11　用立铣刀铣削穿通封闭槽

a）预钻落刀孔　b）从落刀孔开始铣削

1—封闭槽加工线　2—预钻落刀孔

技能 18　键槽铣削方法

1. 轴上键槽的技术要求

轴上键槽的结构主要有敞开式、半封闭式和封闭式。槽与键相互配合，主要用于传递转矩，防止机构打滑。键槽宽度的尺寸精度要求较高，两侧面的表面粗糙度值要小，键槽与轴线的对称度也有较高的要求，键槽深度的尺寸一般要求不高。具体要求如下：

1）键槽必须对称于轴的轴线。在机械行业中，一般键槽的对称度误差应不高于0.05mm，侧面和底面须与轴线平行，其平行度误差应不高于0.05mm（在100mm范围内）。

2）键槽宽度、长度和深度需达到图样要求。

3）键槽在零件上的定位尺寸需根据国标或者图样要求进行严格控制。

4）表面粗糙度 *Ra* 值一般应不大于6.3μm。

2. 工件的装夹

装夹工件时，不但要保证工件的稳定性和可靠性，还要保证工件在夹紧后的中心位置不变，即保证键槽中心线与轴线重合。铣键槽的装夹方法一般有以下几种。

（1）用机用虎钳安装　用机用虎钳安装适用于在中小短轴上铣键槽。当工件直径有变化时，工件中心在钳口内也随之变动，影响键槽的对称度和深度尺寸。但装夹简便、稳固，适用于单件生产。若轴的外圆已精加工过，也可用此装夹方法进行批量生产。

（2）用V形铁装夹　V形铁装夹适用于长粗轴上的键槽铣削，采用V形铁定位支承的优点为夹持刚度好，操作方便，铣刀容易对中。其特点是工件中心只在V形铁的角平分线上，随直径的变化而上下变动。因此，当铣刀的中心对准V形铁的角平分线时，能保证键槽的对称度。图9-12所示为V形铁的装夹情况。

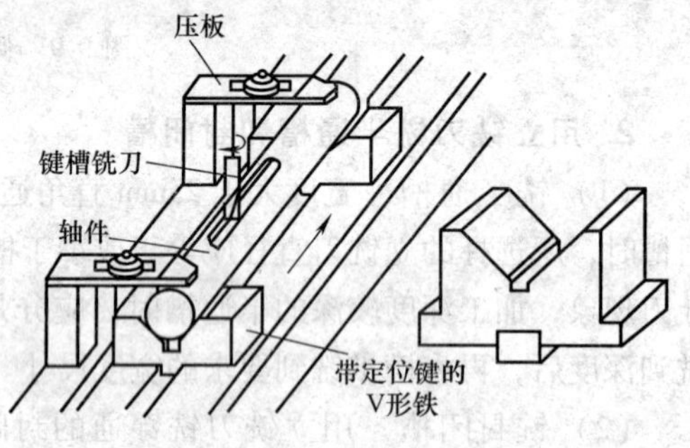

图9-12　V形铁的装夹

3. 键槽的铣削

（1）分层铣削法　图9-13所示为分层铣削法。用这种方法加工，每次铣削深度只有0.5~1mm，以较大的进给速度往返进行铣削，直至达到深度尺寸要求。使用此加工方法的优点是铣刀用钝后，只需刃磨端面，磨短不到1mm，铣刀直径不受影响；铣削时不会产生“让刀”现象；但在普通铣床上进行加工时，操作的灵活性不好，生产效率反而比正常切削更低。

（2）扩刀铣削法　图9-14所示为扩刀铣削法。将选择好的键槽铣刀外径磨小0.3~0.5mm（磨出的圆柱度要好）。铣削时，在键槽的两端各留0.5mm余量，分层往复走刀铣至深度尺寸，然后测量槽宽，确定宽度余量，用符合键槽尺寸的铣刀由键槽的中心对称扩铣槽的两侧至尺寸，并同时铣至键槽的长度。铣削时注意保证键槽两端圆弧的圆度。这种铣削方法容易

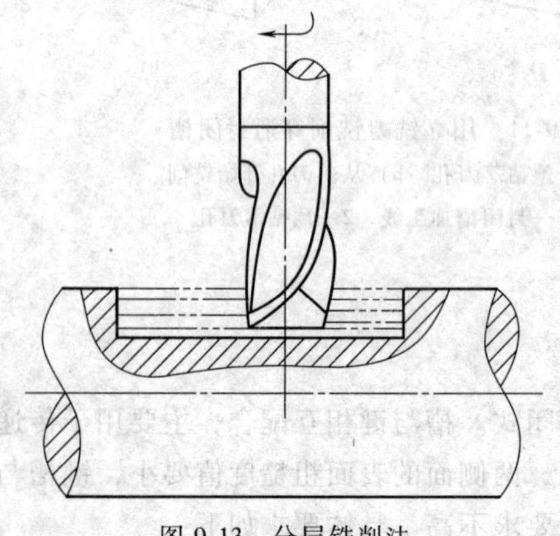

图9-13　分层铣削法

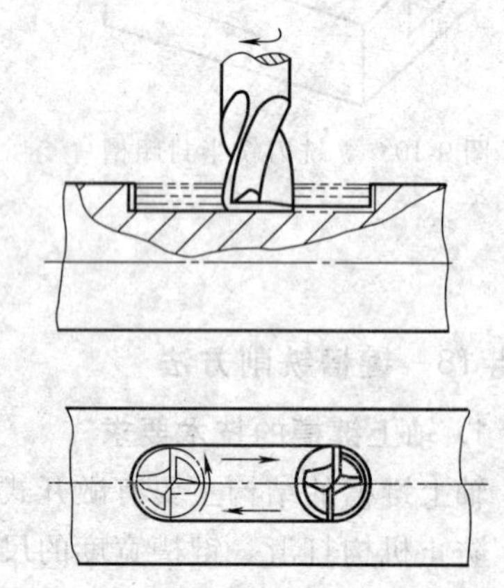

图9-14　分层铣削至深度尺寸再扩铣两侧

产生“让刀”现象，使槽侧产生斜度。

技能 19 齿轮的铣削方法

齿轮的齿形加工方法有成形法和展成法两大基本类型。成形法一般在铣床上进行，而展成法则只能在专用的齿轮加工设备上进行，如滚齿机和插齿机等。

用与被加工齿轮齿槽形状相符的成形铣刀在齿坯上加工出齿形的方法，称为成形法。可在卧式铣床上用盘状铣刀或在立式铣床上用指状铣刀进行加工。

1. 模数铣刀的选择

铣齿轮的齿形属于铣成形面，因此要用专门的齿轮铣刀——模数铣刀，可根据齿轮的模数和齿数选择模数铣刀。同一模数的齿轮铣刀由 8 个号组成一组，每一号铣刀仅适用于一定齿数范围的齿轮，见表 9-1。

表 9-1 铣刀号数与加工齿数范围

铣刀号	1	2	3	4	5	6	7	8
加工齿数范围	12~13	14~16	17~20	21~25	26~34	35~54	55~135	135 以上及齿条

2. 加工步骤

1）依据表 9-1 进行选刀和装刀。

2）安装分度头和尾架，对其进行校正。

3）调整分度头。通过计算手柄转数选取分度盘孔数，调整定位销和分度叉，拧紧分度盘紧固螺钉。

4）对中心铣削 1 个槽并检查中心，检测合格后垂向退刀。

5）正确分度，完成剩余的齿槽的铣削。

6）依次铣削完毕并测量合格后，卸下工件。

齿深不大时，可一次粗铣完，留下大约 0.2mm 的精铣余量；齿深较大时，应分几次进行粗铣。

使用成形法加工齿轮的特点是：

1）不需专用设备，刀具成本低。

2）铣刀每铣一次，都要重复一次分度、切入、退刀的过程，因此生产率较低。

3）加工精度低，一般加工精度为 9~11 级。精度不高的原因是同一模数的铣刀只有 8 把，每号铣刀的刀齿轮廓只与该号铣刀规定的铣齿范围内最少齿数齿轮的理论轮廓相一致，其他齿数的齿轮只能获得近似的齿形。此外分度的误差也较大。

因此，成形法加工齿轮一般用于修配和单件加工某些转速不高且精度要求较低的齿轮。

3. 加工注意要点

1）对齿坯进行检查，主要应检查齿顶圆直径，周向与轴向的圆跳动并计算齿顶圆直径是否符合加工要求，用游标卡尺测量是否与齿坯外圆直径相符。

2）分度头与尾架安装和校正时，分度头卡盘、尾架和工件一定要夹牢并预留好装夹工件的位置，以便于装卸工件。

3）工件的安装和校正。齿轮按齿坯形状分为孔齿轮和轴齿轮 2 种，安装后仍要校正其顶圆与分度头主轴线的同轴度，确定符合图样精度要求。

4）分度头分度手柄转数的计算和调整。例如当 $z=32$，$m=2$，压力角为20°时，由 $n=\frac{40}{z}$ 得 $n=\frac{40}{32}$（手柄转数为1转又1/4个孔距）。分度要仔细，分度手柄不能摇过，如果摇过要返回1圈重新摇，以排除间隙，分度前松开主轴紧固手柄，分度后将手柄紧固，否则齿距会不相等。

5）选择与安装铣刀。根据模数 m 和压力角选出模数相同的成套铣刀，再根据齿数 z 选出符合要求齿的铣刀，将铣刀安装于铣刀刀轴上，位置应尽量靠近主轴，以增加铣刀安装刚度。

6）调整切削用量，检查中心齿槽，返回原位再次铣削，零件检查合格后再取下工件，否则会出现二次装夹造成的废品。

7）对中心。用划线试切对中心法在齿坯上划出中心线后，移动工作台，使齿坯的划线与铣刀廓形中心基本重合，然后在齿坯划线处铣削一浅印（小椭圆形），依据此浅印判断铣刀廓形是否与工件轴线重合，也可在低于和高于中心1~2mm处划出两条平行线来对中心。

8）开车对刀。移动升降台，使铣刀与齿坯外圆轻轻接触，然后退出工件，记住刻度环的读数，根据模数计算齿顶高。例如 h 为4.4mm时，第1次上升4mm粗铣，依次铣削完全齿；第2次上升 $H=1.46(L_1-L_2)$，其中，L_1 为实测尺寸，L_2 为要求尺寸。精铣完第一齿后要进行测量，测量时选用公法线千分尺，符合图样公差要求后再依次分度铣削完各齿。

9.4 创新训练

实训12 直角槽和V形槽的铣削

1. 实训任务单

实训任务单见表9-2。

表9-2 直角槽和V形槽的铣削实训任务单

<table>
<tr><td colspan="2" rowspan="4"></td><td>任务名称</td><td>直角槽和V形槽的铣削</td><td>任务编号</td><td>R12</td></tr>
<tr><td>姓名</td><td></td><td>学习小组</td><td></td></tr>
<tr><td>班级</td><td></td><td>实训地点</td><td></td></tr>
<tr><td>任务实施</td><td colspan="3">1. 分组，每组4~6人
2. 资料学习
3. 现场教学
4. 讨论直角槽和V形槽铣削加工注意事项
5. 实训操练，完成直角槽和V形槽的铣削加工
6. 完成G12工作页相关内容</td></tr>
<tr><td>任务描述</td><td>加工上图所示零件，数量为1件，毛坯为74mm×64mm×102mm的长方体铸件。通过实训，学生应掌握铣刀的安装方法，掌握直角槽、V形槽的铣削方法，学会填写加工工序卡片，阅读相关的学习资料，接受有关生产现场劳动纪律及安全生产教育，养成良好的职业素质</td><td>任务实施注意事项</td><td colspan="3">1. 掌握铣刀的安装方法
2. 掌握直角槽、V形槽的铣削方法
3. 掌握直角槽、V形槽的测量方法
4. 注意安全操作
5. 培养团队协作意识，讨论解决实训中遇到的有关问题
6. 培养学生对铣床日常维护保养的能力
7. 遵守6S相关规定</td></tr>
<tr><td colspan="2">任务下发人：</td><td colspan="2">任务实施人：</td><td colspan="2">日期：</td></tr>
</table>

2. 任务实施

直角槽和V形槽铣削加工工艺见表9-3。

表9-3　直角槽和V形槽铣削加工工艺

工序名称	工 序 内 容	量具、工具
装夹	机用虎钳装夹	
铣面	依次铣削6个面，保证尺寸100mm×70mm×60mm	钢直尺、游标卡尺
铣直角槽	依次铣削2处15mm×22mm直角槽	钢直尺、游标卡尺
铣V形槽	铣削V形槽部分，保证尺寸40mm、3mm、22mm和90°	钢直尺、游标卡尺
检验	检验各尺寸	游标卡尺

实训13　键槽的铣削

1. 实训任务单

实训任务单见表9-4。

表9-4　键槽的铣削实训任务单

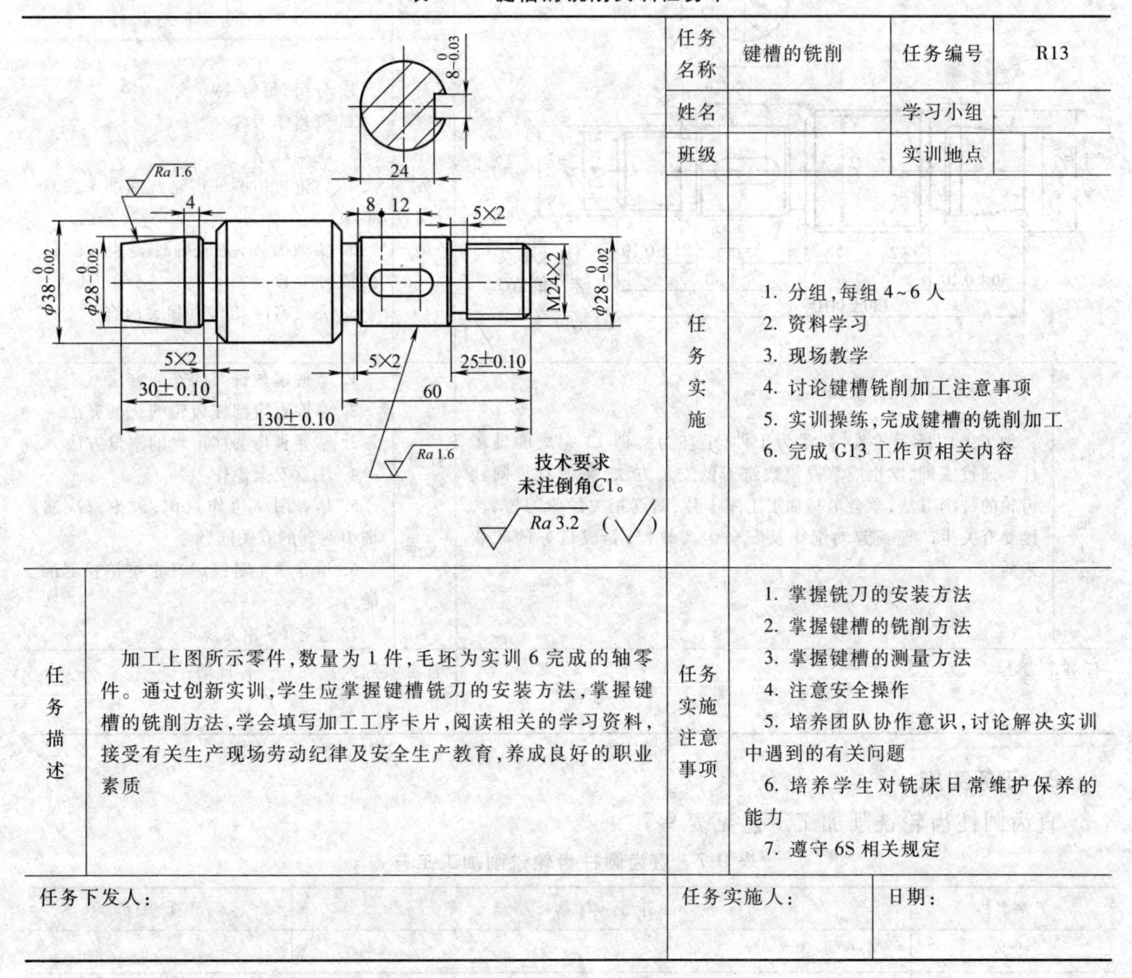

任务名称	键槽的铣削	任务编号	R13
姓名		学习小组	
班级		实训地点	
任务实施	1. 分组，每组4~6人 2. 资料学习 3. 现场教学 4. 讨论键槽铣削加工注意事项 5. 实训操练，完成键槽的铣削加工 6. 完成G13工作页相关内容		
任务描述	加工上图所示零件，数量为1件，毛坯为实训6完成的轴零件。通过创新实训，学生应掌握键槽铣刀的安装方法，掌握键槽的铣削方法，学会填写加工工序卡片，阅读相关的学习资料，接受有关生产现场劳动纪律及安全生产教育，养成良好的职业素质	任务实施注意事项	1. 掌握铣刀的安装方法 2. 掌握键槽的铣削方法 3. 掌握键槽的测量方法 4. 注意安全操作 5. 培养团队协作意识，讨论解决实训中遇到的有关问题 6. 培养学生对铣床日常维护保养的能力 7. 遵守6S相关规定
任务下发人：		任务实施人：	日期：

2. 任务实施

键槽铣削加工工艺见表9-5。

表 9-5　键槽铣削加工工艺

工序名称	工 序 内 容	量具、工具
装夹	机用虎钳装夹	
铣键槽	铣削 8mm×20mm 键槽，保证尺寸 24mm、8mm、$8_{-0.03}^{0}$mm	键槽铣刀、钢直尺、游标卡尺
检验	检验各尺寸	游标卡尺

实训 14　直齿圆柱齿轮的铣削

1. 实训任务单

实训任务单见表 9-6。

表 9-6　直齿圆柱齿轮的铣削加工实训任务单

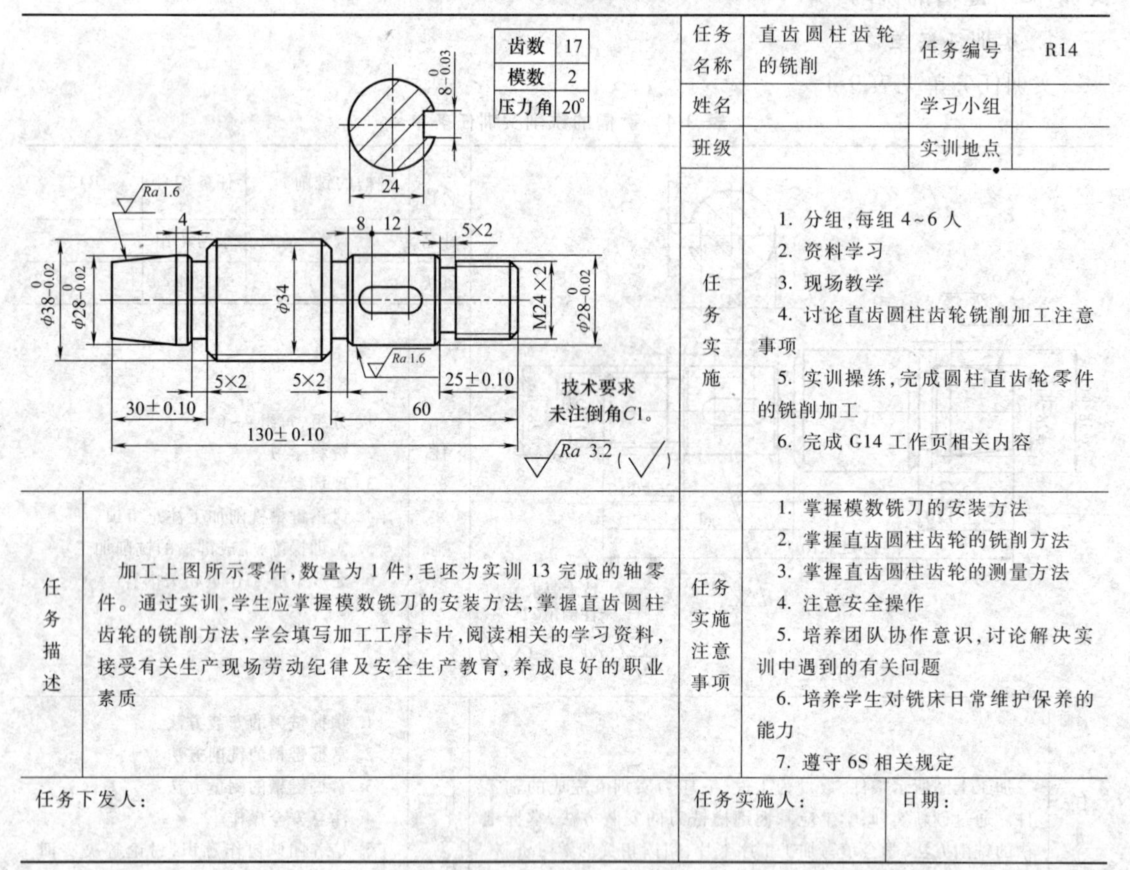

（零件图）	任务名称	直齿圆柱齿轮的铣削	任务编号	R14
	姓名		学习小组	
	班级		实训地点	
	任务实施	1. 分组，每组 4~6 人 2. 资料学习 3. 现场教学 4. 讨论直齿圆柱齿轮铣削加工注意事项 5. 实训操练，完成圆柱直齿轮零件的铣削加工 6. 完成 G14 工作页相关内容		
任务描述：加工上图所示零件，数量为 1 件，毛坯为实训 13 完成的轴零件。通过实训，学生应掌握模数铣刀的安装方法，掌握直齿圆柱齿轮的铣削方法，学会填写加工工序卡片，阅读相关的学习资料，接受有关生产现场劳动纪律及安全生产教育，养成良好的职业素质	任务实施注意事项	1. 掌握模数铣刀的安装方法 2. 掌握直齿圆柱齿轮的铣削方法 3. 掌握直齿圆柱齿轮的测量方法 4. 注意安全操作 5. 培养团队协作意识，讨论解决实训中遇到的有关问题 6. 培养学生对铣床日常维护保养的能力 7. 遵守 6S 相关规定		
任务下发人：	任务实施人：		日期：	

2. 任务实施

直齿圆柱齿轮铣削加工工艺见表 9-7。

表 9-7　直齿圆柱齿轮铣削加工工艺

工序名称	工 序 内 容	量具、工具
装夹	分度头装夹	
铣齿	铣削齿轮，保证齿轮深度尺寸	M2 模数铣刀、游标卡尺
检验	检验各尺寸	

模块四

零件的其他机床加工

项目十 刨削加工

在刨床上用刨刀加工工件的方法称为刨削，它是金属切削加工中常用的方法之一。刨床是用刨刀对工件的平面、沟槽或成形表面进行刨削的直线运动机床。使用刨床加工，刀具较简单，但生产率较低（加工长而窄的平面除外），因而主要用于单件、小批量生产及机修车间，在大批量生产中往往采用铣削。

【能力目标】

1）了解 B6065 型牛头刨床和 B5032E 型插床的结构。

2）掌握刨削工艺及切削用量的选用。

3）掌握刨刀的正确安装方法。

4）了解工艺方案的技术经济分析方法。

5）了解提高机械加工生产率的措施。

10.1 项目分析

给定尺寸为 84mm×74mm×102mm 的长方体铸件毛坯一件，按图 10-1b 所示图样要求，加工出合格的零件。

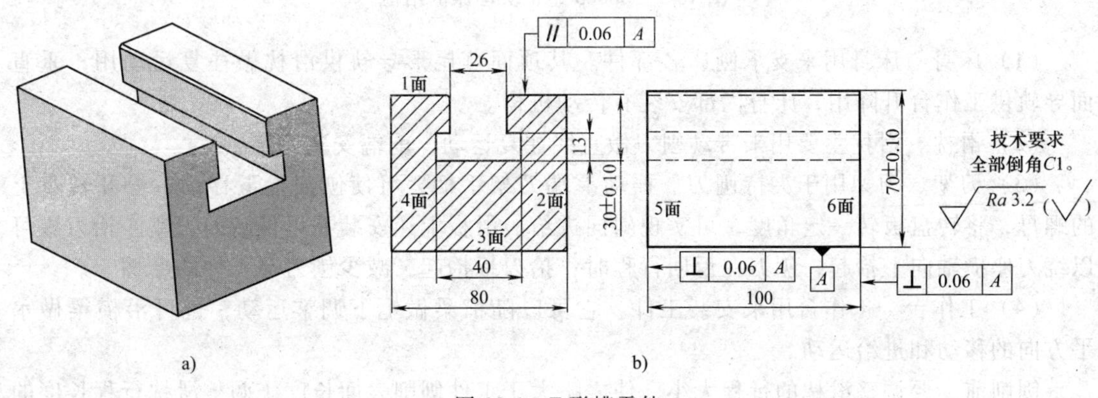

图 10-1 T 形槽零件

a）外形图 b）零件图

从毛坯尺寸及图 10-1 可知，该零件需要在刨床上多次装夹加工。图中 1 面和 3 面（基

准面 *A*）的平行度公差为 0.06mm，尺寸要求为（70±0.1）mm；2 面到 4 面尺寸为 80mm，5 面到 6 面尺寸为 100mm，T 形槽尺寸为 26mm、13mm、40mm、（30±0.1）mm，整体左右对称，5、6 两面对于基准面 *A* 的垂直度公差均为 0.06mm。所有表面的表面粗糙度 *Ra* 值为 3.2μm，全部倒角为 *C*1。

10.2 知识储备

课题 27 刨床

刨床类机床主要有牛头刨床、龙门刨床和插床三种类型。牛头刨床主要用于加工小型零件，而龙门刨床主要用于加工大型或重型零件上的各种平面、沟槽和各种导轨面。

1. B6065 型牛头刨床

图 10-2 所示为 B6065 型牛头刨床的外形及结构图。牛头刨床主要由床身、滑枕、刀架、工作台、横梁、底座等组成。

图 10-2 B6065 型牛头刨床的结构

（1）床身　床身用来支承刨床各部件。其顶面燕尾形导轨供滑枕做往复运动用，垂直面导轨供工作台升降用，床身内部安装有传动机构。

（2）滑枕　滑枕主要用来带动刨刀做直线往复运动，前端安装刀架。

（3）刀架　刀架用于夹持刨刀。摇动上端刀架手柄，可使刨刀上下移动；松开转盘上的螺母，将转盘扳转一定角度，可实现斜向进给。滑板上还安装有可偏转的刀座。抬刀板可以绕刀座横轴向上抬起，刨刀在返回行程时，抬刀板抬起，减少刨刀与工件的摩擦。

（4）工作台　工作台用来安装工件。它可以随横梁做上下调整运动，也可沿横梁做水平方向的移动和进给运动。

刨削前，要调整滑枕的行程大小，使之略大于工件刨削表面长度。调整滑枕行程长度的方法是改变摇臂齿轮上滑块的偏心位置，转动方头便可使滑块在摇臂齿轮的导向槽内移动，从而改变其偏心距。偏心距越大，滑枕的行程越长。

刨削前，还要根据工件的左右位置来调节滑枕的行程位置。方法是先使摇臂停留在极右

位置，松开锁紧手柄，用扳手转动滑枕内的锥齿轮使丝杠旋转，从而使滑枕右移至合适位置，然后拧紧手柄。

2. B5032E 型插床

插床又称为立式刨床，其主运动是滑枕带动插刀所做的上下往复直线运动。图 10-3 所示为 B5032E 型插床的外形图。插床主要用于单件、小批量生产，主要用来加工工件的内表面，如键槽、内花键等，也可用于加工多边形孔，如四方孔、六方孔等。特别适于加工不通孔或有障碍台肩的内表面。插削加工是以插刀的垂直往复直线运动为主运动，以工件的纵向、横向或旋转运动为进给运动，切去工件上多余金属层的一种加工方法。

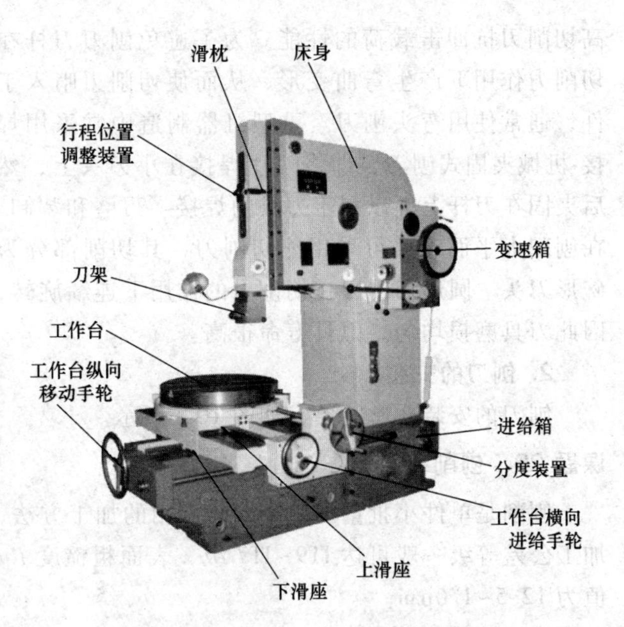

图 10-3　B5032E 型插床的外形图

插床主要由床身、底座、工作台、滑枕等组成。加工时，插刀安装在滑枕的刀架上，由滑枕带动做上下的直线往复运动。工件安装在工作台上，可根据需要做纵向、横向和圆周的进给运动。工作台的旋转运动可由分度盘控制进行分度，如加工花键等。

课题 28　刨刀

刨刀是用于刨削加工的、具有一个切削部分的刀具。

1. 刨刀结构

刨刀根据用途可分为纵切、横切、切槽、切断和成形刨刀等，如图 10-4 所示。刨刀的结构基本与车刀类似，但刨刀工作时为断续切削，受冲击载荷。因此，在同样的切削截面下，刨刀刀杆断面面积是车刀断面面积的 1.25~1.5 倍，并采用较大的负刃倾角（-10°~-20°），以提

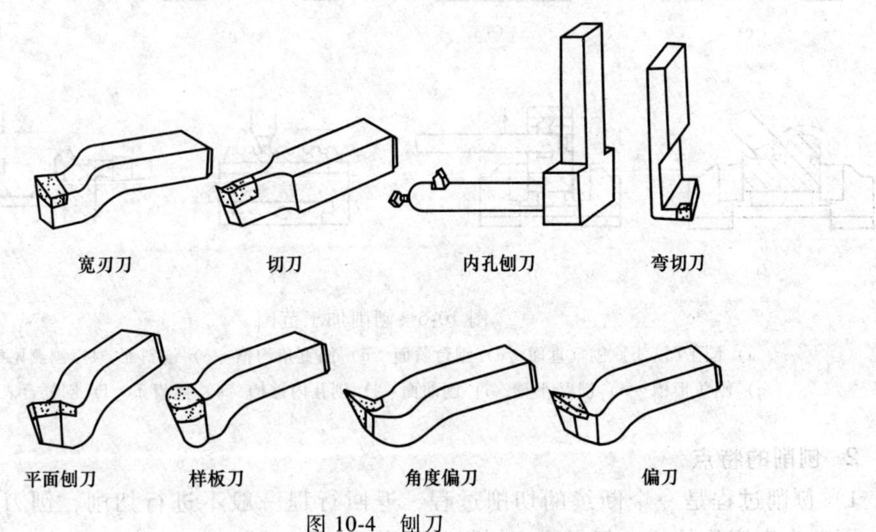

图 10-4　刨刀

高切削刃抗冲击载荷的性能。为了避免刨刀刀杆在切削力作用下产生弯曲变形，从而使切削刃啃入工件，通常使用弯头刨刀。重型机器制造中常采用焊接-机械夹固式刨刀，即将刀片焊接在小刀头上，然后夹固在刀杆上，以利于刀具的焊接、刃磨和装卸。在刨削大平面时，可采用滚切刨刀，其切削部分为碗形刀头。圆形切削刃在切削力的作用下连续旋转，因此刀具磨损均匀，刀具寿命很高。

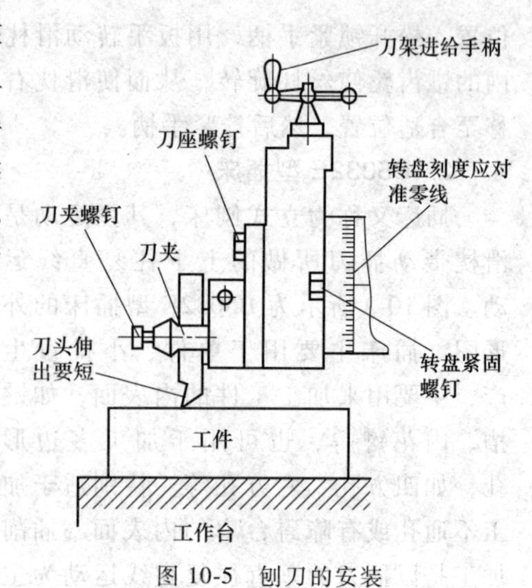

图 10-5　刨刀的安装

2. 刨刀的安装

刨刀的安装非常简单，如图 10-5 所示。

课题 29　刨削基础

刨削是单件小批量加工平面时常用的加工方法，加工公差等级一般可达 IT9～IT7 级，表面粗糙度 Ra 值为 12.5～1.6μm。

1. 刨削加工范围

刨削可以加工平面、平行面、垂直面、台阶、沟漕、斜面、曲面等，如图 10-6 所示。

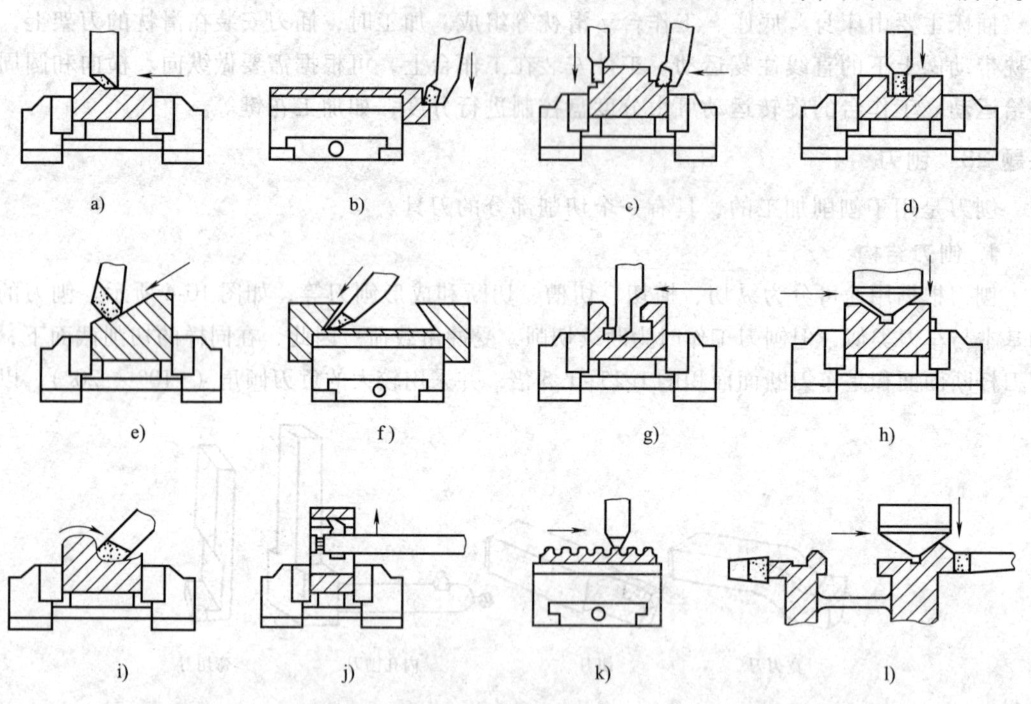

图 10-6　刨削加工范围

a）刨平面　b）刨垂直面　c）刨台阶面　d）刨直角沟槽　e）刨斜面　f）刨燕尾槽
g）刨 T 形槽　h）刨 V 形槽　i）刨曲面　j）刨孔内键槽　k）侧齿条　l）刨复合表面

2. 刨削的特点

1）刨削过程是一个断续的切削过程，返回行程一般不进行切削，刨刀又属于单刃刀具，因此生产率比较低，但很适宜刨削狭长平面。

2）刨刀结构简单，制造、刃磨和工件安装比较简便，刨床的调整也比较方便，刨削特别适合于单件、小批生产的场合。

3）刨削属于粗加工和半精加工的范畴，加工公差等级一般可达 IT9～IT7 级，表面粗糙度 Ra 值为 12.5～1.6μm。

4）刨床无抬刀装置时，在返回行程，刨刀后刀面与工件已加工表面发生摩擦，影响工件的表面质量，也会使刀具磨损加剧。

5）刨削加工切削速度低，并有一次空行程，产生的切削热少，散热条件好。

3. 刨削运动与刨削用量

刨削加工是在刨床上利用刨刀（或工件）的直线往复运动进行切削加工的一种方法。刨刀或工件所做的直线往复运动是主运动，进给运动是工件或刀具沿垂直于主运动方向所做的间歇运动。

（1）刨削速度 v_c　刨削速度指刨刀刨削时往复运动的平均速度，其值可按下式计算：

$$v_c=\frac{2Ln}{1000}$$

式中　v_c——刨削速度（m/min）；

L——刨刀的行程长度（mm）；

n——滑枕每分钟往复次数（往复次数/min）。

（2）进给量 f　刨刀每往返一次，工件横向移动的垂直距离称为进给量（单位为 mm）。B6065 型牛头刨床的进给量值可按下式计算：

$$f=\frac{k}{3}$$

式中　k——刨刀每往复一次，棘轮被拨过的齿数。

（3）背吃刀量（刨削深度）a_p　已加工表面与待加工表面之间的垂直距离称为刨削深度（单位为 mm）。

课题 30　工艺方案的技术经济分析

在制订工艺规程时，常常拟定几种不同的工艺方案，这些工艺方案所产生的经济效益一般是不同的。工艺方案的经济效益分析的目的在于选择最优工艺方案。比较工艺方案优劣，大致可分为两个阶段进行。第一阶段是对各工艺方案进行技术经济指标分析，它是从各个侧面考察工艺方案的优劣；第二阶段是对各工艺方案的工艺成本进行分析，它是从综合、整体的角度判断工艺方案的优劣。

1. 主要技术经济指标

在第一阶段中，需要分析的主要技术经济指标包括：

（1）劳动消耗量　可以用劳动小时数或单位时间产量计算。它是工艺效率高低的指标。

（2）原材料消耗量　它反映工艺方案对原材料选用的经济合理性。该指标对工艺方案有很大影响。

（3）设备构成比　指采用主要设备型号的比例关系。其中高效率自动化设备和专用设备占比重越大，加工劳动量就越小。此指标表示设备的特点，但要注意设备的负荷系数。

（4）设计的厂房占地面积　指工艺过程中所需设备的厂房占地面积，此指标对新建或改建车间影响较大。

(5) 工艺装备系数　它反映工艺过程中所采用的专用工、夹、模、量具的程度。工艺装备系数大，可减少加工劳动量，但会增加投资和使用费用，并延长生产技术准备周期，所以应考虑批量大小。

(6) 工艺分散与集中程度　它表明一个零件加工工序的多少。分散与集中程度取决于批量大小和产量高低。

2. 工艺成本的组成及计算

在第二阶段中，通过工艺成本的分析，可以从几个初选方案中，选出技术上先进、经济上合理的工艺方案。

生产成本是制造一个零件或产品所必需的一切成本的总和。零件成本（即制造一个零件所需要的总费用）的组成见表 10-1。

表 10-1 中第一类费用（工艺成本）与加工过程直接相关，第二类费用则与工艺过程无关，所以，在对工艺方案进行经济分析时，只需考虑第一类费用（工艺成本）。

表 10-1　零件成本的组成

零件生产成本		
第一类费用(工艺成本)		第二类费用
与年产量有关的可变费用 V	与年产量无关的不变费用 C	
$S_{材}$——材料费 $S_{资}$——机床工人工资 $S_{护}$——机床维护费 $S_{旧}$——通用机床折旧费 $S_{刀}$——刀具维护及折旧费 $S_{夹}$——通用夹具维护折旧费	$S_{调}$——调整工人工资 $S_{专机}$——专用机床折旧费 $S_{专夹}$——专用夹具维护折旧费	行政总务人员工资及办公费 厂房折旧及维护费 照明、取暖、通风费 运输费

工艺成本由与年产量 N 有关的可变费用 V 及与年产量无关的不变费用 C 组成。其中各项费用的计算公式可参考有关文献。

可变费用和不变费用的计算公式为：

可变费用：　$V=S_{材}+S_{资}+S_{护}+S_{旧}+S_{刀}+S_{夹}$

不变费用：　$C=S_{调}+S_{专机}+S_{专夹}$

若零件年产量为 N，则该零件的全年工艺成本 E：

$$E=VN+C$$

单件工艺成本 E_d：

$$E_d=V+\frac{C}{N}$$

根据以上两式可以画出 E-N 和 E_d-N 的关系图（图 10-7、图 10-8）。

运用上述两式及其函数图可以方便地对不同工艺方案的经济效果做出评价和比较，从而优选出经济性较好的工艺方案。

3. 工艺方案的经济评价与比选

在对不同工艺方案进行经济评价和比选时，通常有以下两种情况：

(1) 基本投资相近或都使用现有设备的情况　此时，可将各备选工艺方案的工艺成本进行比较，并选择工艺成本最低的工艺方案作为最终的工艺方案。一般按零件的全年工艺成

本进行比较。因为它是直线，使用方便。

假如有两种不同的工艺方案，其全年工艺成本分别为：

$$E_1=NV_1+C_1$$

$$E_2=NV_2+C_2$$

当产量 N 一定时，可直接由上式算出 E_1 和 E_2。若 $E_1>E_2$，则第二方案的经济性好；反之，则第一方案的经济性好。

当 N 为一变量时，可根据上述公式作图比较（图 10-9）。

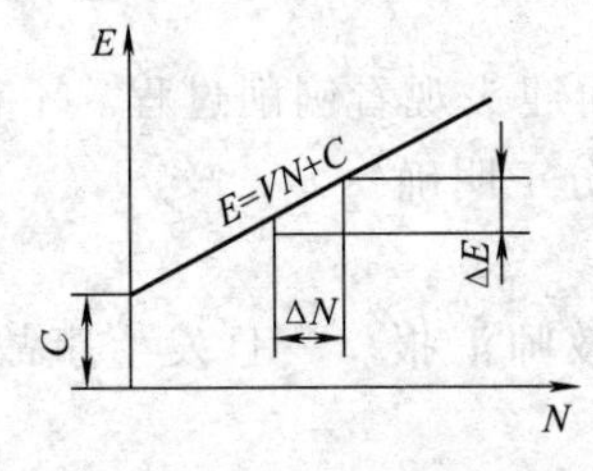

图 10-7 全年工艺成本与年产量的关系

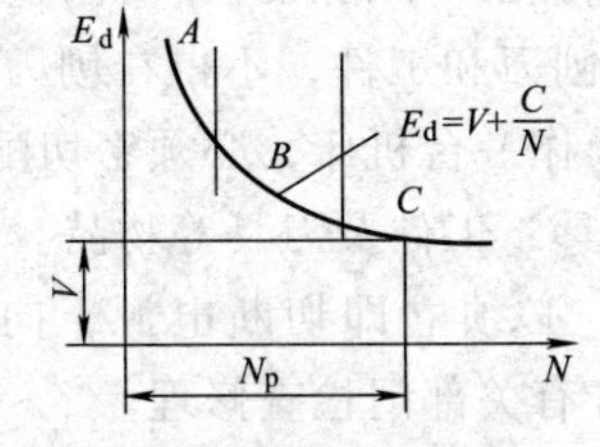

图 10-8 单件工艺成本与年产量的关系

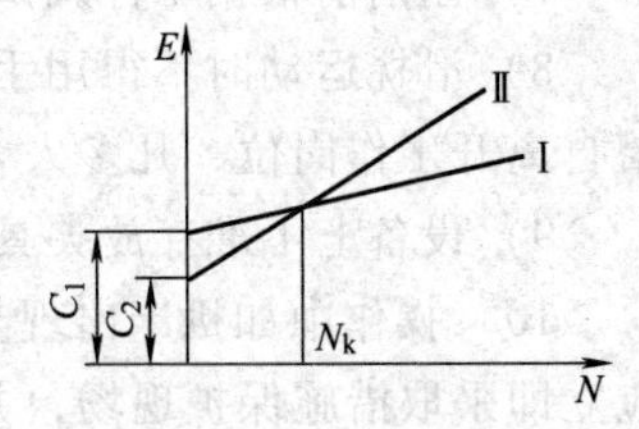

图 10-9 两种方案的全年工艺成本比较

由图 10-9 可知：当 $N<N_k$ 时，宜采用方案Ⅱ；当 $N>N_k$ 时，宜采用方案Ⅰ。

图中 N_k 为两方案全年工艺成本相等时的年产量，称为临界年产量，它可由下式求得：

$$N_k=\frac{C_2-C_1}{V_1-V_2}$$

（2）两方案基本投资相差较大的情况 假如方案Ⅰ采用价格较昂贵的高效机床及工艺装备，基本投资 K_1 较大，但其工艺成本 E_1 较低；方案Ⅱ则采用了生产率较低但价格较便宜的机床和工艺装备，所以基本投资 K_2 较小，工艺成本 E_2 较高。显然，在这种情况下，用单纯比较工艺成本大小的方法评价工艺方案的经济性是不全面的，因而也是不合适的。此时，还必须考虑两方案基本投资差额的回收期。

所谓回收期是指方案Ⅰ比方案Ⅱ多用的投资需要多长时间才能由于工艺成本的降低获利而收回来。它可由下式求得：

$$\gamma=\frac{K_1-K_2}{E_2-E_1}=\frac{\Delta K}{\Delta E}$$

式中 γ——回收期（年）；

ΔK——基本投资差额（元）；

ΔE——全年生产费用节约额（元/年）。

显然，回收期越短，经济效果就越好。

10.3 技能训练

技能 20 刨削操作安全技术

刨削技术安全操作规程如下。

1）进入训练场必须听从指导教师安排，穿好工作服，戴好防护镜，头发长的同学戴好工作帽，并把头发盘入帽中，操作时严禁戴手套，认真听讲，仔细观摩，严禁嬉戏打闹，保持场地干净整洁。

2）进入车间后未经同意或未了解机床性能，不能私自动用机床设备和电气开关。

3）学生必须在掌握相关设备和工具的正确使用方法后，才能进行操作。遇到问题立即向指导教师询问，禁止在不熟悉的情况下进行尝试性操作。

4）应根据工件的材料和加工要求适当选择切削用量。

5）开动刨床前应检查工作台面前后有无障碍物，滑枕前后切勿站人。

6）工件及刨刀应装夹牢固，刀头不宜伸出刀架过长。

7）刨削前根据工件调试刨削行程，不得在开车时调整。

8）滑枕运动时不得用手触摸刨刀和工件，不得在刨刀的正面迎头观看刨削过程。不得擅自离开工作岗位，凡多人合作操作一台机床，必须密切配合，分工明确。

9）设备上不准存放夹具、量具、工件及刀具等物品。

10）操作中如机床出现异常，必须立即切断电源，向指导教师汇报。一旦发生事故，应立即采取措施保护现场，并报告有关部门检查修理。

11）训练结束后必须擦净机床，在指定部位加注润滑油，各部件调整到正常位置，将场地清扫干净，然后关闭电源。

技能 21 刨削工艺

1. 工件的安装

工件的安装主要有机用虎钳安装和工作台安装两种形式。一般小型工件直接用机用虎钳夹紧，较大的工件可直接安装在工作台上。在工作台上安装工件，可用压板来固定，应分几次逐渐拧紧各个螺母，以免夹紧力使工件变形。为使工件不致在加工时被推动，应在工件前端加装挡铁。如果所加工的工件要求相对两面平行，相邻两面垂直，则应采用平行垫铁和垫上圆棒来保证夹紧。

2. 刨水平面

刨水平面可按下列步骤进行：

1）正确安装刀具和零件。

2）调整工作台的高度，使刀尖轻微接触零件表面。

3）调整滑枕的行程长度和起始位置。

4）根据零件材料、形状、尺寸等要求，合理选择切削用量。

5）试切。先用手动试切，进给 1~1.5mm 后停车，测量尺寸，根据测得的结果调整背吃刀量，再自动进给进行刨削。

6）检验。零件刨削完工后，停车检验，确认尺寸和加工精度合格后即可卸下。

当零件表面粗糙度 Ra 值低于 6.3μm 时，应先粗刨，再精刨。精刨的切削深度和进给量应比粗刨小，切削速度可高些。为使工件表面光整，在刨刀返回时，可用手掀起刀座上的抬刀板，使刀具离开已加工表面，使刀尖不与工件摩擦，以保证零件表面质量。刨削时一般不用切削液。

一般在牛头刨床上加工工件的切削用量：切削速度 0.2~0.5m/s；进给量 0.33~1mm/str；切削深度 0.5~2mm。

3. 刨垂直面和斜面

刨垂直面时，须采用偏刀进行加工。注意安装偏刀时，刨刀的伸出长度应大于整个刨削面的高度。刨削时，刀架转盘位置应对准零线，使滑板（刨刀）能准确地沿垂直方向移动。

刀座必须偏转一定的角度（10°~15°），以使刨刀在返回行程时能自由地离开工件表面，减少刀具的磨损和避免擦伤已加工表面。安装工件时，注意保证待加工表面与工作台台面垂直，并与切削方向平行。

刨斜面与刨垂直面基本相同，只是刀架转盘必须按零件所需加工的斜面扳转一定角度，以使刨刀沿斜面方向移动。采用偏刀或样板刀，转动刀架手柄进行进给，可以刨削左侧或右侧斜面。

刨垂直面和斜面的加工方法一般在不能或不便于进行水平面刨削时才使用。

4. 刨沟槽

1）刨直槽。刨直槽时，可用切槽刀以垂直进给来完成，如图 10-10 所示。

2）刨 T 形槽。刨 T 形槽时，要先用切槽刀以垂直进给的方式刨出直槽，然后用左、右两把弯刀分别加工两侧凹槽，最后用 45°刨刀倒角，如图 10-11 所示。

3）刨燕尾槽。刨燕尾槽的过程和刨 T 形槽相似，但在用偏刀刨燕尾槽时，刀架转盘要偏转一定的角度，如图 10-12 所示。

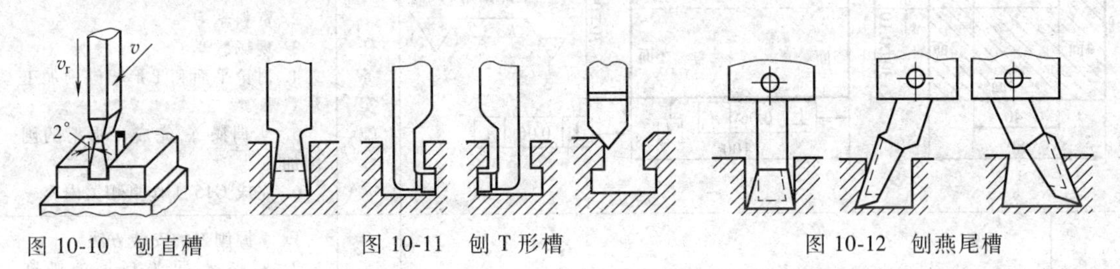

图 10-10　刨直槽　　图 10-11　刨 T 形槽　　图 10-12　刨燕尾槽

4）刨 V 形槽。刨 V 形槽的方法如图 10-13 所示，先按刨平面的方法把 V 形槽粗刨出大致形状，如图 10-13a 所示；然后用切刀刨 V 形槽底的直角槽，如图 10-13b 所示；再按刨斜面的方法用偏刀刨 V 形槽的两斜面，如图 10-13c 所示；最后用样板刀精刨至图样要求的尺寸精度和表面粗糙度。

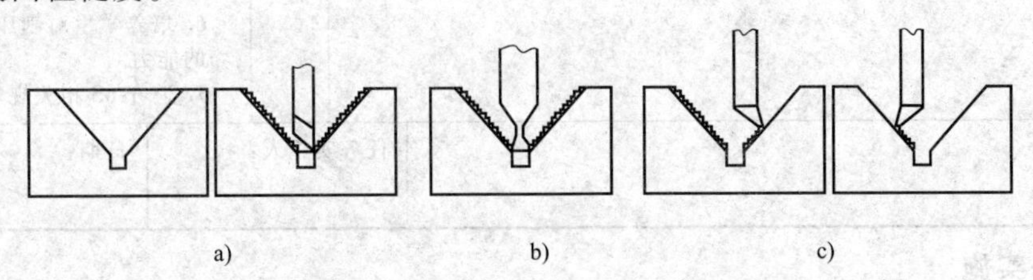

a)　　b)　　c)

图 10-13　刨 V 形槽

a）刨平面　b）刨直角槽　c）刨斜面

5. 刨削成形面

成形面是指截面形状为曲线的表面。刨削成形面一般有两种方法：

1）用划线法加工成形面。即先在工件上划线，然后按划线进行加工。加工时需用手控制走刀，对工人的技术水平要求较高，且加工质量不稳定。此方法主要用于单件加工或加工精度要求不高的工件生产。

2）用成形刨刀加工成形面。此方法操作简单，质量稳定，多用于形状简单、截面较小、批量较大的工件的生产。但成形刨刀制作较困难。刨削加工如果加工有一定的批量，可考虑采用专用夹具，以提高生产率；对于单件或小批量生产，应尽量采用通用夹具，降低生产成本。从工艺上应注意，为保证各表面之间的垂直度公差和平行度公差，必须以先加工出来的平面为基准进行定位和加工。

10.4 创新训练

实训 15 T 形槽的刨削

1. 实训任务单

实训任务单见表 10-2。

表 10-2 T 形槽的刨削实训任务单

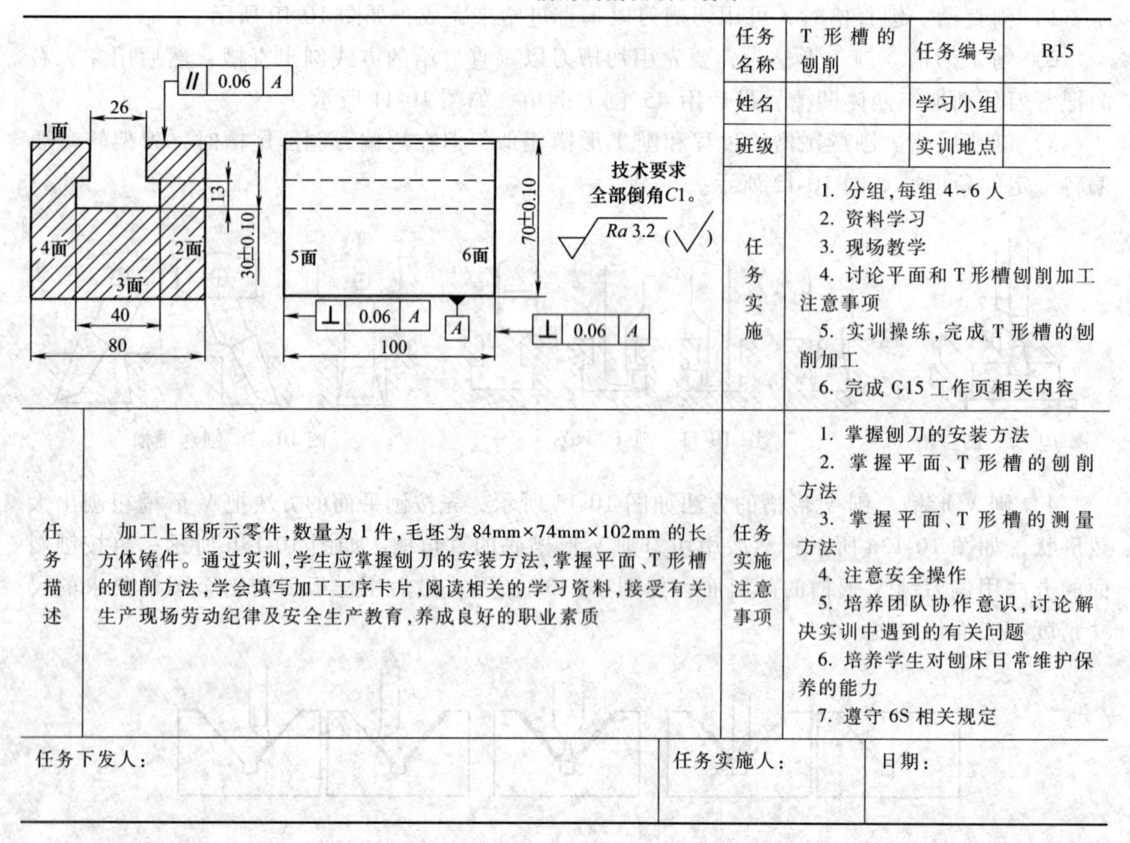

<table>
<tr><td colspan="2" rowspan="4"></td><td>任务名称</td><td>T 形槽的刨削</td><td>任务编号</td><td>R15</td></tr>
<tr><td>姓名</td><td></td><td>学习小组</td><td></td></tr>
<tr><td>班级</td><td></td><td>实训地点</td><td></td></tr>
<tr><td>任务实施</td><td colspan="3">1. 分组，每组 4~6 人
2. 资料学习
3. 现场教学
4. 讨论平面和 T 形槽刨削加工注意事项
5. 实训操练，完成 T 形槽的刨削加工
6. 完成 G15 工作页相关内容</td></tr>
<tr><td>任务描述</td><td>加工上图所示零件，数量为 1 件，毛坯为 84mm×74mm×102mm 的长方体铸件。通过实训，学生应掌握刨刀的安装方法，掌握平面、T 形槽的刨削方法，学会填写加工工序卡片，阅读相关的学习资料，接受有关生产现场劳动纪律及安全生产教育，养成良好的职业素质</td><td>任务实施注意事项</td><td colspan="3">1. 掌握刨刀的安装方法
2. 掌握平面、T 形槽的刨削方法
3. 掌握平面、T 形槽的测量方法
4. 注意安全操作
5. 培养团队协作意识，讨论解决实训中遇到的有关问题
6. 培养学生对刨床日常维护保养的能力
7. 遵守 6S 相关规定</td></tr>
<tr><td colspan="2">任务下发人：</td><td colspan="2">任务实施人：</td><td colspan="2">日期：</td></tr>
</table>

2. 任务实施

为保证零件各加工表面间的几何公差，如平行度公差、垂直度公差等，可用机用虎钳夹紧毛坯，在刨床上刨削，并以先加工出的大平面作为工艺基准，再依次加工其他各表面。T 形槽刨削加工工艺见表 10-3。

表 10-3 T 形槽刨削加工工艺

工序名称	工序内容	量具、工具
粗刨	将 3 面紧靠在机用虎钳导轨面上的平行垫铁上，即以 3 面为基准，零件在两钳口间被夹紧，刨平面 1，使 1、3 面间尺寸至 72mm	粗刨刀、游标卡尺
	以 1 面为基准，紧贴固定钳口，在零件与活动钳口间垫圆棒，夹紧后刨平面 2，使 2、4 面间尺寸至 82mm	
	将机用虎钳转过 90°，使钳口与刨削方向垂直，5 面与刨削方向平行，刨削平面 5，使 5、6 面间尺寸至 102mm	

（续）

工序名称	工序内容	量具、工具
精刨	以1面为基准，紧贴固定钳口，翻转180°，使平面2朝下，紧贴平形垫铁，刨平面4，使2、4面间尺寸至80mm	精刨刀、游标卡尺
	以1面为基准，刨平面3，使1、3面间尺寸至70mm	
	刨削平面6，使5、6面间尺寸至100mm	
刨T形槽	按划出的T形槽加工线找正，用切槽刀垂直进给刨出直槽，切至槽深30mm，横向进给，依次切槽宽至26mm	切槽刀
	用弯切刀向右进给刨右凹槽	弯切刀
	用弯切刀向左进给刨左凹槽，保证键槽尺寸40mm	弯切刀
倒角	用45°刨刀倒角	45°刨刀
检验	检验各尺寸	游标卡尺、高度游标尺

项目十一　磨削加工

磨削加工是指利用砂轮作为切削工具，以较高的线速度对工件的表面进行加工的方法。磨削是零件精密加工的主要方法之一，磨削加工的公差等级可达到IT7～IT5，表面粗糙度Ra值为0.8～0.2μm，精磨后还可获得更小的表面粗糙度值，并可对淬火钢、硬质合金等普通金属刀具难以加工的高硬度材料进行加工。

【能力目标】

1）了解磨床的结构及安全操作规程。

2）了解砂轮的组成及选用。

3）掌握平面磨削、外圆磨削技术。

11.1　项目分析

给定套类零件半成品一件，按图11-1所示图样要求加工出合格的零件。

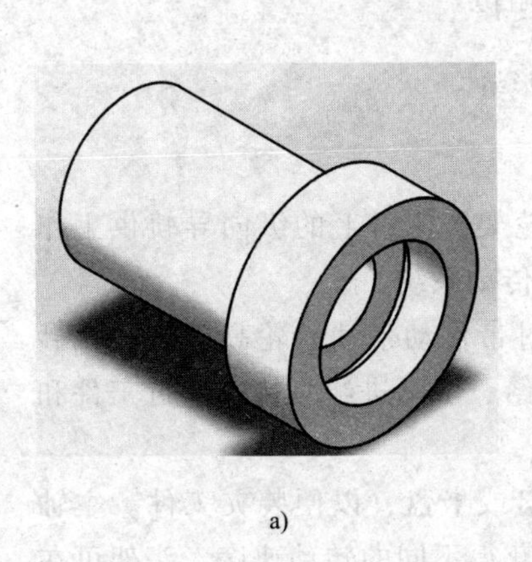

a)

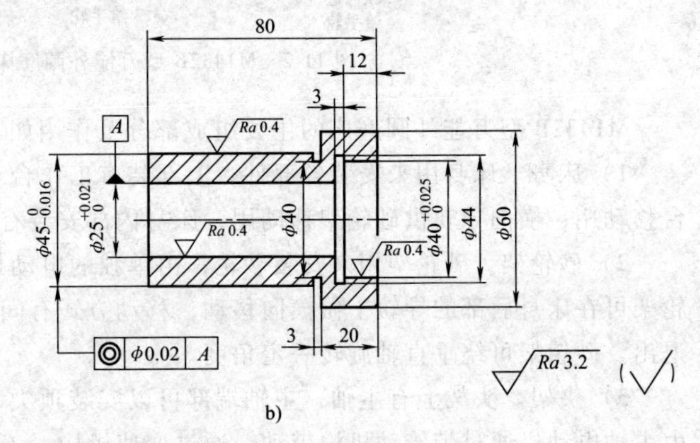

b)

图11-1　套类零件

a）外形图　b）零件图

从给定的套类零件尺寸及图 11-1b 可知，该零件中 $\phi25^{+0.021}_{0}$ mm、$\phi45^{\ 0}_{-0.016}$ mm、$\phi40^{+0.025}_{0}$ mm三个尺寸都留有 0.2mm 的磨削余量，表面粗糙度 Ra 值为 0.4μm，这要在外圆磨床上磨削才能达到相应的技术要求，其他尺寸已经加工完成。由于 $\phi45^{\ 0}_{-0.016}$ mm 的外圆柱面中心线与 $\phi25^{+0.021}_{0}$ mm 孔的中心线要求满足同轴度公差 $\phi0.02$mm，故在磨削加工时先以 $\phi45^{\ 0}_{-0.016}$ mm 外圆柱面装夹，百分表找正磨削 $\phi25^{+0.021}_{0}$ mm、$\phi40^{+0.025}_{0}$ mm 两个内表面，然后以心轴装夹 $\phi25^{+0.021}_{0}$ mm 内表面，磨削 $\phi45^{\ 0}_{-0.016}$ mm 外圆柱面，从而达到零件技术要求。

11.2 知识储备

课题 31 磨床

磨床是利用磨具对工件表面进行磨削加工的机床。大多数的磨床是使用高速旋转的砂轮进行磨削加工，少数的是使用油石、砂带等其他磨具和游离磨料进行加工，如珩磨机、超精加工机床、砂带磨床、研磨机和抛光机等。

磨床根据用途的不同分为万能外圆磨床、普通外圆磨床、内圆磨床、平面磨床、无心磨床、工具磨床、齿轮磨床和螺纹磨床等多种类型。

1. M1432B 型万能外圆磨床

外圆磨床又分为普通外圆磨床和万能外圆磨床。普通外圆磨床可以磨削外圆柱面、端面及外圆锥面，万能外圆磨床还可以磨削内圆柱面和内圆锥面。

图 11-2 所示为 M1432B 型万能外圆磨床的外形结构图。

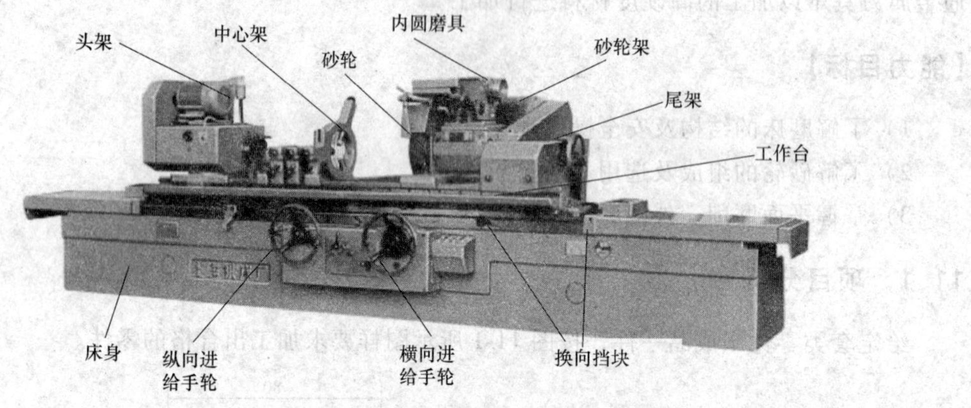

图 11-2 M1432B 型万能外圆磨床的外形结构

M1432B 型万能外圆磨床的主要组成部分及作用如下。

1）床身。床身用来安装各部件。上部装有工作台和砂轮架，床身上的纵向导轨供工作台移动用，横向导轨供砂轮架移动用，床身内部安装有液压传动系统。

2）砂轮架。砂轮架用来安装砂轮，由单独的电动机通过带传动带动砂轮高速旋转。砂轮架可在床身后部的导轨上做横向移动，移动方式有间歇进给、手动进给、快速接近工件和退出。砂轮架可绕垂直轴旋转一定角度。

3）头架。头架上有主轴，主轴端部可以安装顶尖、拨盘或卡盘，以便装夹工件。主轴由主轴电动机通过带传动机构带动，通过变速机构，工件可获得不同的转动速度。头架可在水平面内偏转一定的角度。

4）尾架。尾架的套筒内有顶尖，用来支承工件的另一端。尾架可在纵向导轨上移动位置，以适应工件的不同长度。扳动尾架上的杠杆，顶尖套筒可伸缩，方便装卸工件。

5）工作台。工作台由液压驱动沿着床身的纵向导轨上做直线往复运动，使工件实现纵向进给。工作台可进行手动或自动进给。在工作台前侧面的 T 形槽内，装有两个换向挡块，用以操纵工作台自动换向。工作台有上、下两层，上层可在水平面内偏转一个不大的角度（±8°），以便磨削圆锥面。

6）内圆磨头。内圆磨头是磨削内圆表面用的，在它的主轴上可装上内圆磨削砂轮，由另一个电动机带动。内圆磨头绕支架旋转，使用时翻下，不用时翻向砂轮架上方。

由于磨床的液压传动具有无级变速、操作简单、安全可靠等优点，所以在磨削过程中，如因操作失误，使磨削力突然增大，当超过安全阀调定的压力时，安全阀会自动开启使液压泵卸载，液压泵排出的油经过安全阀直接流回油箱，这时工作台便会自动停止运动。

M1432B 型万能外圆磨床型号的具体含义：

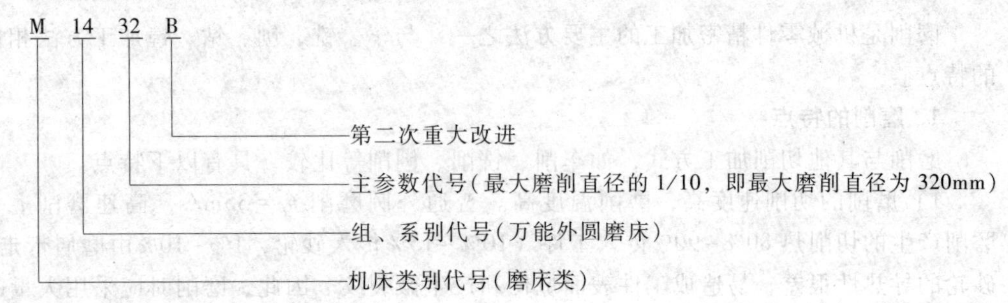

2. M7130H 型卧轴矩台式平面磨床

平面磨床分为立轴式和卧轴式两类，立轴式平面磨床用砂轮的端面进行磨削，卧轴式平面磨床用砂轮的圆周面进行磨削，图 11-3 所示为 M7130H 型卧轴矩台式平面磨床的结构。

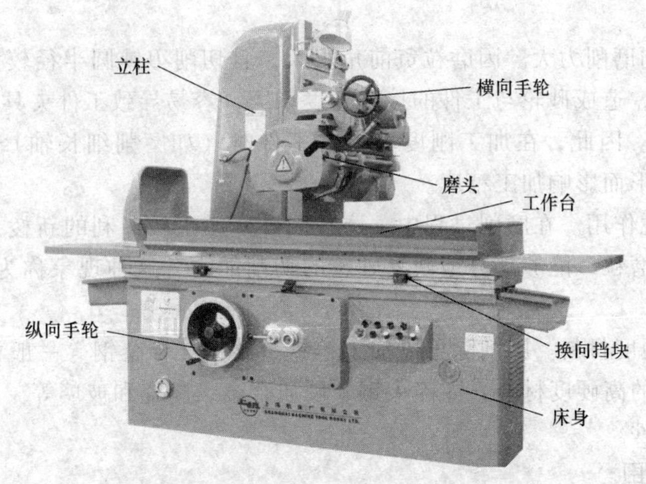

图 11-3　M7130H 型卧轴矩台式平面磨床的结构

M7130H 型卧轴矩台式平面磨床主要由床身、工作台、磨头、立柱、砂轮修整器等部分组成。

该磨床的矩形工作台装在床身的水平纵向导轨上，由液压传动实现其往复运动，也可用手轮操纵以便进行必要的调整。另外，工作台上还装有电磁吸盘，用来装夹工件。

砂轮在磨头上，由电动机直接驱动旋转。磨头沿拖板的水平导轨可做横向进给运动，该运动可由液压驱动或由手轮操纵。拖板可沿立柱的垂直导轨移动，以调整磨头的高低位置及完成垂直进给运动，这一运动通过转动手轮来实现。

M7130H 型卧轴矩台式平面磨床型号的具体含义：

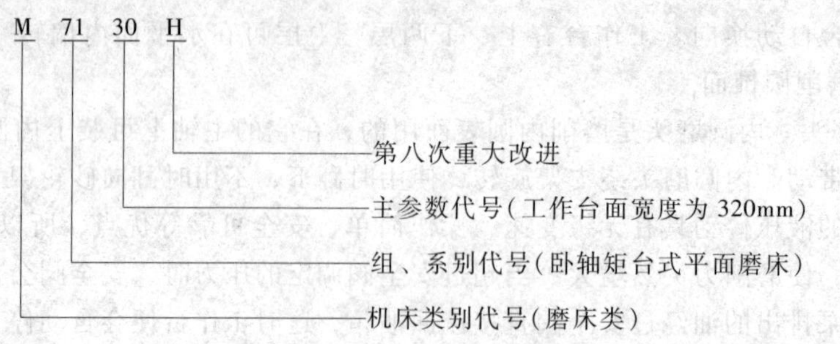

课题 32 磨削基础

磨削是机械零件精密加工的主要方法之一，与车、铣、刨、钻、镗加工方法相比有不同的特点。

1. 磨削的特点

磨削与其他切削加工方式，如车削、铣削、刨削等比较，具有以下特点。

1）磨削的切削速度高，磨削温度高。普通外圆磨削 $v_c=35m/s$，高速磨削 $v_c>50m/s$，磨削产生的切削热 80%~90%传入工件（10%~15%传入砂轮，1%~10%由磨屑带走），加上砂轮的导热性很差，易造成工件表面烧伤和产生微裂纹。因此，磨削时应采用大量的切削液以降低磨削温度。

2）能获得良好的加工精度和表面粗糙度。加工公差等级可达 IT7~IT5，表面粗糙度 Ra 值可达 0.8~0.02μm。磨削不但可以用于精加工，还可以用于粗磨、荒磨、重载荷磨削等粗加工。

3）磨削的背向磨削力大。因磨粒负前角很大，且切削刃钝圆半径较大，导致背向磨削力大于切向磨削力，造成砂轮与工件的接触宽度增大，容易导致工件夹具及机床产生弹性变形，影响加工精度。因此，在加工刚度较差的工件时（如磨削细长轴），应采取相应的措施，防止因工件变形而影响加工精度。

4）砂轮有自锐作用。在磨削过程中，磨粒因破碎产生较锋利的新棱角，及磨粒脱落而露出一层新的锋利磨粒，能够部分地恢复砂轮的切削能力，这种现象称为砂轮的自锐作用，有利于磨削加工 。

5）能加工高硬度材料。磨削除可以加工铸铁、碳钢、合金钢等一般材料外，还能加工一般刀具难以切削的高硬度材料，如淬火钢、硬质合金、陶瓷和玻璃等。但不宜精加工塑性较大的有色金属工件。

2. 磨削加工范围

磨削主要用于零件的内外圆柱面、内外圆锥面、平面及成形面（如花键、螺纹、齿轮等）的精加工，以获得较高的尺寸精度和较小的表面粗糙度值，常见的几种磨削加工如图 11-4 所示。

3. 磨削运动与磨削用量

磨削运动如图 11-5 所示，一般具有四个运动。

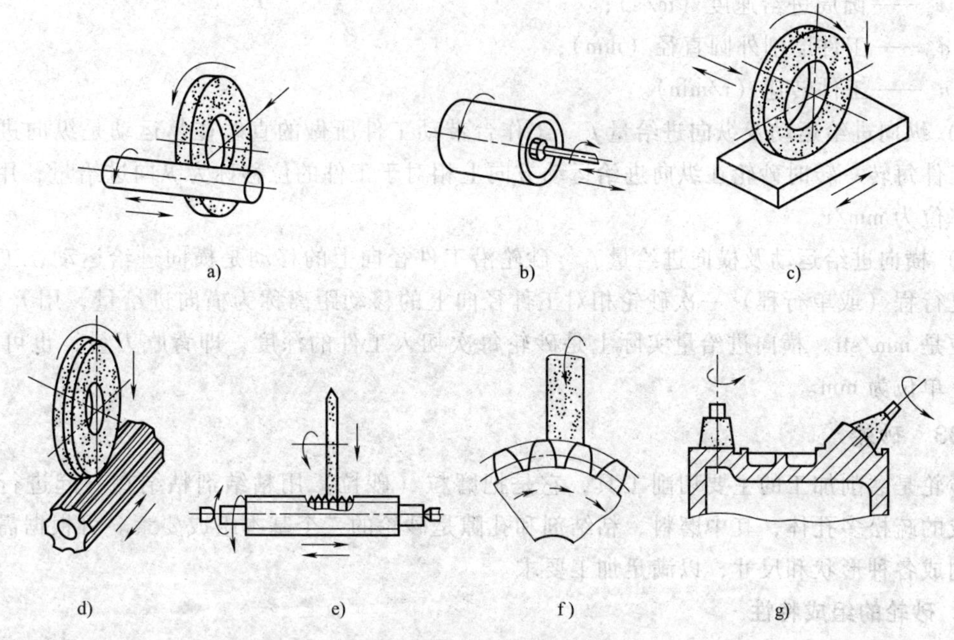

图 11-4　常见的几种磨削加工

a）磨外圆　b）磨内孔　c）磨平面　d）磨花键　e）磨螺纹　f）磨齿形　g）磨导轨

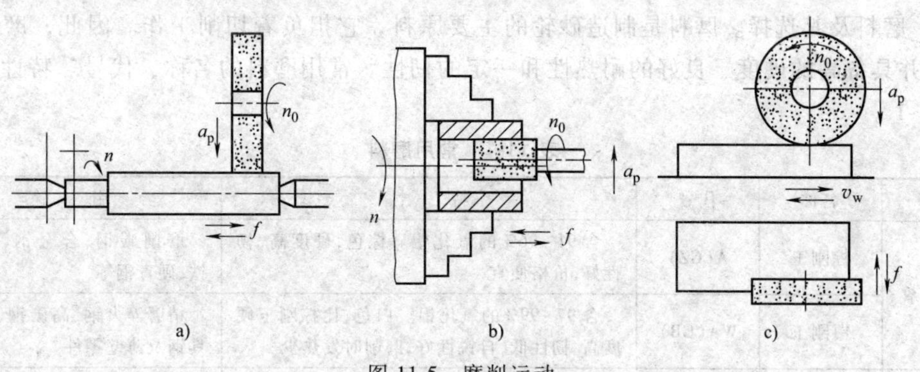

图 11-5　磨削运动

a）外圆磨削　b）内圆磨削　c）平面磨削

1）主运动及磨削速度 v_c。砂轮旋转运动为主运动，砂轮外圆相对于工件的瞬时速度称为磨削速度 v_c，可用下式计算：

$$v_c = \frac{\pi d n}{1000 \times 60}$$

式中　v_c——磨削速度（m/s）；

d——砂轮直径（mm）；

n——砂轮转速（r/min）。

2）圆周进给运动及圆周进给速度 v_w。工件的旋转运动是圆周进给运动，工件外圆处相对于砂轮的瞬时速度称为圆周进给速度，可用下式计算：

$$v_w = \frac{\pi d_w n_w}{1000 \times 60}$$

式中 v_w——圆周进给速度（m/s）；

d_w——工件磨削外圆直径（mm）；

n_w——工件转速（r/min）。

3）纵向进给运动及纵向进给量f_z。工作台带动工件所做的直线往复运动是纵向进给运动，工件每转一转时砂轮在纵向进给运动方向上相对于工件的位移称为纵向进给量，用f_z表示，单位为mm/r。

4）横向进给运动及横向进给量f_h。砂轮沿工件径向上的移动是横向进给运动，工作台每往复行程（或单行程）一次砂轮相对工件径向上的移动距离称为横向进给量，用f_h表示，其单位是mm/str。横向进给量实际上是砂轮每次切入工件的深度，即背吃刀量，也可用a_p表示，单位为mm。

课题 33　砂轮

砂轮是磨削加工的主要切削工具，它是把磨粒（砂粒）用粘结剂粘结在一起进行焙烧而形成的疏松多孔体，其中磨料、粘结剂和孔隙是砂轮的三个基本组成要素。可根据需要的不同制成各种形状和尺寸，以满足加工要求。

1. 砂轮的组成特性

砂轮的特性对工件的加工公差等级、表面粗糙度和生产率影响很大，主要包括磨料、粒度、硬度、粘结剂、形状及尺寸等因素，现分别介绍如下。

1）磨料及其选择。磨料是制造砂轮的主要原料，它担负着切削工作。因此，磨料必须锋利，并具备高的硬度、良好的耐热性和一定的韧性。常用磨料的名称、代号、特性和用途见表11-1。

表 11-1　常用磨料

类别	名称	代号	特　性	用　途
氧化物系	棕刚玉	A(GZ)	含91~96%的氧化铝。棕色，硬度高，韧性好，价格便宜	磨削碳钢、合金钢、可锻铸铁、硬青铜等
	白刚玉	WA(GB)	含97~99%的氧化铝。白色，比棕刚玉硬度高、韧性低，自锐性好，磨削时发热少	精磨淬火钢、高碳钢、高速工具钢及薄壁零件
碳化物系	黑色碳化硅	C(TH)	含95%以上的碳化硅。呈黑色或深蓝色，有光泽。硬度比白刚玉高，性脆而锋利，导热性和导电性良好	磨削铸铁。黄铜、铝、耐火材料及非金属材料
	绿色碳化硅	GC(TL)	含97%以上的碳化硅。呈绿色，硬度和脆性比TH更高，导热性和导电性好	磨削硬质合金、光学玻璃、宝石、玉石、陶瓷、珩磨发动机气缸套等
高硬磨料系	人造金刚石	D(JR)	无色透明或淡黄色、黄绿色、黑色。硬度高，比天然金刚石性脆，价格昂贵	磨削硬质合金、宝石等高硬度材料
	立方氮化硼	CBN(JLD)	立方型晶体结构，硬度略低于金刚石，强度较高，导热性好	磨削、研磨、珩磨各种既硬又韧的淬火钢和高钼钢、高矾钢、高钴钢、不锈钢

注：括号内的代号是旧标准代号。

2）粒度及其选择。粒度指磨料颗粒的大小。粒度分磨粒与微粉两组。磨粒用筛选法分类，它的粒度号以筛网上一英寸长度内的孔眼数来表示。例如60#粒度的磨粒，说明磨粒能通过每英寸60个孔眼的筛网，而不能通过每英寸70个孔眼的筛网。微粉用显微测量法分

类，它的粒度号以磨料的实际尺寸（W）来表示。

磨料粒度的选择主要与加工表面的表面粗糙度和生产率有关。粗磨时，磨削余量大，要求的表面粗糙度值较大，应选用较粗的磨粒。因为磨粒粗、气孔大，磨削深度可较大，砂轮不易堵塞和发热。精磨时，磨削余量较小，要求表面粗糙度值较低，可选取较细的磨粒。一般来说，磨粒越细，表面粗糙度值越低。

3）粘结剂及其选择。砂轮中用以粘结磨料的物质称为粘结剂。砂轮的强度、抗冲击性、耐热性及耐蚀性主要取决于粘结剂的性能。常用的粘结剂种类、性能及用途见表 11-2。

表 11-2　常用的粘结剂种类、性能及用途

名　称	代号	性　能	用　途
陶瓷粘结剂	V(A)	耐水、油、酸、碱的腐蚀，能保持正确的几何形状。气孔率大，磨削率高，强度较大，韧性、弹性、减振性差，不能承受侧向力	$v_{轮}$<35m/s 的磨削，这种粘结剂应用最广，能制成各种磨具，适用于成形磨削和磨螺纹、齿轮、曲轴等
树脂粘结剂	B(S)	强度大并富有弹性，不怕冲击，能在高速下工作。有摩擦抛光作用，但坚固性和耐热性比陶瓷粘结剂差，不耐酸、碱，气孔率小，易堵塞	$v_{轮}$>50m/s 的高速磨削，能制成薄片砂轮磨槽，刃磨刀具前刀面。高精度磨削。湿磨时切削液中含碱量应低于 1.5%
橡胶粘结剂	R(X)	弹性比树脂粘结剂更大差，强度也大。气孔率小，磨粒容易脱落，耐热性差，不耐油，不耐酸，而且还有臭味	制造磨削轴承沟道的砂轮和无心磨削砂轮、导轮以及各种开槽和切割用的薄片砂轮，制成柔软抛光砂轮等
金属粘结剂（青铜、电镀镍）	J	韧性、成形性好，强度大，自锐性能差	制造各种金刚石磨具，使用寿命长

注：括号内的代号是旧标准代号。

4）硬度及其选择。砂轮的硬度是指砂轮表面上的磨粒在磨削力作用下脱落的难易程度。砂轮的硬度软，表示砂轮的磨粒容易脱落，砂轮的硬度硬，表示磨粒较难脱落。砂轮的硬度和磨料的硬度是两个不同的概念。同一种磨料可以做成不同硬度的砂轮，它主要取决于粘结剂的性能、数量以及砂轮制造的工艺。磨削与切削的显著差别是砂轮具有“自锐性”，选择砂轮的硬度，实际上就是选择砂轮的自锐性，希望还锋利的磨粒不要太早脱落，也不要磨钝了还不脱落。根据规定，常用砂轮的硬度等级见表 11-3 。

表 11-3　砂轮的硬度等级表

硬度等级	大级	软			中软		中		中硬			硬	
	小级	软 1	软 2	软 3	中软 1	中软 2	中 1	中 2	中硬 1	中硬 2	中硬 3	硬 1	硬 2
代号		G	H	J	K	L	M	N	P	Q	R	S	T
		(R1)	(R2)	(R3)	(ZR1)	(ZR)	(Z1)	(Z2)	(ZY1)	(ZY2)	(ZY3)	(Y1)	(Y2)

选择砂轮硬度的一般原则是：加工软金属时，为了使磨料不致过早脱落，选用硬砂轮；加工硬金属时，为了能使磨钝的磨粒及时脱落，从而露出具有尖锐棱角的新磨粒（即自锐性），选用软砂轮。前者是因为在磨削软材料时，砂轮的工作磨粒磨损很慢，不需要太早地脱离；后者是因为在磨削硬材料时，砂轮的工作磨粒磨损较快，需要较快地更新。

精磨时，为了保证磨削精度和表面粗糙度，应选用稍硬的砂轮。工件材料的导热性差，易产生烧伤和裂纹时（如磨硬质合金等），选用的砂轮应软一些。

5）形状尺寸及其选择。根据机床结构与磨削加工的需要，砂轮制成各种形状与尺寸。表 11-4 是常用砂轮的形状、尺寸、代号及用途。

表 11-4 常用砂轮的形状、尺寸、代号及用途

砂轮名称	简图	代号	表示方法	主要用途
平形砂轮	D H d	P	P$D\times H\times d$	用于磨外圆、内圆、平面和无心磨等
双面凹砂轮	D d_1 t_1 H t_2 d	PSA	PSA $D\times H\times d-d_1\times t_1\times t_2$	用于磨外圆、无心磨和刃磨刀具
双斜边砂轮	d H D	PSX	PSX$D\times H\times d$	用于磨削齿轮和螺纹
筒形砂轮	D H d	N	N$D\times H\times d$	用于立轴端磨平面
碟形砂轮	D H d	D	D$D\times H\times d$	用于刃磨刀具前面
碗形砂轮	D H d	BW	BW$D\times H\times d$	用于导轨磨及刃磨刀具

砂轮的外径应尽可能选得大些，以提高砂轮的圆周速度，这样对提高磨削加工生产率与降低表面粗糙度值有利。此外，在机床刚度及功率许可的条件下，如选用宽度较大的砂轮，同样能收到提高生产率和降低表面粗糙度值的效果，但是在磨削热敏性高的材料时，为避免工件表面的烧伤和产生裂纹，砂轮宽度应适当减小。

在砂轮的端面上一般都印有标志，例如砂轮上的标志为 WA60LVP400×40×127，它的含意是：WA—磨料；60—粒度；L—硬度；V—粘结剂；P—形状（平形砂轮）；400×40×127—外径×厚度×孔径。

2. 砂轮的安装与修整

由于砂轮工作转速较高，在安装砂轮前应对砂轮进行外观检查和平衡试验，确保砂轮在工作时不因有裂纹而分裂或工作不平稳。

砂轮经过一段时间的工作后，砂轮工作表面的磨粒会逐渐变钝，表面的孔隙被堵塞，切

削能力降低；同时砂轮的正确几何形状也被破坏。这时就必须对砂轮进行修整。

修整的方法是用金刚石将砂轮表面变钝了的磨粒切去，以恢复砂轮的切削能力和正确的几何形状。

课题 34　提高机械加工生产率的措施

在制订机械加工工艺规程时必须在保证零件质量要求的前提下，提高劳动生产率和降低成本。也就是说，必须做到优质、高产、低消耗。

1. 机械加工时间定额

时间定额是指在一定生产条件下，规定完成一件产品或完成一道工序所需消耗的时间。时间定额不仅是衡量劳动生产率的指标，也是安排生产计划，计算生产成本的重要依据，还是新建或扩建工厂或车间时计算设备和工人数量的依据。

2. 时间定额的组成

(1) 基本时间（$T_{基}$）　基本时间是指直接改变生产对象的形状、尺寸、相对位置与表面质量等所耗费的时间。对机械加工来说，则是切除金属层所耗费的时间（包括刀具的切入和切出时间）。

(2) 辅助时间（$T_{辅助}$）　用于某工序加工每个工件时，进行各种辅助动作所消耗的时间。包括装卸工件和有关工步的时间，如起动与停止机床、改变切削用量、对刀、试切、测量等有关工步辅助动作所消耗的时间。

$$T_{基}(基本时间)+T_{辅助}(辅助时间)=T_{操作}(操作时间)$$

(3) 布置工作地时间（$T_{布置}$）　为使加工正常进行，工人看管工作地所耗费的时间，包括调整和更换刀具、润滑机床、清理切屑、收拾工具及擦拭机床等。

(4) 休息和生理需要时间（$T_{休息}$）　工人在工作班内为恢复体力和满足生理的需要所耗费的时间。

上述时间的总和称为单件时间。

$$T_{单件}=T_{基本}+T_{辅助}+T_{布置}+T_{休息}$$

(5) 准备终结时间（$T_{准终}$）　在成批生产中，还需要考虑准备终结时间。准备终结时间是成批生产中，工人为了完成一批零件，进行准备和结束工作所消耗的时间，包括开始加工前熟悉有关工艺文件、领取毛坯、安装刀具和夹具，调整机床和刀具等；加工一批零件后要拆下和归还工艺装备，发送成品等。

在单件和成批生产中零件核算时间为：

$$T_{核算}=T_{单件}+T_{准终}/N=T_{基本}+T_{辅助}+T_{布置}+T_{休息}+T_{准终}/N$$

式中　N——一批零件的数量或批量。

3. 提高劳动生产率的途径

劳动生产率是指在单位时间内生产合格品的数量，也可以说是劳动生产者在生产中的效率。时间定额是衡量劳动生产率高低的依据。

(1) 缩短单件时间定额　缩短时间定额，首先应缩减占定额中比重较大的部分。在单件小批量生产中，辅助时间和准备终结时间所占比重大；在大批大量生产中，基本时间所占比重较大。因此，缩短时间定额主要从以下几方面采取措施。

1) 缩短基本时间。提高切削用量、减少切削行程长度和加工余量都可以缩短基本时间。

减少切削行程长度可采用几把刀同时加工同一表面，用多把成形刀将纵向进给改成横向进给，用宽砂轮做切入磨削等。

2）缩短辅助时间。采用高效的气动夹具、液动夹具、自动检测装置等使辅助动作实现机械化和自动化，以缩减辅助时间；采用转位夹具或回转工作台加工，使装卸工件的辅助时间与基本时间重合。

3）缩短布置工作地时间，提高刀具或砂轮寿命。减少换刀次数；采用各种快换刀架、自动换刀、对刀装置来减少换刀和对刀时间，均可缩减布置工作地时间。

4）缩短准备终结时间。中、小批生产中，由于批量小、品种多，准备终结时间在单位时间中占有较大比重，使生产率受到限制。扩大批量是缩减准备终结时间的有效途径。目前，采用成组技术以及零、部件通用化、标准化、产品系列化是扩大批量的有效方法。

（2）采用先进工艺方法　采用先进工艺可大大提高劳动生产率，具体措施如下。

1）在毛坯制造中采用新工艺。如粉末冶金、熔模铸造、精锻等新工艺，能提高毛坯精度，减少机械加工劳动量和节约原材料。

2）采用少、无切削加工工艺。如冷挤、冷轧、滚压等方法，不仅能提高生产率，而且可提高工件表面质量和精度。

3）改进加工方法。如采用拉削代替镗削、铣削可大大提高生产率。

4）应用特种加工新工艺。对于某些特硬、特脆、特韧性材料及复杂形面的加工，往往用常规切削方法难以完成加工，而采用电加工等特种加工等能显示其优越性和经济性。

11.3　技能训练

技能 22　磨削安全操作规程

操作磨床时应遵循下列安全操作规程。

1）操作者必须穿工作服，戴安全帽，长发必须压入帽内，不能戴手套操作，以防发生人身事故。

2）多人共用一台磨床时，只能一人操作并注意他人的安全。

3）开车前，检查各手柄的位置是否到位，确认正常后才准许开车。

4）砂轮是在高速旋转下工作的，禁止面对砂轮站立。

5）砂轮起动后，必须慢慢引向工件，严禁突然接触工件。吃刀量不能过大，以防切削力过大将工件顶飞，发生事故。

6）砂轮未停稳不能卸工件。

7）发生事故时，立即关闭机床电源。

8）工作结束后，关闭电源，清除切屑，认真擦净机床，加油润滑，以保持良好的工作环境。

技能 23　磨削工艺

常见的磨削工艺有磨外圆、磨外圆锥面、磨内圆、磨内圆锥面和磨平面等。

1. 磨外圆

工件外圆表面的磨削一般在普通外圆磨床或万能外圆磨床上进行。

（1）磨外圆时工件的安装　磨外圆时工件的安装与车削外圆时相类似，最常用的方法

是用两顶尖支承工件，或一端用卡盘夹持，另一端用顶尖支承工件。为减小安装的误差，在磨床上使用的顶尖都是死顶尖。

对内外孔同轴度要求较高的工件，常安装在心轴上进行磨削加工。磨削加工属于精加工，对工件的安装精度要求较高。因此常常在加工前对工件中心孔进行修研，其方法是在车床或钻床上用四棱硬质合金顶尖进行挤研。当中心孔较大且修研精度要求较高时，必须选用油石顶尖或铸铁顶尖作前顶尖，一般顶尖作后顶尖，分别对工件的中心孔进行修研。进行修研时，头架带动前顶尖低速转动，手握工件使之不旋转。

（2）磨削方法　磨削的常用方法有纵磨法和横磨法两种。

1）纵磨法（图 11-6）。纵磨法用于磨削长度与直径之比较大的工件。磨削时，砂轮高速旋转，工件低速旋转并随工作台做轴向移动；在工作台改变移动方向时，砂轮做径向进给。纵磨法的特点是可磨削长度不同的各种工件，加工质量好，常用于单件、小批量的生产和精磨加工。

2）横磨法（图 11-7）。横磨法又称为径向磨削法，用于工件刚性较好，磨削表面的长度较短的情况。磨削时，选用宽度大于待加工表面长度的砂轮，工件不进行轴向的移动，砂轮以较慢的速度做连续径向进给或断续的径向进给。横磨法的特点是充分发挥了砂轮的磨削能力，生产效率高，特别适用于较短磨削面和阶梯轴的磨削，缺点是砂轮与工件的接触面积大，工件易发生变形和表面烧伤。

另外，为了提高生产率和质量，可采取分段横磨和纵磨结合的方法进行加工，此法称为综合磨削法。使用时，横磨各段之间应有 5~15mm 的间隔并保留 0.01~0.03mm 的加工余量。

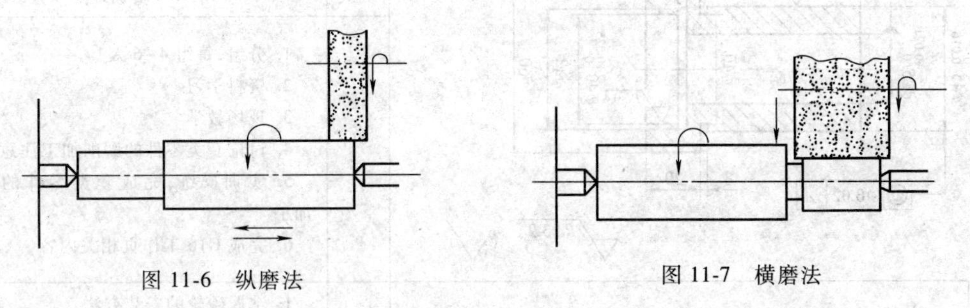

图 11-6　纵磨法　　　　图 11-7　横磨法

2. 磨外圆锥面

磨外圆锥面与磨外圆面的操作基本相同，只是工件和砂轮的相对位置不一样，工件的轴线与砂轮轴线偏斜一个锥角，可通过转动工作台或头架形成。

3. 磨内圆面和磨内圆锥面

磨内圆面和磨内圆锥面可在内圆磨床或万能外圆磨床上用内圆磨头进行磨削。

进行内磨时，工件的安装一般采用卡盘夹持外圆。工作时砂轮处于工件的内部，转动方向与外磨时相反。由于受空间的限制，砂轮直径较小，砂轮轴细而长。内磨具有以下特点。

1）砂轮与工件的相对切削速度较低。

2）砂轮轴刚性差，易变形和振动，故切削用量要低于外磨。

3）磨削发热量大且散热和排屑困难，工件易受热变形，砂轮易堵塞。因此，内磨比外磨生产率低，加工质量也不如外磨高。

4. 磨平面

对工件平面的磨削一般在平面磨床上进行。平面磨床的工作台内部装有电磁线圈，通电后对工作台上的导磁体产生吸附作用。所以，对导磁体（如钢、铸铁等）工件，可直接安装在工作台上；对非导磁体（如铜、铝等）工件，则要用精密机用虎钳进行装夹。根据磨削时砂轮的工作表面不同，平面磨削的方式分为两种，即周磨法和端磨法。周磨法是用砂轮的圆周面进行磨削，砂轮与工件的接触面积小，排屑和散热条件好，能获得较好的加工质量，但磨削效率较低。常用于小加工面和易翘曲变形的薄片工件的磨削。

端磨法是用砂轮的端面进行磨削，砂轮与工件的接触面积大，砂轮轴刚性较好，能采用较大的磨削用量，因此磨削效率高，但发热量大，不易排屑和冷却，加工质量较周磨法低。多用于磨削面积较大且表面质量要求不太高的磨削加工。

11.4 创新训练

实训 16 套类零件的磨削

1. 实训任务单

实训任务单见表 11-5，零件材料为 38CrMoAl，要求热处理到硬度为 900 HV，并经过时效处理。

表 11-5 套类零件的磨削实训任务单

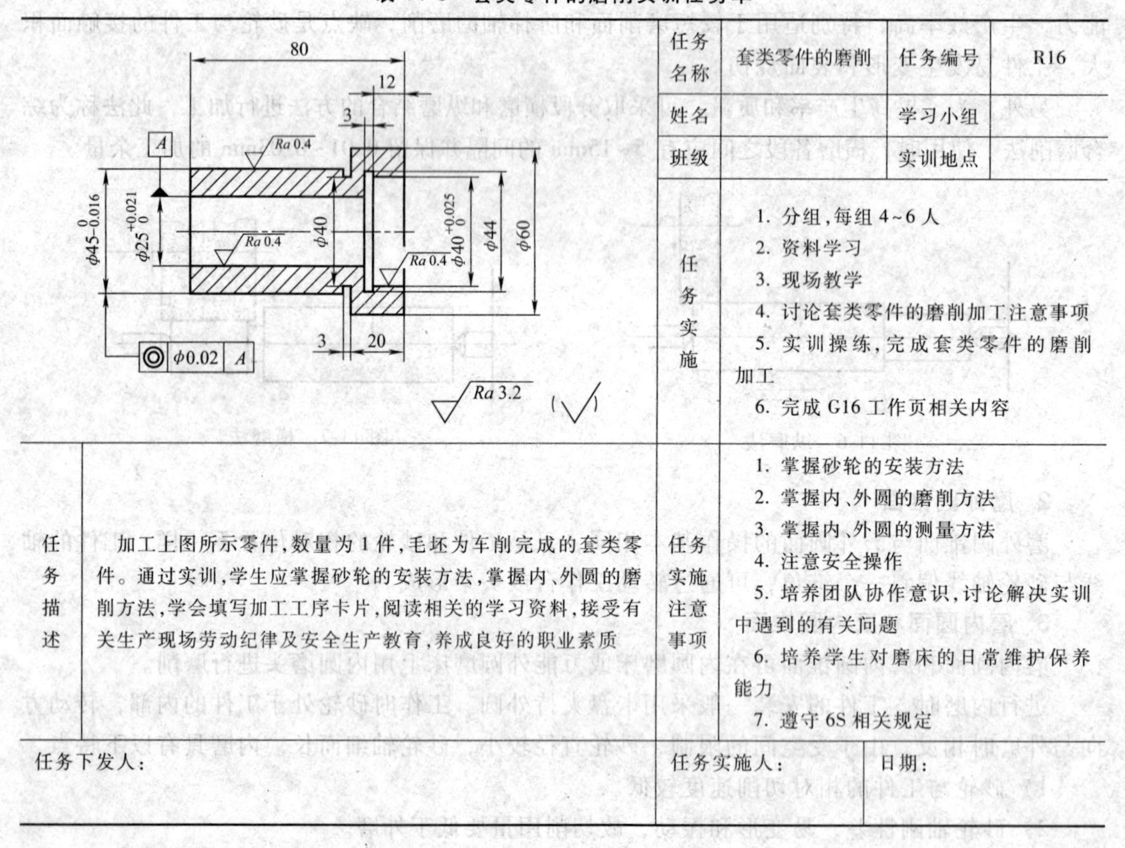

（零件图）		任务名称	套类零件的磨削	任务编号	R16
		姓名		学习小组	
		班级		实训地点	
		任务实施	1. 分组，每组 4~6 人 2. 资料学习 3. 现场教学 4. 讨论套类零件的磨削加工注意事项 5. 实训操练，完成套类零件的磨削加工 6. 完成 G16 工作页相关内容		
任务描述	加工上图所示零件，数量为 1 件，毛坯为车削完成的套类零件。通过实训，学生应掌握砂轮的安装方法，掌握内、外圆的磨削方法，学会填写加工工序卡片，阅读相关的学习资料，接受有关生产现场劳动纪律及安全生产教育，养成良好的职业素质	任务实施注意事项	1. 掌握砂轮的安装方法 2. 掌握内、外圆的磨削方法 3. 掌握内、外圆的测量方法 4. 注意安全操作 5. 培养团队协作意识，讨论解决实训中遇到的有关问题 6. 培养学生对磨床的日常维护保养能力 7. 遵守 6S 相关规定		
任务下发人：		任务实施人：		日期：	

2. 任务实施

套类零件一般要求内、外圆表面具有一定的同轴度公差。因此，拟定加工步骤时，应尽量在一次安装中完成全部表面加工，以保证上述要求。如不能在一次安装中完成加工，则应先加工孔，然后以孔定位，用心轴安装，再加工外圆表面。套类零件磨削加工工艺见表 11-6。

表 11-6　套类零件磨削加工工艺

工序名称	工序内容	量具、工具
粗磨	以 $\phi 45_{-0.016}^{0}$mm 外圆定位，用百分表找正，磨削 ϕ25mm 内孔，留精磨余量 0.04~0.06mm	砂轮、百分表、外径千分尺
	粗磨 $\phi 40_{0}^{+0.025}$mm 内孔	砂轮、内径千分尺
精磨	精磨 $\phi 40_{-0.025}^{0}$mm 内孔 精磨 $\phi 25_{0}^{+0.021}$mm 内孔	砂轮、内径千分尺
	以 $\phi 25_{0}^{+0.021}$mm 内孔定位，精磨 $\phi 45_{-0.016}^{0}$mm 外圆至尺寸要求	砂轮、外径千分尺
检验	检验各尺寸	内径千分尺、外径千分尺

模块五

拓展训练

任务1　联轴螺孔套

完成拓展训练图1所示联轴螺孔套的加工，并完成加工工艺卡片。

a)

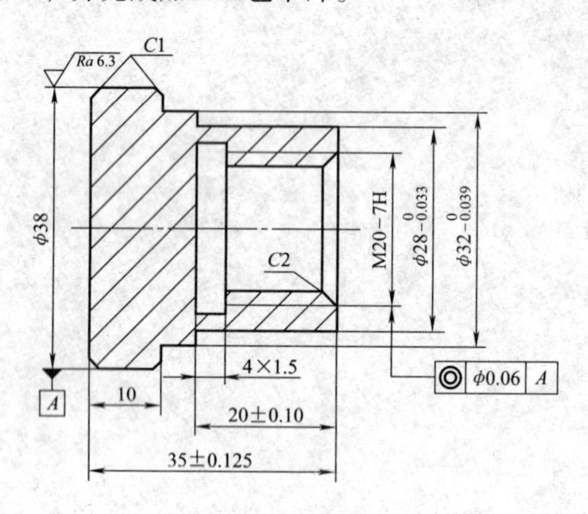

Ra 3.2 (√)

技术要求

1.未注公差尺寸外径按IT12加工，长度按IT14加工。

2.锐角倒钝C0.3。

b)

拓展训练图1

a）外形图　b）零件图

联轴螺孔套加工工艺卡片见拓展训练表1。

拓展训练表1　联轴螺孔套加工工艺卡片

序号	工序内容	所用设备	刀具	装夹方法

（续）

序号	工序内容	所用设备	刀具	装夹方法

联轴螺孔套评测标准见拓展训练表2。

拓展训练表2　联轴螺孔套评测标准

序号	项　目	考核内容	配分	检测结果	得分
1	内三角形螺纹	小径 $\phi17.5^{+0.56}_{0}$mm	5		
2		M20—7H	12		
		$Ra3.2\mu m$	8		
3		牙型半角±5′	5		
4		4mm×1.5mm	4		
5	外圆	$\phi32^{0}_{-0.039}$mm	8		
		$Ra3.2\mu m$	4		
6		$\phi28^{0}_{-0.033}$mm	8		
		$Ra3.2\mu m$	4		
7		$\phi38$mm	4		
		$Ra6.3\mu m$	2		
8	长度	(20±0.10)mm	4		
9		(35±0.125)mm	4		
10		10mm	3		
11	其他	倒角 $C2$、$C1$	2		
12		◎ | $\phi0.06$ | A	8		
13	加工工艺	工艺合理	10		
14	安全文明生产、劳动纪律		5		
合计			100		

评分标准：尺寸精度和几何精度超差时该项不得分，表面粗糙度未达要求时该项不得分。

否定项：M20—7H超差至9级以上时，此件视为不及格。

任务2　偏心三件套组合零件

完成拓展训练图2～拓展训练图5所示偏心三件套组合零件的加工并填写加工工艺卡片。

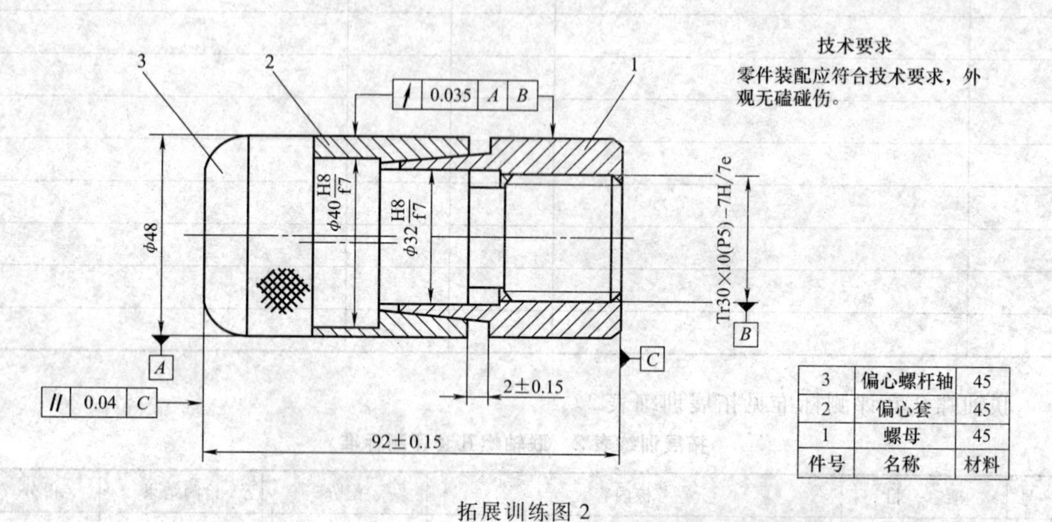

3	偏心螺杆轴	45
2	偏心套	45
1	螺母	45
件号	名称	材料

拓展训练图2

92±0.1
25
15
$15^{-0.1}_{-0.2}$
32
8×3
SR10
Ra 1.6
φ48
Tr30×10(P5)−7e
$\phi32^{-0.025}_{-0.050}$
$\phi40^{-0.025}_{-0.050}$
0.02 A
A
1.5±0.015
C2.5
A3(两端)
GB/T 145—2001
滚花m=1～1.5
GB/T 6403.3—2008
10
5±0.03
30°
$\phi24.5^{0}_{-0.481}$
$\phi27.5^{-0.106}_{-0.406}$
$\phi30^{0}_{-0.335}$
牙型放大图

Ra 3.2 (√)

技术要求

1.不准使用砂布、锉刀、油石加工或修饰工件。
2.未注倒角均为C0.3。
3.未注公差按GB/T 1804－2000－m。
4.工件两端保留中心孔。
5.只能用自定心卡盘加垫片的方法加工偏心部位。

a)　　b)

拓展训练图3
a）外形图　b）零件图

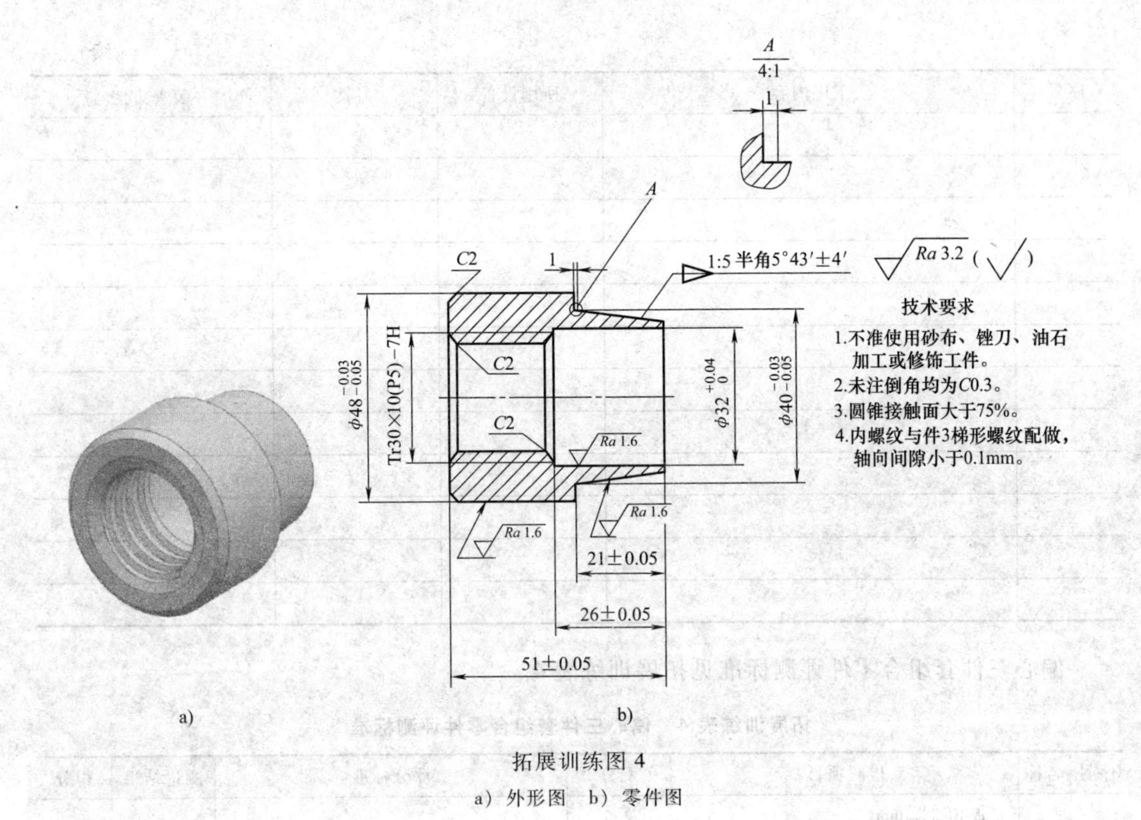

拓展训练图 4

a）外形图　b）零件图

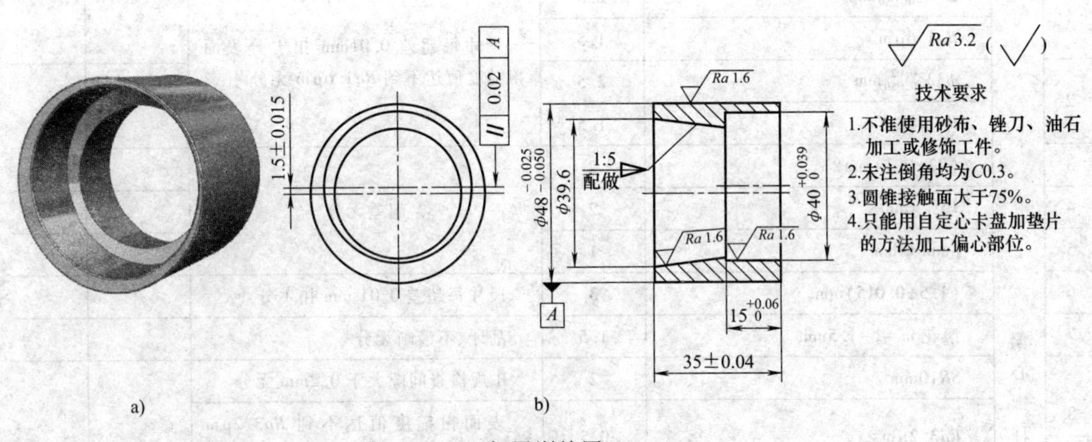

拓展训练图 5

a）外形图　b）零件图

偏心三件套组合零件加工工艺卡片见拓展训练表 3。

拓展训练表 3　偏心三件套组合零件加工工艺卡片

序号	工序内容	所用设备	刀具	装夹方法

（续）

序号	工序内容	所用设备	刀具	装夹方法

偏心三件套组合零件评测标准见拓展训练表4。

拓展训练表4　偏心三件套组合零件评测标准

序号	名称	检测项目	配分	评分标准	测量结果	得分
1	偏心螺杆轴	$\phi 40_{-0.050}^{-0.025}$mm	2.5	尺寸每超差0.01mm扣1分表面粗糙度值达不到$Ra1.6\mu m$无分		
		$Ra1.6\mu m$	1.5			
2		$\phi 32_{-0.050}^{-0.025}$mm	2.5			
		$Ra1.6\mu m$	1.5			
3		(92±0.1)mm	2	超差无分		
4		$15_{-0.2}^{-0.1}$mm	2			
5		8mm×3mm	1			
6		(1.5±0.015)mm	3	尺寸每超差0.01 mm扣1分		
7		滚花 m=1~1.5mm	1.5	乱牙、不清晰无分		
8		SR10mm	2	R规检查间隙大于0.2mm无分		
		$Ra3.2\mu m$	0.5	表面粗糙度值达不到$Ra3.2\mu m$无分		
9		Tr30×10(P5)-7e	5	中径超差无分；大径、小径、牙型角每超差一处扣1分		
		$Ra1.6\mu m$	4	牙侧一侧表面粗糙度值达不到$Ra1.6\mu m$扣2分		
10		P=(5±0.03)mm	2	超差无分		
11		其他(共7处：1处直径、3处长度、3处未注倒角)	2	每处不合格扣0.3分，4处以上不合格此项无分		
12		偏心轴线对基准轴线的平行度公差0.02mm	2	超差无分		

（续）

序号	名称	检测项目	配分	评分标准	测量结果	得分
13	螺母	$\phi 48_{-0.05}^{-0.03}$mm	2	尺寸每超差0.01mm扣1分 表面粗糙度值达不到$Ra1.6\mu m$无分		
		$Ra1.6$	1.5			
14		$\phi 32_{0}^{+0.04}$mm	2			
		$Ra1.6\mu m$	1.5			
15		$\phi 40_{-0.05}^{-0.03}$mm	2			
16		(51 ± 0.05)mm	2	超差无分		
17		(26 ± 0.05)mm	2			
18		(21 ± 0.05)mm	2			
19		锥度1∶5（半角$5°43'\pm4'$）	3	圆锥半角每超差$2'$扣2分表面粗糙度值达不到$Ra1.6\mu m$无分		
		$Ra1.6\mu m$	1.5			
20		Tr30×10(P5)-7H	5	中径超差无分；大径、小径、牙型角每超差一处扣1分 牙侧一侧表面粗糙度值达不到$Ra1.6\mu m$扣2分		
21		$Ra1.6\mu m$	4			
22		$P=5$mm（配做）	2	超差无分		
		其他（共7处：3处未注倒角、1处长度、2处$C2$	2	每处不合格扣0.3分，4处以上不合格无分		
23	偏心套	$\phi 48_{-0.05}^{-0.025}$mm	2	尺寸每超差0.01 mm扣1分 表面粗糙度值达不到$Ra1.6\mu m$扣2分		
		$Ra1.6$	2			
24		$\phi 40_{0}^{+0.039}$mm	2			
		$Ra1.6\mu m$	2			
25		(35 ± 0.04)mm	2	超差无分		
26		$15_{0}^{+0.06}$mm	2			
27		(1.5 ± 0.015)mm	3	尺寸每超差0.01mm扣1分		
28		偏心孔中心线对偏心套中心线的平行度公差0.02mm	2	超差无分		
29		锥度1∶5（配做）	2	圆锥半角每超差$2'$扣1分 表面粗糙度值达不到$Ra1.6\mu m$扣1.5分		
		$Ra1.6\mu m$	1.5			
30	装配	径向圆跳动公差0.035mm两处	6	每处超差扣3分		
31		(2 ± 0.15)mm	2	超差无分		
32		(92 ± 0.15)mm	2	超差无分		
33		偏心螺杆轴左端面对基准面C的平行度公差0.04mm	2	超差无分		
合计			100			

安全文明生产	如有着装不规范，工、夹、量具摆放不整齐，机床及环境卫生保养不符合要求，违反安全文明生产操作规程等情况酌情从总分中扣1~5分

任务3 双偏心丝杠

完成拓展训练图6所示双偏心丝杠的加工并填写加工工艺卡片。

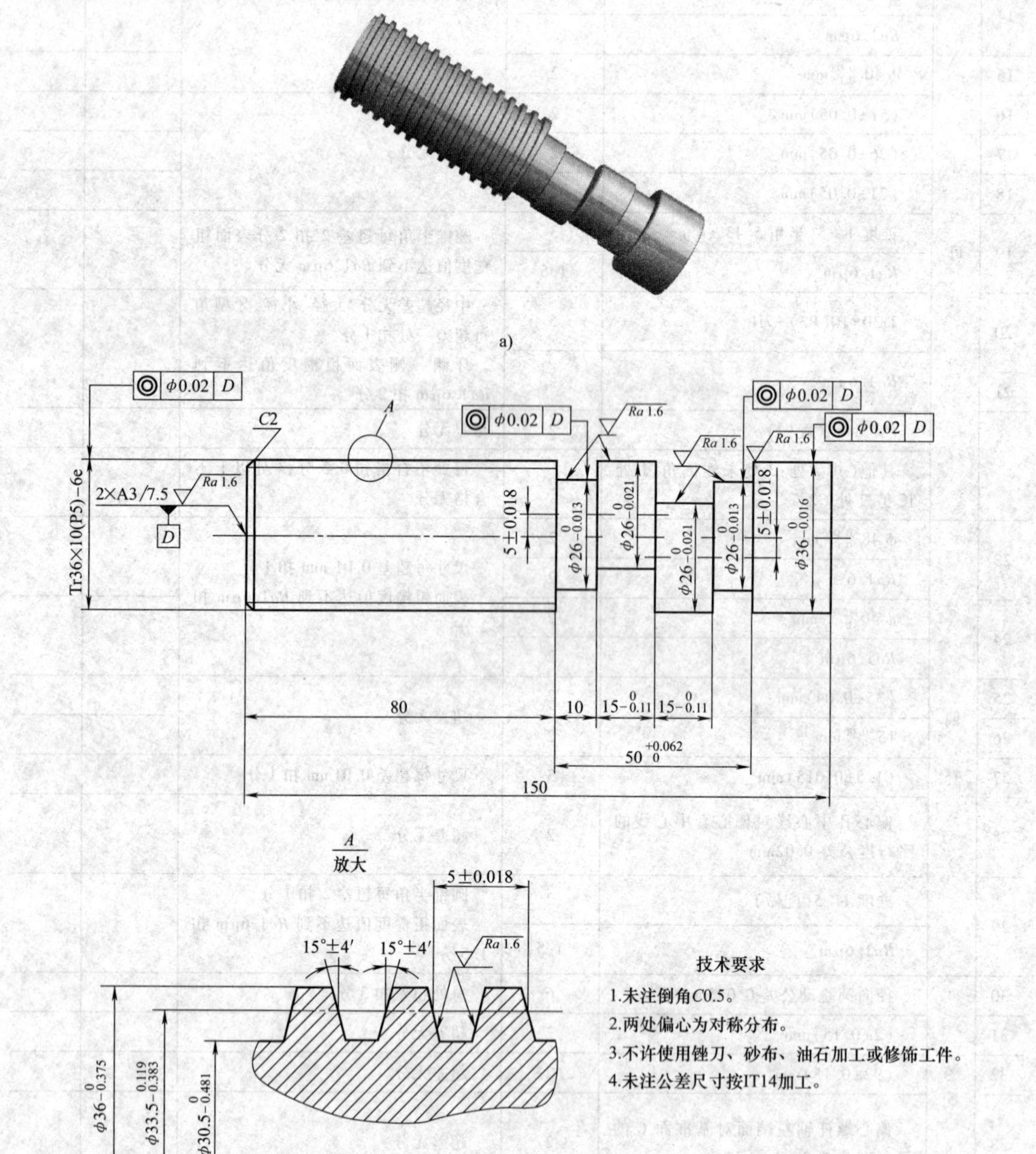

拓展训练图6

a）外形图 b）零件图

双偏心丝杠加工工艺卡片见拓展训练表5。

拓展训练表5 双偏心丝杠加工工艺卡片

序号	工序内容	所用设备	刀具	装夹方法

双偏心丝杠评测标准见拓展训练表6。

拓展训练表6 双偏心丝杠评测标准

项目		技术要求	评分标准	配分	扣分	得分
1	Tr36×10(P5)	$\phi 33.5^{-0.119}_{-0.383}$mm(2处)	超差不得分	8×2		
2		(5±0.018)mm	超差不得分	10		
3		15°±4′(4处)	超差不得分	2×4		
4		*Ra*1.6μm(4处)	未达要求不得分	2×4		
5		◎ 0.02 *D*	超差不得分	2		
6	偏心轴	(5±0.018)mm(2处)	超差不得分	5×2		
7		$\phi 26^{\ 0}_{-0.021}$mm(2处)	超差不得分	5×2		
8	偏心轴	$\phi 26^{\ 0}_{-0.013}$mm(2处)	超差不得分	5×2		
9		$\phi 36^{\ 0}_{-0.016}$mm	超差不得分	4		
10		$15^{\ 0}_{-0.11}$mm(2处)	超差不得分	2×2		
11		$50^{+0.062}_{\ 0}$mm	超差不得分	2		
12		*Ra*1.6μm(5处)	未达要求不得分	1×5		
13		◎ 0.02 *D*	超差不得分	2×3		
14	安全文明生产			5		
合计				100		

参考文献

[1] 王明海. 机械制造技术 [M]. 2 版. 北京：中国农业出版社，2010.
[2] 李华. 机械制造技术 [M]. 4 版. 北京：高等教育出版社，2015.
[3] 贾亚洲. 金属切削机床概论 [M]. 2 版. 北京：机械工业出版社，2011.
[4] 周伟平. 机械制造技术 [M]. 武汉：华中科技大学出版社，2002.
[5] 王启平. 机械制造工艺学 [M]. 5 版. 哈尔滨：哈尔滨工业大学出版社，2005.
[6] 张丽，于长有. 使用普通机床加工零件 [M]. 合肥：中国科学技术大学出版社，2015.
[7] 解存凡. 使用普通机床加工零件学习指导书 [M]. 西安：西安交通大学出版社，2013.